普通高等教育"十一五"国家级规划教材
（高职高专教育）

速冻食品加工技术

隋继学　主　编

中国农业大学出版社

编 写 人 员

主　　编　隋继学

副 主 编　张一鸣　袁　仲

编　　委　（以姓氏笔画为序）

马泮蕻　邓　九　张一鸣

郝为民　袁　仲　郭明涛

徐　锋　黄现青　隋继学

主　　审　沈祥坤

出版说明

高等职业教育作为高等教育中的一个类型，肩负着培养面向生产、建设、服务和管理第一线需要的高技能人才的使命。大力提高人才培养的质量，增强人才对于就业岗位的适应性已成为高等职业教育自身发展的迫切需要。教材作为教学和课程建设的重要支撑，对于人才培养质量的影响极为深远。随着高等农业职业教育发展和改革的不断深入，对于教材适用性的要求也越来越高。中国农业大学出版社长期致力于高等农业教育本科教材的出版，在高等农业教育领域发挥着重要的作用，积累了丰富的经验，希望充分利用自身的资源和优势，为我国高等职业教育的改革与发展做出自己的贡献。

经过深入地调研师生的需求和分析以往教材的优点和不足，在教育部高教司高职高专处和全国高职高专农林牧渔类专业教学指导委员会的关心和指导下，在各高职高专院校的大力支持下，中国农业大学出版社组织了全国50余所院校的400多名骨干教师共同编写了一批以“十一五”国家级规划教材为主体的教材。这批教材于2007年3月陆续出版，共有60多个品种(畜牧兽医类33种，种植类26种，公共基础课等课程教材若干种)，其中普通高等教育“十一五”国家级规划教材22种。

这批教材的组织和编写具有以下特点：

精心组织参编院校和作者。本批教材的组织之初共收到全国60余所院校的600余名老师的申报材料。经过由职业院校和出版社专家组成的选题委员会审议，充分考虑到不同院校的办学特色、专业优势及地域特点，结合教师自身的学习培训背景、教学与科研经验和生产实践经历，最后择优确定了50余所院校的400多名教师作为主编和编写人员，其中教授和副教授占73%，硕士以上学历占38%。特别值得一提的是，有5%的作者是来自企业生产第一线的技术人员，这样的作者结构是编写高质量和适用性教材的有力保证。

贴近国家高职教育改革的要求。我国的高等职业教育发展历史不长，很多院校的办学模式和教学理念还在探索之中。为了更好地促进教师了解和领会教育部的教学改革精神，在编写研讨会上邀请了教育部高教司高职高专处、全国高职高专农林牧渔类专业教学指导委员会的领导作教学改革的报告，提升主编和编写人员的理念；多次邀请教育部职业教育研究所的知名专家到会，专门就课程设置和教材的体系建构作报告，使教材的编写视角高、理念新、有前瞻性。

注重反映教学改革的成果。教材应该不断创新，与时俱进。好的教材应该及时体现教学改革的成果，同时也是教育教学改革的重要推进器。本套教材在组织过程中特别注重发掘各校在产学结合、工学交替实践中具有创新性的教材素材，很多教材在围绕就业岗位需要进行知识的整合、与实际生产过程的接轨上具有创新性和非常鲜明的特色，相信对于其他院校的教学改革会有启发和借鉴意义。

瞄准就业岗位群需要，突出职业能力的培养。本批教材的编写指导思想是紧扣培养"高技能人才"的目标，以职业能力培养为本位，以实践技能培养为中心，体现就业和发展需求相结合的理念。

教材体系的构建依照职业教育的"工作过程导向"原则，打破学科的"系统性"和"完整性"。内容根据职业岗位（群）的任职要求，参照相关的职业资格标准，采用倒推法确定，即剖析职业岗位群对专业能力和技能的需求⟶关键能力⟶关键技能⟶围绕技能的关键基本理论。删除假设推论，减少原理论证，尽可能多地采用生产实际中的案例剖析问题，加强与实际工作的接轨。教材反映行业中正在应用的新技术、新方法，体现实用性与先进性的结合。

创新体例，增强启发性。为了强化学习效果，在每章前面提出本章的知识目标和技能目标。每章设有小结和复习思考题。小结采用树状结构，将主要的知识点及其之间的关联直观表达出来，有利于提高学生的学习效果和效率，也方便教师课堂总结。部分内容增编阅读材料。

加强审稿，企业与行业专家相结合，严把质量关。从选题策划阶段就邀请行内专家把关，由来自企业、高职院校或中国农业大学有丰富的生产实践经验的教授审核编写大纲，并对后期书稿进行严格的审定。每一种教材都经过作者与审稿人的多次的交流和修改，从而保证内容的科学性、先进性和对于岗位的适应性。

本批教材的顺利出版，是全国50余所高职高专院校共同努力的结果；编写出版过程中所做的很多探索，为进一步进行教材研发提供了宝贵的经验。我们希望以此为基点，进一步加强与各校的交流合作，配合各校教学改革，在教材的推广使用、修订完善、补充扩展进程中，在提高质量和增加品种的过程中，不断拓展教材合作研发的思路，创新教材开发的模式和服务方式。让我们共同努力，携手并进，为深化高职高专教育教学改革和提高人才培养质量，培养国家需要的千百万高素质技能型专门人才，发挥积极的推动作用。

中国农业大学出版社

2007年7月

前　言

随着国民经济的发展和人民生活水平的不断提高，速冻食品以其新鲜、营养、卫生、方便等优点日益受到人们的重视，近几年贸易量以10％～30％的速度递增，一跃成为当今世界上发展最快的食品工业之一。有资料显示，目前世界速冻食品总产量已达到1亿吨，品种已超过3 500种。随着我国食品工业的不断发展和对外贸易的需要，对保持食品原有的外观和质量的要求也越来越高。为适应速冻食品加工技术的要求，满足制冷与冷藏技术、食品加工技术、食品营养及检测、食品贮运与营销、食品生物技术、农畜特产品加工等专业的需要，郑州牧业工程高等专科学校、商丘职业技术学院、黑龙江农业职业技术学院、河南双汇集团、郑州思念食品有限公司、郑州三全食品有限公司、郑州亨利制冷设备有限公司、河南省民政学校、河南农业大学食品科学技术学院等单位组织编写了《速冻食品加工技术》这本教材，以供高职高专院校食品类专业师生学习使用。本书也可作为速冻食品生产企业职工的培训教材使用。

本书详细介绍了肉类食品、水产品、禽产品、果蔬类食品及米面食品的速冻加工技术，还概括地介绍了速冻装置以及速冻食品的包装和冷藏链等方面的内容。本书对速冻食品的操作技术规程、质量卫生标准以及最新研究成果等也作了介绍。书中附有大量图表和思考题，供读者学习时参考。

本书由郑州牧业工程高等专科学校隋继学任主编，负责制订编写大纲和各章节的统稿。郑州牧业工程高等专科学校张一鸣、商丘职业技术学院袁仲任副主编。河南双汇集团邓九、郑州思念食品有限公司徐锋、郑州亨利制冷设备有限公司郭明涛、河南农业大学食品科学技术学院黄现青、黑龙江农业职业技术学院郝为民、河南省民政学校马泮蕻等参加了部分章节的编写。全书共分9章，各章节编写人员是：第一章隋继学、黄现青，第二章邓九、张一鸣，第三章张一鸣，第四章马泮蕻，第五章郝为民，第六章徐锋、隋继学，第七章郭明涛、袁仲，第八章黄现青，第九章袁仲、隋继学。

本书由河南省食品科学技术学会秘书长、河南省食品工业科学研究所所长、教授级高级工程师沈祥坤主审。

由于编者水平有限，时间仓促，书中不妥和错误之处，欢迎读者批评指正。

编　者

2008年2月

目　录

第一章　速冻食品的概念及特点

速冻食品作为中国传统食品产业化的一个成功典范，经历了20多年的发展后，在政府支持、消费者的购买力和生产企业的产品渗透率都健康发展的背景下，已成为一个新兴的“朝阳产业”。但是很多人对速冻食品的发展史、速冻食品的概念、速冻食品的种类及特点还不是十分清楚。通过本章的学习，我们不仅要了解速冻食品的发展史、掌握速冻食品的概念及特点，更重要的是要充分利用所学知识，挖掘、整理、改造我国各地传统名优食品，使之工业化、规模化、国际化，为社会、为人类创造更多、更优良的速冻产品。

第一节　速冻食品的发展史

追溯速冻食品的发展史，首先要了解制冷技术的发展情况，因为速冻食品的加工离不开制冷技术。制冷技术虽然在我国有悠久的发展史，早在3 000多年前，我国劳动人民就可以利用天然冷源来贮藏食品，但是，与冷冻食品生产密切相关的人工制冷技术却最早诞生在国外。

一、制冷技术的发展概况

1834年，美国人波尔金斯发明了可液化气体的压缩式制冷机。

1844年，美国人高里发明了空气循环式制冷机。

1859年，法国人开利发明了氨水吸收式制冷系统，并申请了原理专利。

1875年，法国人开利和德国人林德发明了以氨为制冷剂的蒸气压缩式制冷机。

1876年，林德制造了他的第一台氨蒸气压缩式制冷机，并于1877年安装于一家啤酒厂，一直运行到1908年。

1880年起，美国开始大规模生产氨制冷压缩机。

1900年，美国、英国、德国等国家的制冷系统几乎均采用氨和二氧化碳为制冷剂。

1909年，法国人威斯汀在巴黎发明了蒸汽喷射式制冷系统。

1910年，家用电冰箱问世，并于1917年作为商品投放美国市场，1918年开始大批量商业化生产。

1921 年，瑞典人蒙特斯设计出了实用的低噪声电冰箱，并首次获得专利。

1930 年，氟利昂制冷剂的使用和氟利昂制冷系统的出现，给制冷技术带来变革，也使食品速冻加工技术进入了一个新阶段。制冷装置的新突破，如液氮、液态二氧化碳、液态氟利昂的使用，使食品冻结温度大大降低，冻结速度大大提高。

从此，人工冷源开始代替天然冷源，食品冷冻技术发生了根本性变革。于是冷冻食品就随着制冷机的发明而问世，社会上也开始出现了带包装的冻结食品。

二、国外速冻食品的发展概况

1928 年，速冻食品在美国诞生，但由于人们对速冻食品缺乏必要的认识，致使其在问世后的很长一段时间内也没有赢得更多的消费者，发展十分缓慢，直到二战后，美国西部农产品利用研究所 Arsdel 等人系统地研究了速冻食品并提出著名的“3T”理论，速冻食品才逐渐兴旺起来，迅速实现工业化并进入超级市场，受到消费者的青睐。值得注意的是，果蔬单体快速冻结技术的开发也很快风靡世界，开创了速冻食品的新局面。

1942 年，美国速度食品的销售量已达 28.32 万 t，金额达 1.62 亿美元，产品有各种果蔬、肉禽类、水产和预制食品等。

1945 年，冷冻浓缩橙汁的研制成功标志着速冻食品的真正起步。

从此之后，速度食品进入了一个持续、稳定的发展时期。

根据 1993 年 10 月美国《国际速冻食品杂志》报道：1992 年全美各类速冻食品产量高达 1 327.9 万 t，产值 518.09 亿美元，人均年消费量为 52.19 kg(表 1-1)，位居世界第一。其中零售额占 42.96%，团体伙食消费占 57.04%。

表 1-1 1992 年美国速冻食品分类产量和产值

速冻食品种类	产量/万 t	产值/亿美元
预制食品	295.3	142.26
水产品	108.0	161.95
蔬菜	446.1	76.73
果汁饮料	138.5	40.74
禽肉类	209.7	54.42
畜肉类	64.7	30.65
水果	45.7	11.33

据 2005 年的一次市场调查显示，美国 94%的消费者有时会采购速冻食品，30%的消费者会一直采购速冻食品，平均每个家庭每月 6 次消费速冻食品。

目前，美国已经成为世界上速冻食品产量最大、人均消费量最高的国家，速冻食品的年产量达2 000万t以上，品种3 000多种，人均年占有量90 kg以上。

欧洲市场也是世界速冻食品消费的主要市场。目前速冻食品年消费量远远超过1 000万t，人均年占有量30～40 kg。欧洲各国具有不同的民族风格、饮食习俗，表现在对速冻食品的喜爱上，比利时、芬兰、荷兰等钟爱速冻马铃薯制品，法国、意大利、奥地利喜爱果蔬食品，西班牙对速冻鱼类情有独钟，德国、瑞典则看好即食的速冻食品。现在，欧共体速冻食品正朝向具有统一风味的方向发展，跨国性的速冻食品具有很大的开发潜力。目前速冻烘焙食品和速冻即食熟制品是市场注目的焦点，速冻薯条、调味料、水果等也具有较好的前途。

日本是亚洲速冻食品消费的第一大市场，也是世界上速冻食品的第三大消费市场，年消费量在300万t以上。20年来随着制冷技术的进步，家务劳动社会化和进口食品的增加，尤其是伴随着快餐业的发展，学校、企业供给饮食的普及，是使烹饪方便的速冻食品为首的半加工食品普及的重要原因之一；另外，超级市场的兴旺发达，特别是大量全天24 h营业的家庭自选商店的出现，销售的速冻食品有米饭、面食、熟制品、预制品等上百个品种，并配备有微波炉，对速冻食品免费即卖即热，大大方便了消费者。根据日本速冻食品协会统计，1967年日本年人均消费速冻食品0.6 kg，1977年为4.5 kg，1987年为9.0 kg，1997年为16.7 kg，2004年为17.9 kg，2006年为19.5 kg。其中煎炸食品和调理食品发展迅速，占全日本速冻食品总量的75%。在日本热销的速冻食品中有"中国风味"、"意大利风味"、"旧金山风味"等多种口味，并且日本的速冻食品很多是从中国传统的食品加以工业化演变而成的。现在日本投资在国外生产冷冻食品的企业较多，所以日本进口的速冻食品品种也很多，不只是速冻水果、蔬菜，烹调的速冻食品进口量也在逐年增加。目前日本的消费量和欧美相比有较大差距，主要是因为消费习惯不同。此外速冻食品价格偏高，新鲜食品货源充足价格低，这些因素都直接影响了销售。但近年来，日本速冻食品显示出稳定的需求量，并向产品多样化、调理简单化、包装小型化方向发展。日本速冻食品发展出现两大特点：一是调理食品占79.6%（美国仅为22.2%），其中油炸食品占31.6%，其他占48%；二是业务用速冻食品包括饭店、食堂、快餐、配菜业的批发等占74.2%。

1995年日本速冻食品就达3 128种，仅调理食品就有2 414种。

近年来，世界速冻食品的生产和消费方兴未艾，欧美的一些国家以及日本已经形成从原料产地加工、市场销售到家庭食用的完整冷藏链，保证了产品的工业化和社会化。在发达国家，速冻食品的销售量已经占到全部食品的60%～70%，取代了罐头食品的垄断地位而跃居加工食品的首位。

速冻食品具有调节季节、调剂地区食品的作用;集约化生产可以降低原料的消耗和能耗,也可以减少由于加工带来的污染;对原料品质要求较高,从采收到速冻一般在8～10 h内完成,保证了产品的新鲜度,且速冻后食品的营养成分、色泽风味的变化很小,在国外有“真正的新鲜食品”之称,因而深受人们的欢迎。

目前,速冻食品已成为发达国家人民的必需品,如英国家庭消费的速冻食品占到食品消费总量的70%以上,日本占25.8%,在发展中国家也有巨大的市场潜力。

全球速冻食品市场总量还在逐年增加,1999年为804.3亿美元,2000年为835.8亿美元,2001年为865.5亿美元,2002年为891.6亿美元,2003年为920.8亿美元,2007年达到1 050亿美元,今后几年仍将以3.4%的年均增长速度增长。

全球速冻食品主要分布在欧洲和亚太地区。全球速冻食品市场份额欧洲为46.10%,亚太地区25.40%,美国22.10%,其他地区6.40%。

总之,国外速冻食品已进入快速发展期,正朝向品种多样化、配方营养化、加工精细化、生产工业化、包装家庭化、产销低温化、烹制简单化等方向发展。

三、国内速冻食品的发展概况

我国速冻食品的生产始于20世纪60年代,但当时用于出口,产品主要有速冻饺子、春卷等传统食品和速冻禽类等特殊产品,数量较少。真正起步是20世纪70年代,当时也大多是为外贸提供速冻蔬菜。

20世纪80年代初期,出现了速冻面食和面点,是打开销售渠道的开拓阶段。80年代后期,速冻食品有了较快的发展,生产、流通和消费渐渐看好。

进入90年代,我国速冻食品得到了较快的发展,速冻食品生产企业数和生产规模都成倍增长。90年代后期,随着国民经济的提高、冷藏链的建设、大中型超市的发展,整个行业重心北移,尤其是到郑州,依据它自身独特的地理位置,使其迅速发展成为速冻食品的集散地,在那里诞生了我国第一颗速冻汤圆、第一只速冻粽子。

河南省地处中国腹地,又是全国农粮大省,原料资源广泛,人力资源丰富。据《中国经营报》报道,全国速冻食品市场每销售10个汤圆,其中就有6个出自河南;每销售10个饺子,其中就有5个来自郑州。由此可见,河南省的速冻调理食品已经在全国的速冻食品市场占有相当重要的地位。

2003年9月1日,国家质检总局举行中国名牌表彰大会,全国26个行业的138家企业生产的142个品牌中的153个产品荣获2003年“中国名牌产品”称号。其中,河南省速冻食品企业让人刮目相看,全国速冻食品行业的5个“中国名牌”,

有3个牌子5个产品"花落河南"。这3家企业分别是郑州三全食品有限公司、郑州思念食品有限公司、河南科迪食品有限公司。5个产品分别是"三全"的汤圆、水饺,"思念"的汤圆、水饺,"科迪"的汤圆。

其实,河南省速冻食品的发展起步较晚,可发展速度很快。从1992年起到现在的10多年间,先后上马了50多家速冻食品企业。经过这几年的竞争与发展,已有一部分厂家迅速发展壮大起来,成为闻名全国的速冻食品龙头企业。如三全、思念、科迪等企业的产品已远销全国20多个省市,另有部分产品已出口到日本、美国、加拿大、东南亚等十几个国家和地区。还有一些起步较晚的新建企业,发展势头迅猛,如百晟、笑脸、胖哥、云鹤、真意、三色鸽、九头崖等速冻食品企业,已成为河南省速冻食品行业的生力军。但也有部分厂家因设备陈旧、工艺落后、产品单一、成本昂贵、资金缺乏、经营管理不善等因素退出了速冻食品市场。

随着市场的推移,速冻食品发展的重心从南方、中原地区向东北地区推移,整个行业也从调制面米制品、水产制品发展到畜、禽、水果、蔬菜的生产加工,传统厨艺与现代食品加工有机结合,又产生了为餐饮业提供的速冻配餐食品。通过国家对食品安全监管力度的加强,行业门槛的提高,企业优胜劣汰,速冻食品行业进入了一个理性化发展阶段。

据不完全统计,目前我国有各类速冻食品生产企业2 529家,销售额在亿元以上的有50多家,其中形成著名品牌的几十家企业占到市场过半的份额,如"三全"、"思念"、"龙凤"、"湾仔码头"、"笑脸"、"苏阿姨"、"狗不理"、"五丰"、"桂冠"、"猫不闻"、"海霸王"、"甲天下"、"迎客"、"金路易"、"多灵多"、"毛毛"、"吉美"、"伊利"等,逐渐形成了门类齐全、规模庞大的支柱性产业,年销售额达520亿元以上。从1997年到2006年的10年间,中国速冻食品年增速15%,超过食品行业每年11%的年均增幅。根据2006年第一届中国发酵面食产业发展大会提供的数据,1997—2008年中国速冻食品的产量(预测)见表1-2。

表1-2　1997—2008年中国速冻食品产量

年份	产量/万 t	年份	产量/万 t
1997	1 392.458	2003	2 436.525
1998	1 528.552	2004	2 674.663
1999	1 677.948	2005	2 936.075
2000	1 841.945	2006	3 223.037
2001	2 021.970	2007	3 538.045
2002	2 219.590	2008	3 883.842

由以上数据可以看出，中国人对速冻食品的消费市场及消费观念已逐渐形成。但是，中国的速冻食品行业的市场集中度相当高，产品的销量集中在家庭收入较高的一类、二类城市。从消费模式上划分，90%以上的速冻食品消费集中在家庭消费，而餐饮业这样重量级的速冻食品的消费渠道尚未开发。购买高档产品的消费者多数在上海、北京、广州、深圳等一类城市。购买中低档产品的消费群为一类及二类城市的工薪阶层。

我国现在潜在的尚未开发的市场规模非常巨大，对今后速冻食品行业的发展将十分有利。从2004年的一次速冻食品的使用频率调查结果可以看出，多数速冻食品的使用者一般为每两周食用一次速冻食品，如果食用频率增加为每周一次，则市场规模也将同比增加1倍。

速冻食品发展虽有很大的发展空间，但是竞争也很激烈，特别是一些传统产品如：汤圆、水饺、包子等，这些产品在我国速冻食品企业几乎都在生产，所以没有雄厚的资金支持和广告宣传，很难有大的发展。现在已有一些开明的厂商把重点放在新产品研发上，除保留一部分传统产品外，重点开发新产品。如南瓜饼、蔬菜饼、空心面、粽子、竹筒肉等，另辟蹊径，拓展发展空间。

从发展形势看，速冻食品行业品牌化是大势所趋，但目前总的表现是品牌个性不明显、品牌集中度不高。速冻米面食品发展至今有五大规模性品类：水饺、汤圆、粽子、馄饨和面点，这些细分品类市场成熟度较高。消费者在品类产品上已初步形成一定的品牌消费，大部分消费者在食用每一种产品时比较固定选择一两个品牌的产品。如某消费者说："吃水饺我吃思念的，吃汤圆就买三全的，吃鱼丸就要海霸王的，吃粽子就买五芳斋的"，行业初步形成了思念＝水饺、三全＝汤圆、龙凤＝水饺、五坊斋＝粽子、苏阿姨＝馄饨。然而地方中小品牌在发展过程中品牌没有合理规划自己的资源优势，几乎全品类覆盖，导致每类产品在物力、人力、财力、精力等资源上都过度分散。

尽管如此，我国速冻食品行业仍处于快速发展阶段，产品线的纵向和横向拓展空间都很大，然而综观整个速冻食品行业各主要品牌表现和动态，可以总结出整个行业普遍面临的以下问题。

(1)产品同质化高，尤其是速冻调理食品，从南到北除口味依生活习惯略有调整外，产品结构大致相同。初、粗加工产品多，精、深加工产品少，市场不稳定，花色品种不多；缺少品牌企业与一批行业骨干群。

(2)降价降质、恶性竞争，失信于民，形成速冻食品行业发展的瓶颈，严重影响了行业的发展。

(3)较大的销售额却没有带来较高的利润额和较低的成本优势，在价格战前却束手无策。

(4)广告投放量持续上升却没有带来销售额的持续增长，品牌购买率依然不高，新增消费者迟迟不见效。

(5)促销活动频频，但声音和效果淹没在市场竞争的汪洋大海，活动一结束，销量反降。

(6)新品开发不断，产品系列阵容强大，却依然缺乏能创造价值的赢利产品。

(7)终端陈列空间逐渐遭受挤压，成本费用却在逐步攀升，开发过多的产品在终端无法与消费者充分见面。

(8)事件营销引不起轰动效果，活动宣传物料得不到很好的展示，媒介投放好像在打水漂。

凡此种种，应引起正在从事或即将从事速冻食品生产者的思考。

对于我国速冻食品行业出现的一些困扰，不少专家、学者多年来一直非常关注，并对速冻食品市场展开了深入的调查研究，取得了一些成功的经验。其中，上海意量强势品牌机构市场总监、首席营销师张庆虎先生的建议值得借鉴。他通过对我国速冻食品行业竞争格局和品类格局的调研，对业内主要品牌成功因素的分析，在产品策略、渠道策略、媒介投放、品牌操作等方面提出了以下建议。

1. 产品策略及建议　经过多次考察超市发现：多数速冻食品品牌都存在产品结构不合理现象，在终端陈列时消费者希望买的品项却没有，重复的品项却又太多，使得很多现有产品无法全面覆盖某一城市的重点终端。同时同一品类中产品品种繁多，造成生产、流通、销售管理成本的增加以及推广费用的分散，这也是企业利润减少的关键原因之一，因此针对产品线必须做好事前合理的规划和市场评估，优化产品组合，在少占资源的前提下，争取市场效果最大化。

(1)梳理和界定产品的市场使命和市场定位：什么是形象占位产品，什么是利润产品、走量产品、市场补缺产品和市场狙击产品。

(2)将利润产品和走量产品作为公司战略产品来发展，在产品推广策略、促销支持、终端展示、业绩考核等方面优先倾斜和关注。

(3)根据区域市场状况、城市消费水平和级别界定主推产品和特色补缺产品，形成“合适的产品放在适合的市场上”的优化格局。

2. 渠道策略操作建议　终端是产品和消费者见面的地方，是实现商品到货币转换的地方，是真正实现销售量的地方，是抢占消费者的地方，抓住了终端就抓住了市场推广的核心。为规范终端建设，根据市场发展状况和潜力分别制定不同的终端操作执行手册，由市场部门进行检查落实，并且计入业务人员销售考核指标中进行考核。

(1)促销员问题:在终端售点,对销售量影响最大的因素是促销员,促销员的数量、工作态度、推销技能往往决定着销售的好坏。

(2)生动化问题:终端产品的陈列展售是完成消费者购买的最后一个环节,只有消费者看得见的东西才会卖掉! 陈列就是产品生动化,展现产品的良好形象,营造销售氛围,调动消费者的购买欲望。

(3)排面问题:在一个具体的终端售点,排面的大小就是市场占有率的大小,就是销售量的大小;同时,良好的产品排面就是最大的广告媒体。

在选择终端类型上,要充分考虑自身实力和产出效果。大卖场销量大、形象好、客流充足,但同时合作条件苛刻,费用高、压款多。因此公司在选择大卖场上应充分分析衡量利弊得失,拿出形象产品和利润主导产品重点布局,适当缩小常规产品和散装特价品的品种系列;对于竞争相对比较低的中型连锁超市可以加大终端陈列和品种规格的布局,现场促销活动也可以适当倾斜。另外,江浙市场快速成长的三级市场和重点乡镇,公司集中筛选重点拓展网点。以常规走量产品和利润主导产品作为战略产品,同时加大终端促销和陈列位,迅速挤占地方杂牌的市场空间。

3. 媒介投放操作建议

(1)在利润下降,传播费用不充裕的情况下,可以将大众媒介预算集中起来专一投放。

(2)中央电视台的消费号召力无可替代,它在消费者心中建立一种强大的"势场",这种"势场"在中国这个特殊环境对销售的促进、对名牌的树立很大。

(3)户外、终端媒体、候车亭、公交车体广告、流动的媒体接触的人多,应作为下一步首先考虑的重点。

(4)近年媒体自身推广活动日益增多,积极参与此类活动,与媒体互动双赢,能有效和消费者产生共鸣,给消费者记忆更加深刻。

(5)各媒体创新广告较多,比如栏目冠名、电视剧场冠名、恭贺广告、赞助文艺晚会等形式,投放时可以分析借鉴。

4. 关于品牌操作的思考

(1)品牌给目标消费者营造出的记忆点必须非常强势才能够引起消费者的察觉和关注,如果事先命名不好,那么就必须在品牌宣传层面弥补这一不利因素,那么目标消费者在购买时就会产生更为充分的选择理由和购买信心,直接导致品牌收益大大增强。

(2)弱势品牌日常的终端促销、公关活动一结束,消费者的关注就会打折,更为重要的是反映到实际购买中,他们缺乏持续的记忆点和深刻的品牌认同,尤其是轻度消费人群。

(3)若要使品牌内涵真正占领消费者的心智和思维，就必须把它具象化——通过一个明显的标志、符号、口号、一个动人的画面、一串紧密相连的生动故事等进入消费群体日常生活场景中，不断传播和影响，才能让他们产生共鸣和消费体验。

(4)速冻行业现在的市场竞争的主战场还集中在产品和价格两个方面，靠销量夺取市场份额，市场份额是品牌的支撑点，没有市场份额就没有品牌。如何扩大销量，争取市场份额？同时击垮地方手工作坊品牌——向竞争对手夺销量，这将是行业普遍面临的迫切问题。

(5)在营销执行层面，市场竞争进入拼速度、拼质量的精细营销阶段，必须通过抓细节、抓工作质量、抓工作效率来超越竞争对手；在操作方法上侧重于抓突破点、抓过程、抓结果、抓成效；细化需要深入，深入一线、深入基层。

(6)销售渠道多元化：在今后的市场运作中，通过增加便利店、杂货店、农贸市场、机关食堂、学校食堂、军队食堂、建筑工地、团购、宾馆饭店等渠道，做到渠道多元化。

(7)决策实施数据化：委托专业调查公司或购买品牌发展指数的相关数据，根据市场现状，及时调整品牌宣传战略，要求各区域市场的业务员，根据各区域市场情况整理出当地媒介、文化、生活形态、购买力等相关指数，总部负责编撰出全国市场推广指南，让经验沉淀成数据库，便于公司非常规活动的开展。

(8)在有条件的城市建立卖场店中店形象展示屋，做好样板店和样板市场，然后在重点区域复制推广，同时形成操作经验编成手册大面积推广。

第二节　速冻食品的分类

速冻食品虽然已经深入到千家万户，成为人们生活中经常食用的美味佳肴。但是，人们往往对速冻食品的概念把握不清，究竟什么样的冷冻食品才是速冻食品？它与一般的冷冻食品相比有什么区别？下面重点介绍速冻食品的概念和分类。

一、速冻食品的概念

到目前为止，国际上对速冻食品的概念也没有统一规定。一般认为真正意义上的速冻食品应同时具备以下 5 个方面的特征。

(1)食品冻结时的冷却介质温度应在-30 ℃或更低。

(2)食品冻结过程中形成的冰结晶应细小，规格上不超过 100 μm。

(3)食品冻结时通过最大冰结晶生成带的时间应不超过 30 min。

(4)食品冻结结束时的中心温度应在-18 ℃以下。

(5)食品冻结后的流通,包括贮藏、运输、销售等都应在-18 ℃以下进行。

如果某冷冻食品同时具备以上特征,则可定义为速冻食品。

显然,速冻食品和一般的冷冻食品是有很大区别的。

(1)从冻结时间上,一般的冷冻食品冻结时间比较长,少的几个小时,长的十几个甚至几十个小时。而速冻食品的冻结时间一般不超过 30 min。

(2)冷却介质的温度,速冻食品要求在-30 ℃或更低的温度下进行。而一般冷冻食品的冻结,国家规范给出了具体的温度,即冻结间的温度为-25~-23 ℃。

(3)由于一般的冷冻食品的冻结时间比较长,如牲畜肉胴体长达 20 多个小时的冻结,形成的冰结晶数量少,规格上也比较大,有的在 500~800 μm。

至于食品的冻结终温以及在冷藏链中的运行温度,要求的条件都是相同的,冷冻食品和速冻食品都是-18 ℃。

二、速冻食品的分类

速冻食品的消费量在持续增长的同时,其种类也呈现出多元化发展的趋势,新品种层出不穷,越来越受到消费者的欢迎。

按照速冻食品的性质及来源进行划分,速冻食品可分为畜禽类、水产类、果菜类和调理类四大类。

(一)畜禽类

畜禽类,包括猪肉、牛肉、羊肉等牲畜肉,也包括鸡肉、鸭肉、鹅肉和鹌鹑肉等禽肉。不管是牲畜肉还是禽肉,作为速冻食品进行冻结时,都不是胴体肉,而是分割肉。因为胴体肉的冻结速度再快,也很难在 30 min 内完成冻结。

进入 21 世纪后,冷却肉的发展极为迅速。在大力推广冷却肉的同时,还要大力发展低温肉制品和生物发酵制品,把中国传统风味酱、卤、烧、烤等肉制品的生产工艺与现代食品加工技术紧密结合,实现中式肉制品的工业化生产。大力发展可微波加热的速冻肉制品、真空冷冻干燥肉制品等。发展畜禽的头、蹄、尾、内脏等深加工制品以及为生化制药提供原料,提高肉类加工的附加值。鼓励肉食品加工企业进入食品配送领域,通过超市、连锁方式销售加工肉制品。注重骨、毛等废弃物的综合利用,减少环境污染,提高经济效益。在加工企业布局上,政府及行业职能部门对现有肉联厂、冷冻厂和大型龙头加工企业,积极引导其扩大生产规模、提高产品档次、增加花色品种和开展综合利用,在畜产品集中产区扶持建立一批包括冷藏、保鲜和深加工在内的龙头企业。如河南省漯河市的“双汇”、长葛市的“众品”、北京市顺义区的“恒慧”、江苏省南京市的“雨润”以及山东省临沂市的“金锣”等已经成为我国知名的肉类食品加工企业，其中漯河“双汇”已经成为亚洲最大的肉类加工基地。

在禽产品加工方面，我国已是仅次于美国的第二大肉鸡生产国。鸡肉胆固醇低、脂肪含量低、经济可口，产品从整鸡到分割鸡、深加工、熟食鸡等，种类丰富。预计未来10年内，世界鸡肉的消费量占肉类消费量的比例将以每年1个百分点的速度增长。现代肉鸡产业涉及粮食、饲料、饲养、加工等多方面，具有资金、技术和劳动密集的特点，投资少、周期短、技术易普及等优点明显。今后我国家禽的养殖、加工、销售要引进国际上先进的生产方式和技术，瞄准国际市场。要大力推广无动物性蛋白饲料，生产无投药健康产品。目前河南省已经涌现出一批禽产品加工龙头企业，如信阳“华英集团”，以鸭产品为主，号称“世界鸭王”；鹤壁的“大用”和“永达”已成为全国重要的禽产品出口基地。

(二)水产类

水产类主要指鱼、虾、蟹等海产品以及淡水鱼的精深加工产品。由于水产品捕捞后鲜度下降很快，因此要求冻结速度快，并在更低的温度下冷藏，如金枪鱼的冷藏温度为－50～－45 ℃，比一般的冷冻食品的冻结温度低得多。

速冻鱼的主要品种应以小包装为主，这样更能满足消费者和商贩的需要和心理。目前较流行的品种有冻全鱼和去头、内脏、鳍、鳞后将可食部分加工成鱼段、鱼片、鱼糜、鱼丸等半成品，按1 000 g，500 g，250 g包装的速冻产品。

我国水产品资源丰富，2004年产量已达4 885万t，占世界总产量的30％以上。在我国加入WTO，融入国际大家庭后，水产业与国际接轨势在必行。通过发展水产品加工和实施质量安全体系来拓展国际国内市场，从而带动养殖，这是渔业生产的根本出路。提高水产品加工的科技含量、开发多元化水产食品、产品加工向深加工方向发展，才是我国水产业发展的必由之路。

(三)果菜类

果菜类除水果、蔬菜单体外，还包括水果、蔬菜按照客户要求切分成不同规格的片状、块状、条状、丝状等半成品。果菜类食品属于植物性食品，当植物性食品冻结速度很慢时，形成的较大颗粒的冰结晶会破坏其组织结构而在解冻过程中造成大量汁液流失。因此，对于果菜类食品，必须进行快速冻结。

以速冻方式保藏水果，是目前常用的加工方法。水果冻结后，内部的生化过程停止，由于所含水分大部分已冻结成冰，微生物无生活所必需的水分，且低温也阻碍了微生物的活动和繁殖，因而水果能得以长期保藏。速冻水果能基本上保持水果原有的自然形状和风味，在贮藏期间其色、香、味和维生素没有显著变化。速冻水果绝大部分用于制作其他食品，如果酱、果冻、蜜饯、点心、果汁汽水和冰淇淋等。水果速冻从加工、保藏到运输、销售都要在冷藏链中进行。

适宜速冻加工的水果种类很多，目前在我国还是以出口为主。主要品种有草莓、黑莓、树莓、蓝莓、越橘、菠萝、蜜橘、黄桃、荔枝、芒果、猕猴桃、西瓜球、龙眼、苹果、梨丁、无花果、杨梅等。

蔬菜是人们生活中不可缺少的重要食物，它们富含维生素C、胡萝卜素、矿物质等营养成分。蔬菜收获的季节性很强，并有一定的区域性，造成了常年均衡供应的困难。另外，蔬菜中含有大量的水分，它的化学成分又是微生物发育的良好基质，故若在室温下贮藏时间过久，就会使蔬菜品质下降，甚至腐烂变质。因此，采用低温尤其是速冻的方法进行蔬菜的保藏显得十分重要。

适宜速冻加工的蔬菜种类很多，果菜类（可食部分是菜的果实和幼嫩种子）有青刀豆、豇豆、豌豆、嫩蚕豆、茄子、西红柿、青椒、辣椒、黄瓜、西葫芦、丝瓜、南瓜等；叶菜类（可食部分是菜叶和鲜嫩叶柄）有菠菜、芹菜、韭菜、蒜薹、小白菜、油菜、香菜等；茎菜类（可食部分是鲜嫩的茎和变态茎）有土豆、芦笋、莴笋、芋头、冬笋、香椿等；根菜类（可食部分是根部）有胡萝卜、山药等；花菜类（可食部分是菜的花部器官）有菜花等；食用菌类（可食部分是无毒真菌的子实体）有鲜蘑菇（如香菇、凤菇）等。

（四）调理类

调理类食品在我国起步较晚，但发展速度很快。从20世纪80年代后期，我国开始出现速冻调理食品，当时的品类相对较少，加工方法也简单，以米面制品居多。

米面类食品是指以米、小麦粉、杂粮等粮食为主要原料或同时配以（单一或多种配料）肉、禽、蛋、奶、蔬菜、果料、糖、油、调味品为馅料，经成型、生制（或熟制）、速冻、包装而成的食品，包括速冻水饺、包子、花卷、馒头、汤圆等产品。

第三节　速冻食品的特点

20世纪70年代末期，以外销速冻肉类、水产品及速冻蔬菜类产品为启动产品，迅速带动了速冻食品行业的发展，而速冻汤圆、水饺等速冻米面类食品的发展历史仅有20多年,时至今日,速冻食品以新鲜、营养、卫生、口味佳、复原性好、贮藏期长、食用方便等特点,受到越来越多的消费者的青睐。

一、速冻食品的特点

速冻食品与其他食品相比,主要有以下五大优点。

(1)卫生质优。食品经过低温速冻处理,既能最大限度地保持食品本身的色泽风味及营养成分,又能有效地抑制微生物的活动,保证食用安全。

(2)营养合理。如速冻调理食品配料时,可以通过原料的不同搭配控制脂肪、热量及胆固醇的含量,以适应不同消费者的需要。

(3)品种繁多。速冻食品现有四大类、3 500多个品种,从副食到主食,从盘菜到小吃,样样俱全,这是任何其他加工食品不可比拟的,这也为那些不善于烹调的消费者提供了方便。

(4)食用方便。速冻食品既能调节季节性供需平衡,又能减轻家务劳动,减少城市垃圾,保护环境。速冻米面食品大多直接蒸煮就可食用,有些速冻蔬菜解冻后也可凉拌食用,很多种速冻食品微波加热即可食用,非常方便。

(5)成本较低。与罐头食品相比,速冻食品具有口味鲜和能耗低的特点。同时,速冻食品的能耗比同类的罐头食品低30%左右。

二、速冻食品的消费

正是由于速冻食品具有以上优点,才越来越多地受到消费者青睐,并得到迅速发展。尽管如此,消费者在选购速冻食品时,还要注意以下几个方面的首选问题。

(1)首选信誉度较好的大型商场、超市购买食品,同时注意超市是否具备对速冻食品冷藏的基本条件。

(2)首选市场占有率较高的大型企业生产的知名品牌。品牌知名度较高的产品,大多为具有实力的大型企业生产,其产品质量有保障。

(3)首选预包装产品。一般来讲,预包装产品比散装产品卫生、安全。尽管2007年7月1日,国家规定超市不得销售散装速冻食品,但是有些规模较小的超市、商店还有可能继续销售。对于不带包装的速冻食品,消费者尽量不要购买。

(4)首选标志规范的产品。速冻米面食品标签上不仅应标注食品名称、配料清单、净含量、制造者、经销者的名称和地址、日期标示和储藏说明,还必须标注速冻、生制或熟制以及馅料含量占净含量的百分比和食用方法等内容。

目前，在速冻食品的消费方面，不同种类的食品、不同的品牌对消费都会产生不同的影响。另外，不同的年龄对速冻食品的消费也有着不同的观念。以下是宁波一家策划公司对速冻食品消费市场所做的调查。从调查结果可以看出，消费者对速冻食品中的饺子、汤圆这两类米面类食品的需求最大，见表 1-3。另外，表 1-4 至表 1-7 分别为消费者在选择品牌速冻食品时所看重的几个方面，选择速冻食品的消费者的年龄及家庭结构，不同年龄段消费群体的生活方式及消费心理，品牌影响因素等。

表 1-3 消费者选择速冻食品的一般情况（数据均为百分比）

品名	选择比例	品名	选择比例	品名	选择比例	品名	选择比例
饺子	69.67	馄饨	40.87	贡丸	17.10	包子	30.21
汤圆	63.24	馒头	44.86	花卷	17.61	没买过	8.48

表 1-4 消费者在选择品牌速冻食品时看重的几个方面（数据均为百分比）

内容	比例	内容	比例	内容	比例	内容	比例
品牌响	30.72	价格低	12.21	品种多	11.83	其他	4.24
味道好	65.42	包装好	10.07	制作工艺	9.64		

表 1-5 消费者的年龄及家庭结构

16～20 岁	21～30 岁	31～40 岁	41～50 岁	51 岁以上
未婚 ·同父母生活 ·很少自己购买	未婚 ·独立生活 ·饮食重方便 ·速冻食品 已婚 ·自制食品 ·速冻食品 ·方便食品	已婚有子女 ·自制食品 ·出外就餐 ·方便食品 ·速冻食品	已婚有子女 ·自制食品 ·出外就餐 ·方便食品 ·速冻食品	已婚有子女 ·自制食品

表 1-6 不同年龄段消费群体的生活方式及消费心理

年龄	21～30 岁	31～40 岁	41～50 岁
生活方式	现代	现代、传统于一体	较传统
消费心理	对于传统特色食品的概念不重	较喜爱传统特色食品	较喜爱传统特色食品

表 1-7　品牌影响因素　%

影响因素	品牌响	味道好	价格低	包装好	品种多
百分比	30.7	65.4	12.2	10.7	11.8

实际上，速冻食品的发展离不开农业的支持。农业经济与速冻食品齐头并进，开发出很多订单加农户的经营模式，农、牧、渔业的快速发展为速冻食品行业提供了丰富的加工原料，速冻食品行业的发展同时也反哺农、牧、渔业。随着市场的发展，越来越多的原料素材被纳入了速冻食品的范畴。拉动了农村经济，加快了工业化、城镇化发展步伐，因此速冻食品行业被称为朝阳行业。

速冻食品行业作为农产品加工的主要后续加工产业和先导型产业，能调动农业结构调整，利于农业增效，农民增收。同时速冻食品又属于劳动密集型产业，能有效吸纳农村富余劳动力就业，并带动机械制造、包装运输及第三产业的发展，对推动农业现代化有着举足轻重的作用。正如河南省省委书记徐光春考察郑州市食品企业时所说的“食品工业已经成为河南工业的第一支柱产业，已经成为工业反哺农业的主渠道，成为拉动就业、使粮食增产、农民增收、农业振兴、推进农业产业化发展的突破口”。

今天，速冻米面食品以其便利和营养越来越多地被消费者选购，同时还得益于超市化进程的加速，能提供适合速冻食品存放条件的冷库和冰柜而迅速带大了速冻食品市场，所有的速冻食品厂家都将重点精力放到了卖场资源的争夺上，走进卖场，步入速冻食品销售区，我们看到了悬挂在灯带上花花绿绿的吊旗、吊串、宣传画，甚至为了争夺资源，这些来自不同厂家的宣传物品被“合理”的安置在自己产品的上方，因为大卖场基本上是按照品类来进行产品陈列，所以三全的、思念的、龙凤的等所有厂家的饺子被放在了一起，但是三全饺子的上面是绝对不允许挂思念的宣传品的，所以正如我们经常所见的一样，三全的产品上方挂着几个圆形的三全物料，龙凤产品上方挂着几个方形的龙凤物料，思念的产品上面可能悬挂的是长形的物料，远远观望，哪里还有什么美感可言呢，但这就是终端资源争夺，就这还要给卖场掏发布费呢，所以对大卖场很多企业是又爱又恨，爱的是这些大卖场确实贡献了很大的销量，恨的是一年到头算下来在这些大卖场根本不赚钱，还要大量压款，占压资金，很多企业面临着发展的瓶颈，那么速冻食品行业该如何破冰前行呢？这要从速冻食品本身来寻找答案。

首先，速冻食品是一种需要完全在低温条件下保存的食品，离开冰柜一段时间就会因温度的升高而融化，导致食品品质的改变，这就需要缩短购买者的行走半径，大卖场固然有良好的陈列条件，但是其对于速冻食品来说最大的弊端恰恰在于其较长的购买半径，消费者往往需要乘车三站路以上的距离才能完成，而且，大卖场客流量大，收银台前往往是排队还需要耗费很长的时间，尤其是节假日等客流高峰期，恐怕一袋饺子刚拿出卖场就已经快化了，我们传统上将夏季作为速冻米面食品的销售淡季，但是仔细分析，这个淡季真正的含义是什么呢？难道说夏天人们就根本不愿意吃饺子吗，事实上是夏季人们更愿意使用一些加工简单的食物，而速冻水饺只需要拿回来煮几分钟就可以食用，所以从这个角度讲销量不应该有大幅度下滑的，可是往往是消费者有心买，却因为天气太热，等拿到家恐怕也就化了，白白浪费钱而不愿意买了。

所以，速冻食品破冰法则之一，就是要缩短消费者购买半径，为其创造消费的便利性。综观各个渠道，无疑深入社区的、活跃于居民楼下的小型便民超市和社区店是最佳的选择，因此企业要想突破速冻食品发展的瓶颈，要做的一个重要决策就是全面开发中小型便民网点，试想一个消费者，周末在家休息，快中午了想吃顿饺子，穿着拖鞋下楼两分钟就可以买来一袋水饺的话，我想这些企业的销量至少是现在的2倍甚至更多。

其次，看看速冻米面食品都是哪些产品，速冻的水饺、汤圆、粽子、面点、包子、馄饨、春卷、南瓜饼、芝麻球、海鲜丸，这些都是餐桌上的美食，中国人每年用在餐饮上的消费是很大的，而速冻米面食品恰恰又是餐桌上的必备美食，所以这两种资源的有效对接显得尤为重要，很多时候我们看到的是一种资源的浪费，明明这些半成品有卖的，但是大多数餐饮企业还在花很高的费用请面点师或者其他师傅，我们走访了很多餐饮企业，事实上他们也是很欢迎这些半成品的，只需要简单加工就可以食用，再加上如果是一流企业生产出来的质量过硬的产品，消费者也是很愿意食用的，但问题就在于信息的不对称，很多餐饮企业从批发市场或者其他零售终端看到的速冻食品价格往往较高，这样就会增加其成本，而苦于无法与企业直接联系，以取得价格上的优惠而放弃，由此我们有理由相信，速冻食品行业的破冰法则之二，就是要重视餐饮渠道，专人进行餐饮渠道的开发，以专业的渠道开发来完善餐饮渠道速冻食品销售网。

第三，从产品种类丰富的角度来讲，看速冻食品相对成熟的欧美市场，速冻食品的种类非常丰富，而国内速冻食品的产品种类相对单一。因此，要想进一步把速冻食品的盘子做大，各个企业不妨再抓一抓产品这个源头，结合消费者的需求和更多的地域差异，研发出更加琳琅满目的速冻食品，这就是速冻食品行业的破冰法则之三：加强产品研发，生产出更多的满足消费者需求的产品甚至可以创造需求来研发产品，培养消费者的购买习惯。产品研发是一个企业的根本之所在，只有产品丰富了，才能相应的增强在渠道上的优势。

当然，一个行业的发展是受多方面因素相互作用的综合体，但是产品的研发是企业的活力之源，渠道的拓展又是企业的生存之本，两者缺一不可，彼此依存！只有抓住了产品和渠道这两个方面的关键点，相信速冻食品行业将迎来一个新的春天！

本章小结

目前，发达国家人均年消费速冻食品一般在 20 kg 以上，并以 10%～30%的速度递增。速冻食品已成为当今世界上发展最快的食品之一。通过了解速冻食品的发展史、国外和国内速冻食品行业的现状及发展情况，可以使我们更清楚地认识到速冻食品产业对国民经济发展以及人民生活水平提高的重要性。本章要重点学习速冻食品的概念、分类及特点，了解当前我国速冻食品行业存在的问题，为在今后的工作中能顺利掌握速冻食品加工技术、开发名优传统产品打下坚实的基础。

思考题

1. 简述国内外速冻食品的发展现状。
2. 我国速冻食品行业存在哪些问题，应采取什么解决方法？
3. 速冻食品具有什么特征？它与一般的冷冻食品有什么不同？
4. 速冻食品有什么特点？最受消费者欢迎的速冻食品有哪些？
5. 消费者选购速冻食品时应注意什么事项？

第二章　肉类食品冷冻加工技术

对于肉的概念，我国相关国家标准中的定义是：把家畜屠宰后除去头、蹄、尾、皮（或毛）、内脏、血液后剩下的肉尸，也叫胴体，俗称白条肉。欧盟在2003年发布生效的对于肉类产品新标签的强制性规定中，对于肉的概念进行了严格的定义，即“肉”仅为可食肌肉，而不再包含脂肪与动物下水（包括心、肠、肝）等。肉的食用价值和商品价值是由肉中各种成分的数量和比例决定的。因此，同一胴体的不同部位或者不同胴体的相同部位，其组成也不一定相同。

第一节　肉的组成及特性

一、肉的组织结构

肉主要由肌肉组织、脂肪组织、结缔组织、骨骼组织四大部分组成。这四种组织的含量随着家畜的种类、品种、育龄、地域、养殖方式的不同而不同，因而其食用和工业用价值也不相同。一般情况下，成年家畜骨骼组织的含量比较恒定，大约占20%；肌肉组织占40%～60%；结缔组织约占12%，脂肪组织所占的比例最不恒定，与种类和品种以及养殖方式有很大关系，少的占2%～5%，多的达到40%～50%。根据这四种组织的构成物质不同，肉除了作为食品能够满足人们营养和能量需求之外，还有着不同的工业用途。肌肉组织、脂肪组织是各种肉制品加工的主要原料；脂肪除了用于各种肉制品的加工外，还是油脂以及化妆品、食品级润滑脂的主要原料；骨骼组织是天然肉味香精的原料。

（一）肌肉组织

从组织学的角度来讲，肌肉组织可分为3类：横纹肌（也叫骨骼肌）、平滑肌和心肌。横纹肌主要附着在骨骼上，它可以随着动物机体的意志收缩或拉长，完成动物的各种运动机能，所以它是负责动物运动的组织，因而又被称为随意肌。平滑肌主要分布在消化道、血管壁等处，是构成动物器官的重要组织。心肌是构成心脏的肌肉。由于横纹肌内富含对人类有用的营养成分，横纹肌成为重要的肉制品的主要原料，有着巨大的营养和商品价值。

肌肉组织的基本组成单元是肌纤维，每条肌纤维被结缔组织形成的肌内膜围绕包裹着相互隔开；每 50～150 条肌纤维聚集成束，叫做肌束；这种肌束被结缔组织形成的肌周膜（或肌束膜）包着，形成小肌束又叫初级肌束。由数十条初级肌束聚集在一起被较厚结缔组织膜包裹就形成了二级肌束（又叫次级肌束）。由许多的二级肌束聚集在一起就形成了肌肉块，外面被一层较厚的结缔组织、肌外膜包裹着。

这些分布在肌肉中的结缔组织不但起着相互连接、支撑和保护作用，同时还有脂肪沉积其中，使肌肉断面呈现大理石纹理。事实上不同部位结缔组织的含量是不一样的，结缔组织的含量直接影响着肉的品质，决定着肉的可利用价值。猪前腿肌肉中的结缔组织含量最多，因而降低了它的利用率；但同时又由于这种原因导致猪前腿肌肉口感较脆，又成为某些特殊肉制品优选的原料。相对而言，猪后腿肌肉、背部肌肉结缔组织含量较少，就成为大部分肉制品生产的主要原料。

不同部位的肌肉组织中的脂肪沉积量也不同，沉积量的多少不但影响着肉的纹理的形成，还直接影响着肉的口感和风味。脂肪沉积量大，肉的口感就较嫩，风味也较充足，日本的雪花牛肉正是利用这个原理，采用特殊的饲养方法培育出的一种肥瘦相间的牛肉，不但外观好，而且口感和营养价值都较高，是目前牛肉中较高档的一个品种。

肌肉的颜色通常呈现不同程度的红色，肌肉颜色的不同主要受肌肉中肌红蛋白和血红蛋白含量多少的影响。同时肉的颜色随着时间的推移而发生变化，通常情况下，随着放置时间的变化，肉的颜色受空气中氧的影响，颜色由暗紫色变成鲜红色最后变成褐色或灰白色。这主要是因为肌红蛋白被氧化生成氧合肌红蛋白和高铁肌红蛋白的缘故。同时肉的颜色还和畜禽被宰杀时放血是否充分有关，放血充分肌肉中残留的血液少，血红蛋白的含量低，肌肉的颜色相对就较浅，反之，肌肉的颜色就深。

（二）脂肪组织

脂肪组织在畜禽体内的分布也较广，大多分布在皮下、腹腔和脏器的周围，主要由脂肪细胞聚集而成。脂肪细胞一个或多个借助于疏松的结缔组织联系在一起，细胞中充满着脂肪滴，细胞核位于脂肪细胞外层原生质形成的一层膜中。脂肪细胞直径可达 30～120 μm，最大可达到 250 μm。脂肪细胞越大，所包含的脂肪滴也就越多，其出油率也就越高。动物的板油中结缔组织少，脂肪细胞大因而是出油率最高的脂肪；网油由于结缔组织含量多，其出油率相应就低。

不同动物间的脂肪组织的含量和蓄积部位差异很大，少的仅有 2%，多的可以达到 40%以上。就是同一种类之间脂肪的含量随着品种、育龄和饲养方式的不同，也有很大的差异。猪多蓄积在皮下、肾脏周围；羊多蓄积在肋间和尾根；牛主要蓄积在肌肉内。脂肪蓄积在肌肉中不但可以形成大理石纹理，还可以改善肉的口感，同时也是肉的风味形成物质之一。

不同动物间的脂肪具有不同的颜色和气味，如猪、羊的脂肪呈白色，牛的脂肪呈微黄色，马的脂肪呈黄色；而羊的脂肪具有明显的膻味。动物脂肪所呈的颜色和气味不仅取决于动物的种类，而且还因品种、育龄以及饲养的方式不同而改变，如猪，在饲养不当时脂肪也会呈现黄色。

（三）结缔组织

结缔组织是构成肌腱、筋膜、韧带及肌肉的主要成分，是将动物体内不同部分连接和固定一起的组织，广泛分布于畜肉的各部分，构成器官、血管和淋巴管的支架；包围和支撑着肌肉、筋腱和神经束，在体内主要起支持和连接作用，并赋予肉以韧性和伸缩性。

结缔组织由少量的细胞、大量的细胞外基质和纤维构成，细胞外基质的性质变异很大，可以是柔软的胶体，也可以是坚韧的纤维。在软骨中它的质地如橡皮，在骨骼中因充满钙盐而变得非常的坚硬。结缔组织的基质是由黏稠的蛋白多糖构成，蛋白多糖是一类大分子化合物，含有许多氨基葡聚糖（黏多糖）。氨基葡聚糖中最典型的是透明质酸和硫酸软骨素，硫酸软骨素具有抗凝和缓和作用，可以用于神经性头痛、神经痛、关节痛、动脉硬化等疾病的辅助性治疗，具有很高的药用价值。

构成结缔组织的纤维主要有胶原纤维、弹性纤维和网状纤维。胶原纤维是构成结缔组织的主要成分，其性质柔软，拉力很强，但延展性差，对热的影响反应明显，当温度加热到 60 ℃时，就收缩到正常长度的 1/4～1/3，变成橡胶状，当再加水加热时就会出现胶状物质，因而又叫产胶纤维，其色白也叫白纤维。

弹性纤维分布在肌肉组织的外肌周膜和血管壁处，因其色黄也叫黄纤维。弹性纤维的弹性虽大，但强度低于胶原纤维，所以其延展性好，较容易被拉伸。弹性纤维不容易受酸、碱或加热的影响，这是肉质变硬的一个原因，但可以用酶分解它，可用胃蛋白酶等逐渐消化、溶解。

网状纤维和胶原纤维的性质很相似，但比胶原纤维细。在碱液中对银有嗜好性，遇银呈黑色染色（胶原纤维呈黄色或褐色），除此之外，在碱液中几乎不发生其他反应，在酸液中也不膨胀，和水一起加热也不出胶。

另外，由于胶原纤维有较强的韧性，不能溶解和消化，只有在 70～100 ℃湿热处理时才发生水解，变成明胶。弹性纤维在高于 160 ℃时才水解，通常水煮不能产生明胶。因此，富含结缔组织的肉不仅口感差，营养价值也很低。

（四）骨骼组织

骨组织也和结缔组织一样由细胞、基质和纤维性成分组成，但不同的是基质已被钙化，变得非常坚硬，起着支撑机体和保护器官的作用，同时又是钙、钠、镁等元素的贮存组织。

骨由骨膜、骨质和骨髓构成，骨膜是由致密结缔组织包围在骨骼表面所形成的一层坚硬的膜，里面分布有神经和血管。骨质是由外部质密的骨密质和内部疏松的骨松质共同构成的，骨密质主要分布在长骨的骨干和其他类型骨的表面，骨松质主要分布于长骨的内部、骺及其他类型骨的内部。按形状骨骼又可以分为管状骨、扁平骨和不规则骨。管状骨的骨密质层厚，扁平骨的骨密质层薄。在管状骨的骨髓腔及其他骨的松质层孔隙中充满着骨髓。骨髓分为红骨髓和黄骨髓，红骨髓主要存在于胎儿和幼龄动物的骨骼中，具有很强的造血功能，含有各种血细胞和大量的毛细血管；黄骨髓主要存在于成年动物的骨髓中，主要成分是脂类。

成年动物骨骼的含量比较恒定，变动幅度不大。猪骨占胴体的 5%～9%，牛骨占胴体的 15%～20%，羊骨占胴体的 8%～17%，兔骨占胴体的 12%～15%，鸡骨占胴体的 8%～17%。

骨的化学成分中水占 40%～50%，胶原蛋白占 20%～30%，无机质占 20%左右，无机质的主要成分是钙和磷。

骨可以制成骨泥添加到肉制品中，也可以粉碎作为饲料的添加剂。

二、肉的化学成分

肉的化学成分主要指组成肌肉组织的各种化学物质，无论何种动物肌肉，其化学组成都包括水、蛋白质、脂肪、矿物质（灰分）和少量的碳水化合物。一般来说，猪、牛、羊的分割肉中含水量在 55%～70%，粗蛋白在 15%～20%，脂肪在 10%～30%。家禽肉水分在 73%左右，胸肉脂肪为 1%～2%，粗蛋白为 23%左右；腿肉脂肪在 6%左右，粗蛋白在 18%～19%。常见几种肌肉的化学成分见表 2-1。

表 2-1 常见畜禽肉标准成分（每 100 g 可食部分中的含量）

种类	水分/g	蛋白质/g	脂质/g	碳水化合物/g	灰分/g	无机质				维生素						
						钙/mg	磷/mg	铁/mg	钠/mg	维生素A/g	胡萝卜素/g	A效果/IU	维生素 B_1/mg	维生素 B_2/mg	烟酸/mg	维生素C/mg
牛肉																
肩肉	66.8	19.3	12.5	0.3	1.1	4	140	2.0	60	ϕ	ϕ	ϕ	0.13	0.27	4.0	2
肩通脊	60.3	18.1	20.4	0.3	0.9	5	140	2.3	45	10	ϕ	33	0.07	0.20	3.8	2
肋肉	58.3	17.9	22.6	0.3	0.9	4	140	2.5	45	10	ϕ	33	0.07	0.18	4.6	2
腰肉	57.0	18.4	23.3	0.4	0.9	5	140	1.3	60	4	ϕ	13	0.08	0.18	4.3	1
里脊	63.3	19.5	15.7	0.5	1.0	5	150	2.5	45	9	ϕ	30	0.10	0.24	4.0	1
腹肉	63.7	18.8	16.3	0.3	0.9	4	150	2.3	50	9	ϕ	30	0.08	0.20	4.3	2
腿肉	71.0	22.3	4.9	0.7	1.1	3	160	2.2	55		ϕ		0.10	0.19	6.1	2
外侧腿肉	69.3	20.2	9.0	0.5	1.0	5	160	2.3	50	5	ϕ	17	0.08	0.18	5.0	1
短腰肉	66.8	19.3	12.2	0.7	1.0	4	170	3.0	55	9	ϕ	30	0.11	0.25	5.3	1
猪肉																
肩肉	71.6	19.3	7.8	0.3	1.0	6	180	1.4	55	3	ϕ	10	0.85	0.31	5.7	2
肩通脊	64.4	17.9	16.6	0.2	0.9	7	140	1.3	45	5	ϕ	17	0.85	0.26	5.2	2
通脊	65.4	19.7	13.2	0.6	1.1	5	160	0.9	43	5	ϕ	17	1.03	0.19	6.8	2
腹肉	53.1	15.0	30.8	0.3	0.8	4	110	1.0	41	9	ϕ	30	0.71	0.19	5.2	1
腿肉	73.3	21.5	3.5	0.5	1.2	5	200	1.2	32	ϕ	ϕ	ϕ	1.20	0.26	8.0	1

续表 2-1

种类	水分/g	蛋白质/g	脂质/g	碳水化合物/g	灰分/g	无机质				维生素						
						钙/mg	磷/mg	铁/mg	钠/mg	维生素 A/g	胡萝卜素/g	A 效果/IU	维生素 B_1/mg	维生素 B_2/mg	烟酸/mg	维生素 C/mg
里脊	72.6	21.5	4.5	0.3	1.1	6	180	1.4	40	ϕ	ϕ	ϕ	1.34	0.32	6.4	2
绵羊肉																
肩肉	64.2	16.9	18.0	0.1	0.8	5	130	2.2	50	10	ϕ	33	0.06	0.26	3.3	1
通脊	64.2	17.9	17.0	0.1	0.8	5	120	2.3	55	12	0	40	0.06	0.22	3.8	1
腿肉	65.0	18.8	15.3	0.1	0.8	4	140	2.5	37	7	0	23	0.14	0.33	4.6	1
马肉	76.1	20.1	2.5	0.3	1.0	11	170	4.3	50	9	ϕ	30	0.10	0.24	5.8	1
家兔	72.2	20.5	6.3	ϕ	1.0	5	300	1.3	35	3	ϕ	10	0.10	0.19	8.5	1
野兔	74.4	16.7	7.7	ϕ	1.2	7	350	0.9	55	3	ϕ	10	0.07	0.17	6.5	1
鸡肉																
鸡翅	66.3	17.2	15.8	ϕ	0.7	26	95	0.8	80	60	ϕ	200	0.05	0.11	3.6	1
鸡胸	66.0	20.6	12.3	0.2	0.9	5	180	0.5	30	40	ϕ	130	0.10	0.10	9.6	2
鸡腿	67.1	17.3	14.6	0.1	0.9	6	140	1.2	45	40	ϕ	130	0.11	0.22	3.8	3
鸡胸脯	74.5	23.9	0.5	0.1	1.2	4	190	0.5	30	5	ϕ	17	0.10	0.10	12.0	2
嫩肉																
家鸭肉	54.3	16.0	28.6	0.1	1.0	15	85	1.8	47	150	ϕ	500	0.22	0.30	3.5	2
火鸡肉	72.9	19.6	6.5	0.1	0.9	8	140	1.1	37	ϕ	ϕ	ϕ	0.07	0.24	7.0	2

说明：资料来源于日本科学技术厅资源调查会编“三订补日本食品标准成分表”；表中符号 ϕ 表示微量。

不管是哪一种动物,完全去除脂肪的精肉,其化学组成大体相近,组成成分大致为:水分72%～80%,固体物20%～28%,有机物21%～24%,无机物0.8%～1.8%;蛋白质16.7%～21.5%,脂肪0.4%～3.5%,其他0.99%～3.72%。而实际上,就是同一个家畜不同部位的肉的成分也不尽相同,表2-2给出猪不同部位分割肉主要化学成分。

表2-2 猪不同部位分割肉主要化学成分表 %

部位	水分	蛋白	脂肪
颈部肌肉(1# 肉)	57.3	15.88	24.19
前腿肌肉(2# 肉)	70.7	18.11	12.12
背部肌肉(3# 肉)	73.5	20.48	6.48
后腿肌肉(4# 肉)	71.2	19.14	10.01

说明:表中数据为生产中按照国标规定的方法实测出的数据。

同时这些物质的含量,因动物的种类、品种、性别、育龄、育肥情况、部位以及实验的方法不同而不同。

(一)水分

水分是肉中含量最多的成分,我们可以把肉看作是一个复杂的胶体分散体系;水为溶媒,其他成分为溶质以不同形式分散在溶媒中。水在不同组织中含量的差异很大,肌肉中水的含量为70%～80%,皮肤中水的含量为60%～70%,骨骼中水的含量为12%～15%。脂肪组织的含水较少,因此,动物越肥其胴体水分含量越低。肉中水分含量的多少及存在的状态直接影响着肉的加工质量和贮藏性能,水分含量与肉品的贮藏性呈函数关系。水分多微生物容易繁殖,引起肉的腐败变质,贮藏难度增加。

水分在肉中并非像纯水那样以游离的状态存在,肉中的水分主要以两种形式存在,即结合水和自由水。结合水约占肌肉总水分的5%,这部分水的水分子通过静电引力与蛋白质分子表面的极性基因紧密的结合成水分子层,无溶剂特性,不易受肌肉蛋白质结构和电荷的变化的影响,甚至在施加外力的条件下,也不能改变其与蛋白质分子的紧密结合状态。结合水的冰点很低,最低可达到－40 ℃。自由水约占肌肉总水分的15%,它不依电荷基定位排序,仅靠毛细管作用力而保持,是肌肉中最容易流失的水分。

水分是微生物生长活动的基础性物质,一般来说,肉中的水分含量越高,越容易发生腐败。但是,严格地说,微生物的生长并不取决于肉的水分总含量,而是它的有效水,即微生物能利用的水分多少,通常用水分活度来衡量。

所谓水分活度A_w，是指食品在密闭器内测得的水蒸气压力(P)与同温度下测得的纯水的蒸气压力(P_0)的比，即

$$A_w = \frac{P}{P_0}$$

纯水的$A_w=1$，在完全不含水时$A_w=0$，所以A_w的范围为0～1。水分活度反映了水分与肉品结合的强弱及被微生物利用的有效性，各种微生物的生长发育有其最适合的A_w值，一般而言，细菌生长的A_w下限为0.91，如沙门氏菌、纺锤状细菌属等；酵母菌为0.88，如隐球菌；霉菌为0.8，如曲霉菌。A_w下降到0.7以下时，大多数微生物不能生长发育，但嗜盐菌在0.7，干燥菌在0.65时仍能发育。水分活度为0.65～0.85的食品，细菌相对来说不易繁殖，但霉菌仍能生长且脂肪易发生自动氧化，金黄色葡萄球菌在水分活度为0.86时仍能生长。

各种食品都有一定的A_w值，新鲜肉的水分活度一般为0.97～0.98，鱼的水分活度为0.98～0.99，灌肠的水分活度为0.96左右，干肠的水分活度为0.65～0.85，重盐渍鱼的水分活度为0.7左右，熏火腿的水分活度为0.87左右。

水分活度是确定贮藏期限的一个重要因素。当温度、酸碱度和其他几个因素影响产品中的微生物快速生长的时候，水分活度可以说是控制腐败最重要的因素。水分活度在0.91以下时大多数细菌不会生长，并且多数类型在0.80以下的水分活度中会停止生长。通过测量水分活度，可以预知哪些微生物将会或不会成为潜在的腐败因素，水分活度决定微生物生长所需水分的最低限度。

0.85以上水分活度食品需要冷藏或其他措施来控制病原体生长。水分活度0.60～0.85的食品为中等水分食品，这些食品不需要冷藏控制病原体，但由于主要酵母菌和霉菌引起的腐败，要有一个限定货架期。对大部分水分活度在0.6以下食品，有较长的货架期，也不需冷藏，这些食品称为低水分食品。图2-1给出了各种食品的水分活度值及其与微生物生长活动的关系图。

除了影响微生物的生长外，水分活度还决定了食物中酶和维生素的活度，并且对它们的颜色、口味和香味起决定性的作用。在含有水分的食物中，由于其水分活度值不同其保藏期的稳定性也不同，控制好水分活度可提高产品质量，延长保藏期，在食品工业生产中已得到越来越广泛的重视，近年来，美国、日本等发达国家已将其列为食品检测项目。

(二)蛋白质

肌肉中除了水分外，固体部分约80%是蛋白质，其含量占肌肉总量的18%～20%。肌膜、肌浆、肌原纤维、肌细胞核以及肌细胞间质中均存在着不同种

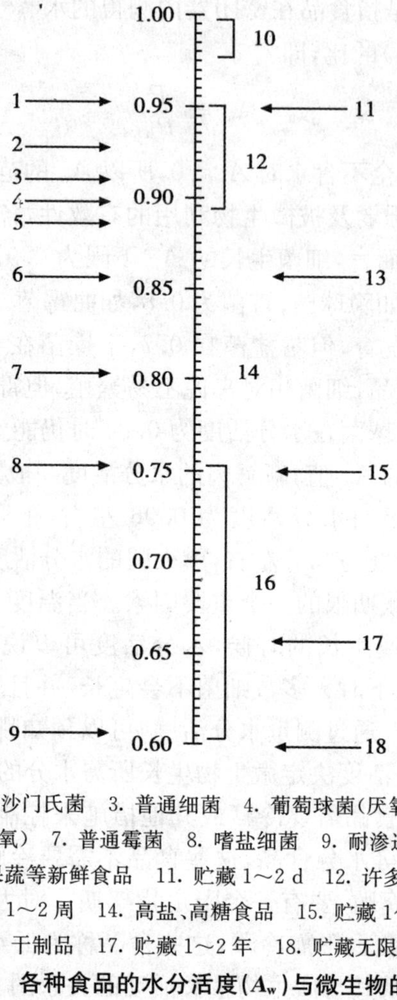

1. 肉毒杆菌 2. 沙门氏菌 3. 普通细菌 4. 葡萄球菌(厌氧) 5. 普通酵母
6. 葡萄球菌(需氧) 7. 普通霉菌 8. 嗜盐细菌 9. 耐渗透压酵母及霉菌
10. 鱼禽果蔬等新鲜食品 11. 贮藏 1～2 d 12. 许多腌肉制品
13. 贮藏 1～2 周 14. 高盐、高糖食品 15. 贮藏 1～2 个月
16. 干制品 17. 贮藏 1～2 年 18. 贮藏无限期

图 2-1 各种食品的水分活度(A_w)与微生物的关系

类的蛋白质。肌肉中的蛋白质可分为 3 类:肌原纤维蛋白,占蛋白总量的 40%～60%;肌浆蛋白,占蛋白总量的 20%～30%;结缔组织蛋白,约占蛋白总量的 10%。表 2-3 给出了动物肌肉中不同种类蛋白质的含量。

表 2-3 动物骨骼肌不同种类蛋白质含量 %

蛋白质种类	哺乳动物	禽类	鱼肉
肌原纤维蛋白	49～55	60～65	65～75
肌浆蛋白	30～34	30～34	20～30
结缔组织蛋白	10～17	5～7	1～3

肌原纤维蛋白是构成肌原纤维的蛋白质,支撑着肌纤维的形状,也是肌肉收缩的物质基础,负责把化学能转变成机械能,也称结构蛋白或不溶性蛋白质。肌原纤维蛋白主要包括:肌球蛋白、肌动蛋白、肌动球蛋白、原肌球蛋白和肌钙蛋白。

肌球蛋白也叫肌凝蛋白,是肌肉中含量最高也是最重要的蛋白质,约占肌肉蛋白质总量的1/3,占肌原纤维蛋白的50%～55%。肌球蛋白不溶于水或微溶于水,可溶解在强度为0.3以上的中性盐溶液中,等电点为5.4。肌球蛋白具有ATP酶(三磷酸腺苷酶)活性,能分解三磷酸腺苷为二磷酸腺苷并放出能量。

肌球蛋白可形成具有立体网络结构的热诱导凝胶,在pH值5.6时加热到35 ℃就可形成热诱导凝胶。当pH值接近6.8～7.0时,加热到70 ℃时才能形成凝胶。肌球蛋白形成热诱导凝胶的特性是非常重要的工艺特性,直接影响碎肉或肉糜类制品的质地、风味和保水性。肌球蛋白可与肌动蛋白结合形成肌动球蛋白,与肌肉的收缩僵直直接有关。

肌动蛋白也叫肌纤蛋白,占肌肉蛋白总量的12%～15%,约占肌原纤维蛋白的20%,是构成细丝的重要成分,不具酶的活性。肌动蛋白有两种不同的存在形式,即球形和纤维形。肌肉收缩时以球形出现,肌肉松弛时以纤维出现。肌动蛋白能溶于水及稀的盐溶液中,在半饱和的$(NH_4)_2SO_4$溶液中可盐析沉淀,等电点4.7。肌动蛋白具有非常低的凝固温度(30～35 ℃),并且不具备凝胶形成能力。

肌动球蛋白是肌动蛋白和肌球蛋白的复合物,黏度很高,具有明显的流动双折射现象。肌动蛋白与肌球蛋白的结合比例在1∶4至1∶2.5之间,由于其聚合度不同,因而分子量不定。肌动球蛋白也具有ATP酶活性,但与肌球蛋白不同,Ca^{2+}和Mg^{2+}都能激活。

高浓度的肌动球蛋白易形成凝胶。在高的离子强度下,如0.6 mol/L的KCl溶液中,添加ATP则溶液的黏度降低,流动的双折射也减弱,其原因是肌动球蛋白受ATP的作用分解成肌动蛋白和肌球蛋白。

原肌球蛋白也叫原肌凝蛋白,占肌原纤维蛋白的4%～5%,形为杆状分子,长45 nm,直径2 nm,构成细丝的支架。原肌球蛋白不易在加热或有机溶剂中发生变性,pH值7.5时溶于水,到浓度超过5%时形成凝胶。

肌钙蛋白也叫肌原蛋白,占肌原纤维蛋白的5%～6%,肌钙蛋白对Ca^{2+}有很高的敏感性,每一个蛋白分子具有4个Ca^{2+}结合位点;肌钙蛋白沿着细丝以38.5 nm的周期结合在原肌球蛋白分子上。肌钙蛋白有3个亚基,钙结合亚基、抑制亚基和原肌球蛋白结合亚基。3个亚基各有自己的功能特性,钙结合亚基是Ca^{2+}的结合部位;抑制亚基能高度抑制肌球蛋白中ATP酶的活性,从而阻止肌动蛋白与肌球蛋白结合成肌动球蛋白;原肌球蛋白结合亚基能够结合原肌球蛋白,起联结作用。

肌浆蛋白是指存在于肌浆中的可溶性蛋白质,它主要包括肌溶蛋白、肌红蛋白、肌球蛋白X、肌粒蛋白和肌浆酶等,其主要功能是参与细胞中的物质代谢,与肌肉收缩的能量供应有关,在肌肉中约占6%。

肌浆是指在肌纤维中环绕、并渗透到肌原纤维,包含悬浮于其中的各种有机物、无机物以及亚细胞结构的细胞器的液体的总称,肌浆可以通过把肌肉磨碎压榨的方法得到。

结缔组织蛋白也叫肉基质蛋白质,是构成肌内膜、肌束膜、肌外膜和腱的主要成分,是一种不溶性蛋白质,在肌肉中约占2%,主要有胶原蛋白、弹性蛋白、网状蛋白及黏蛋白等。

(三)脂肪

动物体内的脂肪可分为两大类:一类是包括皮下脂肪、肾周围脂肪、大网膜脂肪及肌肉间脂肪的蓄积脂肪;另一类是组织及脏器内的组织脂肪。肉类脂肪由各种脂肪酸的甘油三酯(如软脂、硬脂等)、少量的磷脂、固醇脂、游离脂肪酸及脂溶性色素组成。

动物的脂肪组织90%为中性脂肪,中性脂肪是指由一分子甘油(丙三醇)与三分子脂肪酸化合而成的甘油三酯(三脂肪酸甘油酯)。肉类脂肪可分为两类,即饱和脂肪酸和不饱和脂肪酸。饱和脂肪酸分子链中不含有双键,不饱和脂肪酸含有一个或多个双键。由于脂肪酸的不同,动物脂肪都是混合甘油酯。含饱和脂肪酸丰富的脂肪熔点和凝固点高,脂肪组织比较硬;含不饱和脂肪酸丰富的脂肪熔点和凝固点低,脂肪组织比较软;因此,脂肪酸的性质决定了脂肪的性质。动物脂肪的熔点差不多接近体温,但经常接触寒冷部位的脂肪熔点较低,脂肪熔点越接近人体体温,其消化率越高,熔点在50 ℃以上者,则不易消化。

肉类脂肪酸有20多种,最主要的有4种:棕榈酸和硬脂酸两种饱和脂肪酸,油酸和亚油酸两种不饱和脂肪酸。一般反刍动物硬脂酸含量较高,而亚油酸含量低,牛羊脂肪较猪禽脂肪坚硬的原因主要在这里,见表2-4。

表2-4 不同动物脂肪的脂肪酸组成 %

脂肪	硬脂酸	棕榈酸	油酸	亚油酸	熔点/℃
牛脂肪	41.7	18.5	33.0	2.0	40～50
羊脂肪	34.7	23.2	31.0	7.3	40～48
猪脂肪	18.4	26.2	40.0	10.3	33～38
鸡脂肪	8.0	18.0	52.0	17.0	28～38

(四)浸出物

浸出物是指除蛋白质、盐类、维生素外能溶于水的浸出性物质,分为含氮浸出物和无氮浸出物,一般可以用沸水从磨碎的肌肉中提取得到。

含氮浸出物指非蛋白质的含氮物质,包括游离氨基酸、磷酸肌酸、核苷酸类(ATP,ADP,AMP,IMP)及肌苷、尿素等,约占肌肉的1.5%。这些物质影响着肉的风味,为肉香味的主要来源。如其中的ATP除了供给肌肉收缩的能量外,逐级降解为肌苷酸,是肉香的主要成分;磷酸肌酸分解为肌酸,肌酸在酸性条件下加热则变成肌酐,可增强熟肉的风味。肉中主要含氮浸出物的含量见表2-5。

表2-5 100 g肉中主要含氮浸出物的含量 mg

含氮浸出物	含量	含氮浸出物	含量
肌苷	250.0	磷酸肌酸	67.0
氨基酸	85.0	尿素	9.9
肌酐酸	76.8	ATP	8.7

无氮浸出物指不含氮的可浸出性有机化合物,包括碳水化合物和有机酸,约占肌肉总量的0.5%,碳水化合物又称糖类化合物。碳水化合物包括糖原、葡萄糖、核糖、麦芽糖、糊精;有机酸主要包括乳酸及少量的甲酸、乙酸、丁酸、延胡索酸等。

糖原主要存在于肝脏和肌肉中,肝中糖原的含量为2%～8%,一般肌肉中含量为0.3%～0.8%,但特殊的动物肌糖原含量比较高,如马肉中肌糖原含量在2%以上。动物宰前消瘦、疲劳及处于病态时,肉中糖原贮备少。肌糖原含量的多少,对肉的pH值、保水性、颜色等均有影响,并且影响肉的贮藏性。

(五)矿物质

肌肉中含有大量的矿物质,以钾、磷含量最多,各种矿物质含量约占1.5%。这些无机物在肉中有的以单独游离状态存在,如镁、钙离子等,有的以螯合状态存在,有的与糖蛋白和酯结合存在,如硫、磷有机结合物等。

钙、镁参与肌肉收缩,同时可降低肉的保水性;钾、钠与细胞膜的通透性有关,可提高肉的保水性;铁离子为肌红蛋白、血红蛋白的结合成分,参与它们的氧化还原反应,影响肉色的变化。肾和肝中铁、铜、锌的含量远高于肌肉组织,猪肾和肝中铁和铜的含量显著高于牛和羊,但品种之间没有显著差异。表2-6和表2-7分别为常见肉及常见器官中主要矿物质的含量。

表 2-6 100 g 肉中矿物质含量 mg

名称	钠	钾	钙	镁	铁	磷	铜	锌
牛肉	69	334	5	24.5	2.3	276	0.1	4.3
羊肉	75	246	13	18.7	1.0	173	0.1	2.1
猪肉	45	400	4	26.1	1.4	223	0.1	2.4

表 2-7 100 g 器官中矿物质含量 mg

器官组织	钠	钾	钙	镁	铁	磷	铜	锌
脑	140	270	12	15	1.6	340	0.3	1.2
羊肾	220	270	10	17	7.4	240	0.4	2.4
牛肾	180	230	10	15	5.7	230	0.4	1.9
猪肾	190	290	8	19	5.0	270	0.8	2.6
羊肝	76	290	7	19	9.4	370	8.7	3.9
牛肝	81	320	6	19	7.0	360	2.5	4.0
猪肝	87	320	6	21	21.0	370	2.7	6.9

(六)维生素

肉中维生素主要有 A,B_1,B_2,PP,C,D,叶酸等,是人们获取某些维生素的主要来源之一。肉中脂溶性维生素含量较少,而水溶性维生素含量较多。不同动物肌肉中维生素种类的含量有很大的差异,表 2-8 给出了不同种类肉中维生素的含量。

表 2-8 100 g 肉中主要维生素含量

畜肉	A /IU	B_1 /mg	B_2 /mg	PP /mg	泛酸 /mg	生物酸 /mg	叶酸 /mg	B_6 /mg	B_{12} /mg	C /mg	D/IU
牛肉	微量	0.07	0.20	5.0	0.4	3.0	10.0	0.3	2.0		微量
小牛肉	微量	0.10	0.25	7.0	0.6	5.0	5.0	0.3			微量
猪肉	微量	1.0	0.20	5.0	0.6	4.0	3.0	0.5	2.0		微量
羊肉	微量	0.15	0.25	5.0	0.5	3.0	3.0	0.4	2.0		微量
牛肝	微量	0.30	0.3	13.0	8.0	300.0	2.7	50.0	50.0	30.0	微量

三、肉的营养价值

肉类是人类很重要的食品,就其营养价值来说,肉类能够为人体生长、发育和保健提供大量充分的营养物质,就某些成分而言,肉是重要和主要的补充来源。

蛋白质是组成生物体的基本材料和进行生命活动的物质基础，肉类蛋白质的含量高达18%左右，是人类生活中必不可少的高蛋白供给源。特别是肉类全价蛋白质的含量丰富，这些丰富的全价蛋白质含有人体必需、但自身不能合成的8种氨基酸，即赖氨酸、苏氨酸、亮氨酸、异亮氨酸、缬氨酸、蛋氨酸、色氨酸和苯丙氨酸。氨基酸对于生命活动具有重要和广泛的意义，是构建生物机体的众多生物活性大分子之一，是构建细胞、修复组织的基础材料。氨基酸被人体用于制造抗体蛋白以对抗细菌和病毒的侵入，制造血红蛋白以传送氧气，制造酶和激素以维持和调节新陈代谢；氨基酸是制造精卵细胞的主体物质，是合成神经介质不可缺少的前提物质；氨基酸能够为机体和大脑活动提供能源，氨基酸是一切生命之元。肉类食品中这些必须氨基酸不但含量丰富，而且其利用率也相当高，几乎与全鸡蛋接近，因而肉类是人类必须氨基酸的理想供体。

但是，目前科学技术还不能对个人的消化、吸收和利用肉的氨基酸，或其他含蛋白质食物的氨基酸作确切的预测；即使一般认为“正常”的人群中，某些人对含蛋白质食物也有与众不同的反应。

肉类中的脂肪不但能够产生大量的热能以维持生命活动的需要，而且脂肪中含有的不饱和脂肪酸对于人体生命活动也具有重要的意义。如亚油酸（十八碳二烯酸）、亚麻酸（十八碳三烯酸）和花生四烯酸（廿碳四烯酸）都是必需的脂肪酸，它们是细胞壁、线粒体和其他活动代谢部位不可缺少的组成部分。最近几年人们对于不饱和脂肪酸和饱和脂肪酸对人体健康的影响，进行了深入的研究。一般而言，在饮食中不饱和脂肪酸的比例高，可降低人体对心血管疾病的敏感性，尤其是冠心病和脑血管病。有迹象表明，饱和脂肪酸（如肉中的饱和脂肪酸含量较高）含量相对占优势的饮食，可使血液胆固醇水平提高，促进动脉粥样硬化和血栓的形成。这样的饮食使肠道厌氧微生物，如类杆菌细菌群落获得发展优势，这些细菌能将叶酸转化成脱氧胆酸盐，而脱氧胆酸盐具有致癌性。肉类脂肪中的脂肪酸多半是饱和脂肪酸，因而，肉类不是人们获取不饱和脂肪酸的唯一来源，某些植物性不饱和脂肪酸的含量远高于肉类。如在谷物和种子等食物来源中，亚油酸含量特别高，通常是肉中的20倍。随着人们对健康要求的不断提高，对各种膳食结构的调整也越来越科学，越来越理智。

肉类食品除了能给人类提供丰富的蛋白质、氨基酸以及能量物质外，还可以为人类提供各种矿物质和维生素。肉类中含有钾、钠、钙、镁、磷、铜、铁、锌等多种人体需要的矿物质，在这些矿物质中钾的含量占首位。虽然肉不是某些矿物质的主要补充来源，如钙、铁等，但肉类食品中矿物质的生物有效性（即利用的实际可能性)优于植物,特别是肉中所含的铁不但自身可利用度高,而且还可以提高与肉同时进食的植物性食品中铁的吸收,这是肉的附加营养性。肉类食品中维生素总的含量不多,但却被认为是大部分B族维生素的良好来源,硫胺素、核黄素、尼克酸、泛酸、生物素、叶酸都有一定的含量,其中硫胺素的含量最多。动物内脏器官中含有维生素A和维生素C,特别是肝脏含维生素A、维生素C、维生素 B_6、维生素 B_1 较丰富。

总之,肉具有很高的营养价值,是人类重要的食品,它不但可以给人类提供大量的蛋白质、氨基酸、脂肪、矿物质和维生素,而且还具有吸收率高、适口性好等特点。

四、动物死后的变化

动物刚屠宰后,肉温还没有散失,柔软并具有较小的弹性,这种处于生鲜状态的肉称作热鲜肉。经过一段时间,肉的关节伸展性消失,肉体变为僵硬状态,这种现象称为死后僵直。如果继续贮藏,其僵硬情况会化解,肉又变得柔软、有弹性,同时持水性增加,风味提高,此过程称作肉的成熟。成熟后的肉在不良条件下贮存,经酶和微生物作用分解变质,称作肉的腐败。牲畜屠宰后变化主要有死后僵硬、解僵成熟、自溶和腐败4个阶段。僵硬和成熟阶段,肉是新鲜的,自溶现象的出现标志着腐败变质的开始。所以在肉品加工生产中要控制尸僵,促进成熟,防止腐败。

(一)肉的尸僵

肉尸僵的3个阶段:

1. 僵直前期 屠宰后的牲畜肉尸,随着血液和氧气的供应停止,正常代谢中断,此时肉内糖原的分解是在无氧条件下进行的,化学反应式为:

$$(C_6H_{10}O_5)n + nH_2O \rightarrow 2nC_3H_6O_3 + \text{热量}$$

由于糖原无氧分解产生乳酸,致使肉的pH值下降,经过24 h后,肉中糖原量可减少0.42%,pH值可从7.2降至3.0~5.6。但当乳酸生成到一定界线时,分解糖原的酶类即逐渐失去活力,而当另一种酶类——无机磷酸化酶活性大大增强,开始促使三磷酸腺苷迅速分解,形成磷酸,糖原分解产生的乳酸与ATP分解释放的磷酸,共同形成肉的酸性介质。这种酸性介质不仅能使最初呈中性或微碱性的肉变为酸性,同时显著地影响着肌肉蛋白质的生物化学性质和胶体结构。

牲畜死后pH值下降的速率受遗传特性、尸体温度及各种肉类相互混杂放置的影响。

动物屠宰前的状况对屠宰后 pH 的下降有明显影响，若宰前处于饥饿状态或经剧烈挣扎处于疲劳状态，则其糖原含量必然降低，糖酵解后所得到的乳酸含量极低，极限 pH 较高。这样的肉品质较次，色较暗，组织干燥且紧密，易受微生物作用而腐败。

2. 僵直期　随着糖酵解作用的进行，肌肉 pH 降低，当达到肌原纤维主要蛋白质肌球蛋白的等电点时，因酸变性而凝固，导致肌肉硬度增加。此外，由于肌动球蛋白的收缩而导致肌纤维缩短和变粗，肌肉失去伸展性变得僵硬。表 2-9 是不同动物肉尸低温环境下尸僵开始和持续的时间。

表 2-9　不同动物肉尸低温环境下尸僵开始和持续的时间　h

品种	开始时间	持续时间
牛肉	死后 10	15～24
猪肉	死后 8	72
兔肉	死后 1.5～4	4～10
鸡肉	死后 2.5～4.5	6～12
鱼肉	死后 0.1～0.2	2

处于僵直期的肉，肌纤维粗糙硬固，肉质变得不透明，有不愉快的气味，食用价值及滋味都较差。不宜作为肉制品的原料。肌肉僵硬出现的早迟和持续时间的长短与动物种类、年龄、环境温度、牲畜生前生活状态和屠宰方法有关。禽肉的僵直期远短于畜肉。

3. 解僵期　解僵期是肉类成熟过程的后期阶段。在僵直期形成的乳酸、磷酸积聚到一定程度后，导致组织蛋白酶的活化而使肌肉纤维发生酸性溶解，并分解成氨基酸等具有芳香、鲜味的肉浸出物，肌肉间的结缔组织也因酸的作用而膨胀、软化，从而导致肌肉组织重新回软。在僵直期形成的 IMP 经磷酸酶作用后变为肌苷，肌苷进一步被核苷水解酶作用而生成次黄嘌呤，使肉的香味增加。随着僵直的解除，肉的保水性逐渐回升。

(二)肉的成熟

1. 成熟肉的特征

(1)易于被人体消化吸收。

(2)肉呈酸性，具有抑菌的作用。

(3)肉成熟过程中，胴体表面形成的一层干燥"皮膜"，可防止病原微生物侵入。

(4)肉的横断面有肉汁流出，切面潮润。

(5)肉的组织状态一定有弹性,并不一定弛软。

由于成熟肉具有这些优点,所以在工艺上规定,生产制品的肉都必须经过成熟过程。

2. 加速肉成熟的方法　在冷藏条件下,肉的成熟需要很长的时间。为了加速肉的成熟,人们研究了各种化学、物理的人工嫩化方法。

(1)抑制宰后僵直发展的方法:宰前注射肾上腺素、胰岛素药物,使动物在活体时加快糖的代谢过程,肌肉中糖原大部分被消耗或从血液中排出。这样宰后肌肉中糖原和乳酸含量极少,肉的 pH 值较高,从而抑制了僵直的形成,使肉有较好的嫩度。

(2)加速宰后僵直发展的方法:用电刺激,可在短时间内达到极限 pH 值和最大乳酸生成量,从而加快肉的成熟。电刺激一般采用 60 Hz 交流电,电压 550～700 V,5 A 效果最佳。电刺激主要用于牛羊肉中,还可防止冷收缩。

(3)加速肌肉蛋白质分解的方法:在家畜宰前静脉注射或宰后注射蛋白酶,可使肉中胶原蛋白和弹性蛋白分解从而使肉嫩化。常用的蛋白酶有木瓜酶、菠萝酶、无花果酶等。

(4)机械嫩化法:通过机器上许多锋利的刀板或尖针压过肉片或牛排。机械嫩化法主要用于畜肉组织的较老部位,如牛颈肉、牛大腿等。机械嫩化可使肉的嫩度提高 20%～50%,而且不增加烹调损失。

肌肉的嫩度可以用肌纤维的剪切力来表示,表 2-10 表示肌纤维的剪切力与成熟的关系。

表 2-10　肌纤维的剪切力与成熟的关系　kg

状态	剪切力		状态	剪切力	
	生肉	煮熟肉		生肉	煮熟肉
刚宰后热鲜肉	0.91	1.41	保藏 6 昼夜	0.90	1.07
保藏 2 昼夜	0.97	1.37			

表 2-10 测定的条件是肌肉在 8～10 ℃环境下完成的成熟,通过表 2-10 数据我们可以看出,宰后 2 昼夜尸僵期时肉的柔软性最差,硬度最大,因而其剪切力也最大,这时如果将肉进行烹饪,吃起来的口感就像橡胶棒,口感极差。而经过充分成熟的肉,煮熟后的剪切力最小,因而口感也最好,即嚼起来较嫩。

温度的变化与肉的成熟有密切关系,在生产上一般采用低温成熟的方法。成熟条件为:温度 0～2 ℃,相对湿度 86%～92%,空气流速为 0.15～0.5 m/s,完成时间 3 周左右。从开始到第 10 d 左右约 90%成熟。因此,10 d 以后商品的价值比较高。在 3 ℃条件下,小牛肉和羊肉的成熟时间分别为 3 d 和 7 d。因为凉肉间温度、湿度条件大体符合上述要求。故生产实践中多将凉肉过程和成熟过程放在一起进行。成熟好的肉立即冷却到接近 0 ℃冷藏，以保持其商品质量。

(三)肉的自溶

肉在冷藏时有时发生酸臭味，切开深层肌肉颜色变暗，呈红褐色或绿色。经检查硫化氢反应呈阳性，氨定性反应呈阴性，涂片镜检没发现细菌。这是在无菌状态下，组织酶作用于蛋白质使其分解而引起的自溶现象。肉自溶的机理尚不十分清楚，可能与肉内组织酶活性增强引起某些蛋白质的轻度分解有关。

动物屠宰后，肉尸的温度保持在 37 ℃左右，加上糖原及 ATP 分解所产生的热量，会使肉温略有升高。这样较高温度的肉尸，如放置在不良条件下储藏，若间隔过密，储藏室温度高，空气流动慢，特别是肉尸肥大时，不能很快冷却，肉深层热量得不到及时散发，此时自溶酶活性加强，引起蛋白质分解为氨基酸，以及含硫氨基酸分解产生硫化氢和硫醇，硫化氢与血红蛋白中的铁及游离的铁结合，形成硫化血红蛋白(Mb-SH)和 FeS。结果，使肉的某些部位出现褐色，呈酸性反应，并有少量的二氧化碳气体，带有一股难闻的酸臭味，肌肉松弛，无光泽，缺乏弹性。这种肉如自溶程度较轻，可切成小块，放在通风良好的地方，散发不良气味，除去变色部位，仍可不受限制的利用。若自溶程度重，除采取以上措施并经高温处理后，才能出售。发现有肉的自溶现象后，应马上处理，否则蛋白质被分解成氨基酸，为微生物繁殖提供了良好的营养条件，很快会引起肉的腐败。

(四)肉的腐败

自溶阶段进一步发展，微生物作用逐步加剧，肉中营养物质被分解成各种低级产物，致使肉在外观、肉质上失去原来的性质，进而不适合食用，这即是肉的腐败现象。

1. *肉类腐败的因素* 健康动物的血液和肌肉通常是无菌的，肉类的腐败，实际上是由外界感染的微生物在其表面繁殖所致。

腐败菌从肉的表面开始大量繁殖，继而沿着结缔组织向深层扩散，蛋白质在微生物的作用下，发生复杂的生物化学变化，产生各种胺类、有机酸、有机碱等低级化合物，严重腐败后期会产生吲哚、甲级吲哚等，使肉发生腐败恶臭味并具有毒性。同时糖和脂肪也发生分解腐败。肉中的有机营养物质完全被分解的最终生成物，和参与腐败过程的某些细菌及其毒素，都具有很大毒性，对人危害大，常引起食物中毒。

肉的腐败速度取决于肉的原有质量、外界温度与湿度，卫生状况与污染程度等。

2. *腐败肉的特征* 由于腐败，肉蛋白和脂肪发生了一系列变化。同时，外观也有了明显的变化，色泽由鲜红变成暗褐甚至黑绿，失去光泽显得污浊，表面黏腻，从轻微的正常肉的气味发展到腐败臭气甚至令人致呕的臭气，失去弹性，有的放出气体，有的长霉。

从肉类贮藏期间变化的 4 个阶段情况可知，肉类从屠宰后经加工贮藏到消费，如果能保持肉品质量仍然新鲜，就必须把肉的成熟阶段保持到消费的最终。也就是说，肉从死后僵直开始到成熟结束的时间越长，肉保持新鲜的时间也越长，贮藏期即可延长。所以延长死后僵直阶段的保持时间，是肉类保鲜的关键，这对保持肉的质量具有重要意义。因此，家畜屠宰后，应尽快采取降温措施，迅速冷却、冷冻，以延长其僵直期，这是延缓肉在保藏中的变化过程，达到安全贮藏、延长贮藏期的重要技术措施。

第二节 肉的冷却冷藏

一、肉的初加工

家畜经过屠宰后将肉尸只是进行简单的分割、预冷（或速冻）、包装，而不对肉进行任何物质的添加或加热处理，叫做肉的初级加工。肉的初级加工一般分为两个过程，一是家畜的屠宰过程，这时产出的产品主要是胴体和副产品；二是胴体的分割、包装和冷加工过程，这时产出的产品主要是分割产品。畜禽的屠宰生产加工工艺基本相同，都要按照宰前接收检验、宰前静养及预处理、屠宰加工、冷加工、分割加工、包装这几道工序，但不同畜禽品种的加工工艺因品种不同而略有区别。下面以猪的加工工艺流程为例介绍如下。

生猪的屠宰加工一般分 3 种形式:毛剥、烫剥和烫褪。毛剥是指生猪屠宰后直接在剥皮线上将猪的毛皮整张剥下的加工工艺,烫剥是指生猪屠体经过烫毛处理后再在剥皮线上将猪皮整张剥下的加工工艺,烫褪是指生猪屠体烫毛后不进行剥皮处理直接将带皮胴体进行分割加工的生产工艺。这三种形式的生产工艺除对皮的处理不同外,其余副产品和分割品的加工工艺基本上相同。图 2-2 为猪屠宰分割加工示意图。

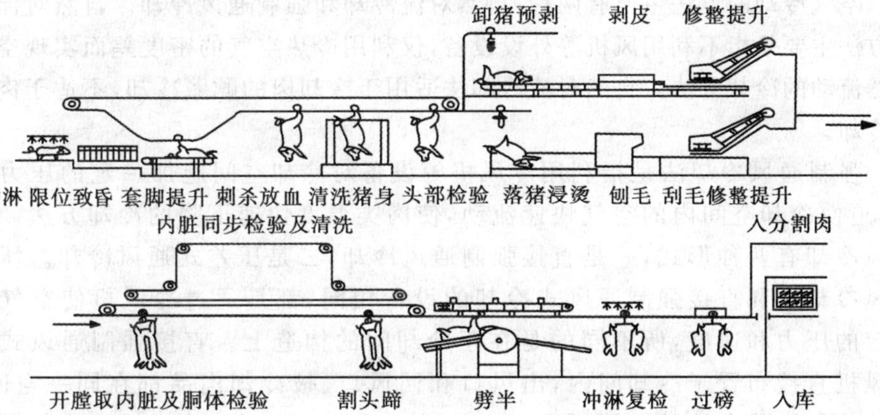

图 2-2　猪屠宰分割加工示意图

二、肉类冷却的方法和设备

肉类冷却的目的主要是为了降低肉的温度、抑制各种酶的活性和微生物的生长、延长肉的存放时间,以最大限度地保持肉的营养价值。随着肉类工业的发展,肉类冷却的目的不再是单一的保鲜存放,目前很多肉制品所用的肉品原料必须在冷却状态下进行充分成熟,才能制作出高档的肉制品,肉的冷却成了肉类加工不可缺少的工艺过程。例如国内很多肉类加工厂对日出口肉制品的原料肉,就必须在$-2\sim0$ ℃的环境下排酸成熟 72 h 方可使用,生产某些切丁、切丝类产品必须将肉冷却到-4 ℃左右方可达到较好的加工状态。因此,肉类的冷却除了满足人们对保鲜的需求外,已成为肉类加工的重要的工艺手段。

目前肉类生产中,我国大部分采取空气冷却法进行肉的冷却加工,这里主要介绍空气冷却法的定义、设备和方法。

(一)空气冷却法的定义

空气冷却法是指通过冷风机等制冷设备将冷却间内的空气温度降低到工艺要求的温度,并保持一定的风速和气流分布,利用低温空气和肉类进行热交换,而使肉的温度降低的冷却方法。

(二)空气冷却的方法

空气冷却的方法主要有两种:自然对流冷却和强制通风冷却。自然对流冷却的方法主要是指不利用风机等外设设备,仅利用冷热空气的密度差而实现空气的自然流动的冷却方法。自然对流冷却法适用于冷却肉的贮藏冷却,不适于肉的加工冷却。

强制通风冷却法是指利用冷风机等设备对冷却空间施加一定的压力和速度,迫使冷却空间内的空气快速流动,使肉类温度快速下降的冷却方法。强制通风冷却有两种形式,一是直接强制通风冷却,二是压差式通风冷却。压差式通风冷却法和直接强制通风式冷却的设备相同,都是通过冷风机使空气获得一定的压力和速度,所不同的是在于冷却间的构造上。直接强制通风式冷却的风机直接布置于冷却间内,出风口和回风口、被冷却肉品都在同一空间,对于被冷却肉品存放的空间不形成大的风压差异。而压差式通风式冷却风机的布置与直接强制通风式不同,一般在进风口前设置隔离墙或板,在隔离墙上开设专门的回风口(或吸风口)形成专门的回风通道,产品整齐的码放在进风口两侧,产品顶部用盖布盖好,此时用于盛肉的盒子或箱子均开有通风孔。这样使高、低压端形成 2～4 kPa 压差,利用这个压差,使被冷却后的冷风,以 0.3～0.5 m/s 的速度通过箱体上开设的通风孔,顺利地在箱体内流动,用此冷风对肉品进行冷却。因此,这种方法被称为压差式通风冷却法。压差式通风冷却的方法与直接强制通风式冷却相比能耗小、冷却速度快、冷却均匀,不足之处就是干耗大、货物堆放麻烦、库房利用率低,目前国内肉类加工企业大多数采用直接强制通风冷却法。图 2-3 为直接强制式通风与压差式通风冷却的风机布置图;图 2-4 为压差式冷却装置图。

(三)空气冷却的设备

空气冷却的主要设备就是空气冷却器,常用有排管和冷风机。排管主要有顶排管和墙排管,也有一个库房同时装有顶排管和墙排管的,甚至还有排管加轴流风机进行组合应用的。目前国内新建冷库主要以顶排管为主,墙排管由于其安全性和影响库房利用率等因素,现在已基本上不采用。排管冷却器主要用于大型冻

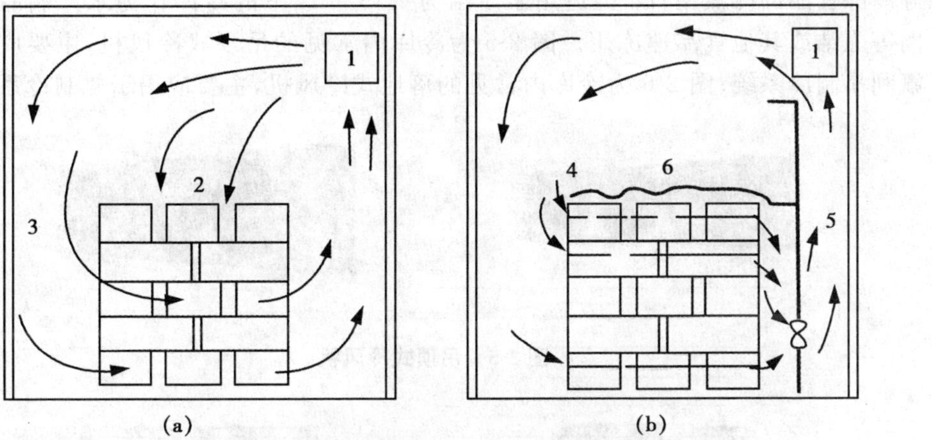

(a)直接强制通风式冷却 (b)压差式通风冷却

1. 通风机 2. 箱体间设通风空隙 3. 风从箱体外通过

4. 风从箱体上的孔中通过 5. 压差式空冷回风风道 6. 盖布

图 2-3 直接强制式通风与压差式通风冷却的风机布置图

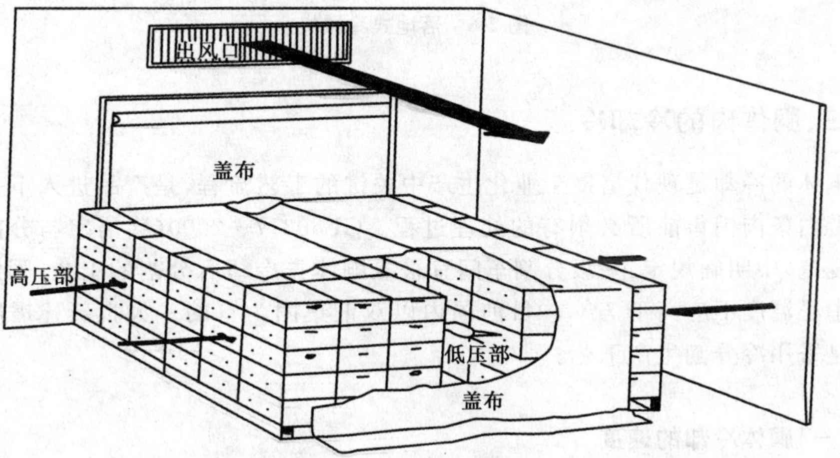

图 2-4 压差式冷却装置图

结物的贮藏间降温，在一些小型的冷却物贮藏间和一些加工量不大的小型肉类冷却间中也有采用，不过主要是一些小型的氟利昂制冷系统。肉类冷却加工广泛应用的是冷风机，目前国内使用的冷风机主要有两种，一种是 D 型系列吊顶冷风机，主要有 DL，DD，DJ 3 种型号，DL 型适用于库温为 0 ℃左右的冷库，肉类的冷却、保存鲜蛋、水果、蔬菜等食品；DD 型适用于库温为－18 ℃的冷库，作为水产、肉类等冷冻食品的冷藏用;DJ 型适用于库温为－25 ℃以下的冷库作为水产制品或鲜肉等冻结或其他食品速冻用。图 2-5 为冷库内常见的吊顶式冷风机,主要应用于氟利昂制冷系统;图 2-6 为冷库内常见的落地式冷风机,主要应用于氨制冷系统。

图 2-5　吊顶式冷风机

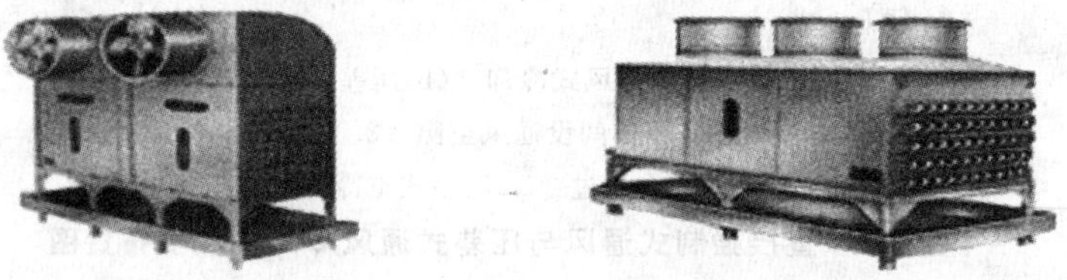

图 2-6　落地式冷风机

三、胴体肉的冷却冷藏

胴体的冷却是现代屠宰工业化生产中关键的工艺流程,是产品进入下一步分割或者白条肉销售前所必须有的处理过程。GB50317—2000(猪屠宰与分割车间设计规范)中明确规定:一级分割车间宜采取胴体先冷却后分割的工艺,胴体分割时的中心温度不应高于 7 ℃。目前国内以双汇集团为首的一大批新建屠宰加工厂均是采用冷分割生产工艺。

(一)胴体冷却的速度

迅速冷却可以防止某些不正常的僵直过程,即防止高温收缩和淡、软以及汁液流失严重等类型肌肉的形成。迅速冷却可以改进肉的卫生质量,降低冷却损耗;但可能会引起牛、羊肉的寒冷收缩。一般情况下,牛胴体需要在 46 h 以内、猪胴体需要在 24 h 以内将后腿中心温度降到 5 ℃以下。牛羊肉在宰后 10 h,肉温冷却到 10～11 ℃时非常容易产生强烈的冷收缩,因而牛羊胴体距表面 30 mm 深度处肌肉组织的温度在 14 h 内不应降到低于 10 ℃,应采取更慢的降温速度;对于小牛、青年公牛和羊肉应在死后 24 h 以后达到这一温度。

胴体降温的速度可以通过公式进行近似的计算，但由于胴体的不规则性，这种理论计算出来的数据往往和实际情况有很大的差异。胴体冷却的速度一般是采用实验的方法进行直接取得，这些在实际上测出的数据对于生产工艺的设计和调整更具有参考性。图 2-7 给出猪胴体在平均 1～4 ℃(库温在实际操作中上下有波动)胴体迎面风速 0.8～1 m/s(实测)条件下胴体后腿中心部位冷却速度变化的曲线。

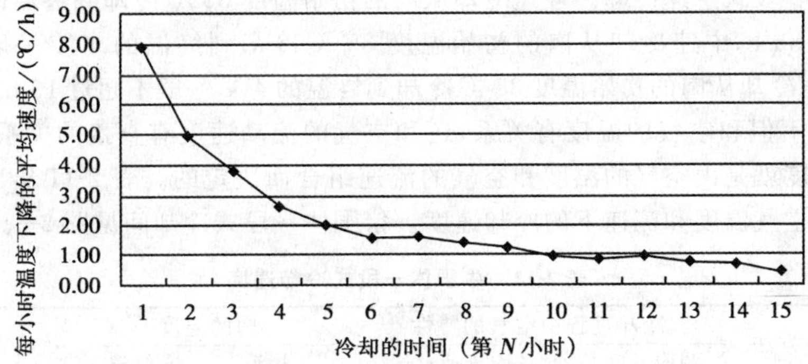

图 2-7　猪胴体后腿中心温度降温速度随时间变化曲线图

从图 2-7 可以看出，胴体在刚开始的几个小时降温速度比较快，由于降温的初始阶段胴体的温度和空气的温差比较大，同时加上胴体表面水分蒸发量和速度也最大，因而降温的速度比较快，可以平均达到 8 ℃/h。而后随着胴体温度和空气温度差异的减少，冷却的速度逐渐降低，最后达到平衡状态。在整个冷却过程中胴体表层的冷却速度最快，在短时间内就能达到较低的温度，随着胴体厚度的向内增加冷却速度越来越慢，胴体后腿中心温度冷却速度最慢。因此、工业生产中一般以胴体后腿中心温度的值作为判定冷却是否达标的依据。

快速降温能够迅速的降低胴体表面的温度，同时在胴体表面形成一层干燥膜，即快速抑制了微生物的生长，又阻挡胴体内部水分的蒸发，减少了冷却损耗。但快速降温所需的冷负荷大，设备设施的投资也相对较大；另一方面，快速降温对于某些牲畜的肌肉也易产生严重的冷缩问题(如牛、羊等)，因而肉类的冷却速度选取要根据肉的品种、性质和用途进行合理的选择。

(二)胴体冷却的方法

胴体的冷却方法分为自然冷却法和人工冷却法。自然冷却法是指肌体在室温状态下的自然冷却，由于自然冷却法干耗大、冷却速度慢、微生物繁殖快、产品质量无法保障等因素,目前工业化生产已经很少采用。人工冷却法可分为一段式冷却和两段式冷却两种方法。一段式冷却法是指胴体的冷却过程在同一个冷却间内、同一温度(冷却间平均温度)下,一次性冷却到工艺要求的温度的冷却方法。二段式冷却是指胴体在不同的冷却间内(或同一冷却间内)、采用两种不同的冷却温度,使胴体冷却到工艺要求的温度的冷却方法。

1. *一段式冷却* 一段式冷却按其冷却速度可分为一段式慢速冷却、一段式快速冷却和一段式急速冷却。慢速冷却从肉的初始温度 35 ℃冷却到终温的 4 ℃一般不超过 36 h;中速冷却从肉的初始温度 35 ℃冷却到终温的 4 ℃一般不超过 24 h;快速冷却从肉的初始温度 35 ℃冷却到终温的 4 ℃一般不超过 16 h。冷却速度的设置不但和空气的温度有关系,还和空气的流动速度有直接的关系,一段式冷却的速度就是由空气的温度和空气的流速组合而决定的。表 2-11 给出了牛胴体在不同空气温度和流速下的冷却速度。猪胴体一段式冷却间见图 2-8。

表 2-11 牛胴体一段式冷却速度

牛胴体	冷却方法		冷却过程中空气的特性		肉的温度/℃		冷却时间/h
			平均温度/℃	平均流速/(m/s)	初温	终温	
	一段	慢速	2	0.1	35	4	≤36
		中速	8	0.5	35	4	≤24
		快速	−3	0.8	35	4	≤16

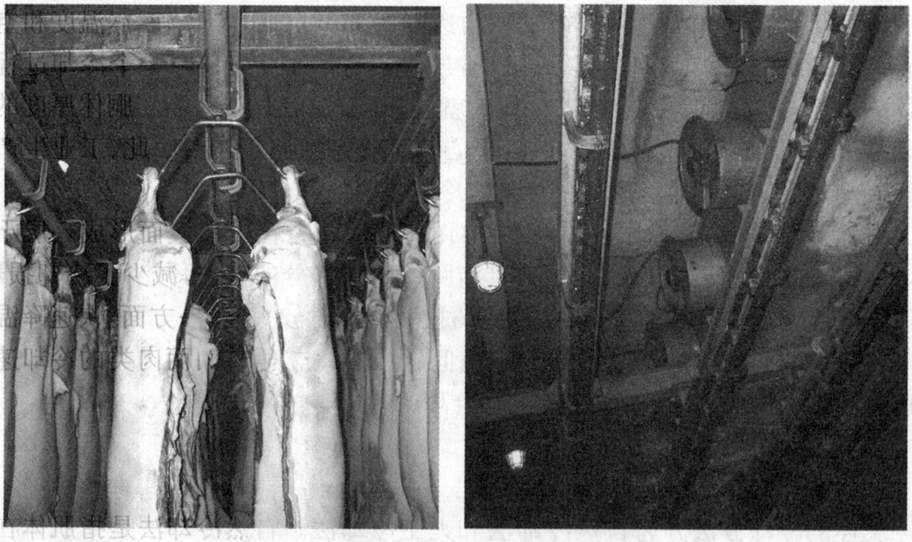

图 2-8 猪胴体一段式冷却间

2. 二段式冷却　二段式冷却法最主要的特点是将肉的冷却分为两个阶段，这两个阶段的温度、风速、风的循环量都不尽相同。二段式冷却分别采用不同的温度和空气流速，一方面可以实现快速降低胴体表面温度、形成干膜，抑制微生物的繁殖和控制干耗；另一方面通过合理的选择温度可以避免胴体产生冷缩，获取肉的更好的品质。二段式冷却的温度通常情况下第一段冷却的空气温度比较低，风速比较大，第二段冷却的空气温度相对较高。随着消费者对于肉品品质需求的提高，国外对于牛、羊的胴体二段式冷却，也有第一段冷却温度较高，第二段冷却温度较低的做法，这样做的目的主要是为了避免肉的冷缩，使肉品保持较高的品质。两段式冷却可以采用两种形式：

一种是冷却的全过程在同一冷间内完成。冷却间在不同的时间段根据工艺的要求分别采用不同的温度和风速对胴体进行冷却。具体的做法是：冷却间的温度在入货前先降到－15～－10 ℃，入货后冷间的温度升高到－5 ℃左右。这时空气采用风机强制循环，在 2～3 h 内将冷间的温度降到－10 ℃，这时胴体表面温度约为 0 ℃，中心温度为 20 ℃左右，第一阶段冷却结束。随后风机停止运转，空气进行自然对流，胴体在冷却间内进行第二阶段的冷却，直到达到工艺要求的标准。

另一种是在不同的冷却间内分别完成两段冷却过程。这种冷却工艺主要有两种，一种是两段低温冷却外加平衡间，另一种是第一段低温冷却，第二段直接高温冷却（0～4 ℃）到工艺要求温度（4～7 ℃），不设平衡间。两段低温冷却外加平衡间的冷却工艺，在第一阶段和第二阶段的冷却中均采用连续的冷却方式。第一段冷却中胴体在空气温度－15～－12 ℃，风速 2 m/s 条件下的冷却间中，由机械推柄推动连续冷却 1.5 h，第二阶段在空气温度－7～－5 ℃，风速 1～1.5 m/s 条件下的冷却间中，连续冷却 1.5 h，然后将胴体送到空气温度为 2～4 ℃的平衡间，采用自然对流或风速低于 0.5 m/s 的强制对流，直至胴体温度达到平衡状态。

第二种工艺是在第一段采取更低的冷却温度，一般第一段采取低于－20 ℃的空气温度，风速一般取 0.5～1.5 m/s，胴体在这样的条件下连续预冷 1.5 h，然后将胴体送入空气温度为 0～4 ℃，风速为 0.8～1.2 m/s 的冷却间进行第二段冷却，直至胴体温度达到平衡状态。

在实际的应用中，采用一段式冷却还是二段式冷却要根据不同的冷却对象进行合理的选择。从投资的角度来说，两段式冷却与一段式冷却相比并未降低投资成本，冷却的速度是由冷却空气的温度和空气流速决定的，与采取一段式冷却或二段式冷却并没有直接的关系。一般情况下，因猪胴体在快速冷却时的冷缩现象不明显，大多采取两段冷却，以求快速降低胴体表面温度，形成干膜，抑制微生物的生长和降低预冷干耗。对于牛羊胴体，国外专家建议采取一段式慢速冷却或两段式高温冷却，以避免冷缩现象的发生。值得一提的是，猪胴体在 0～4 ℃条件下的一段式冷却的速度，和分别在－20 ℃及 0～4 ℃条件下的两段冷却相比，肉的中心温度的冷却时间并没有多少差异，所唯一不同的就是胴体表面的冷却速度不同。第一段冷却的风循环量往往很大，使胴体表层水分迅速蒸发，表层形成干膜，反而会影响胴体内部的降温速度。图 2-9 为胴体二段式冷却间工艺示意图。

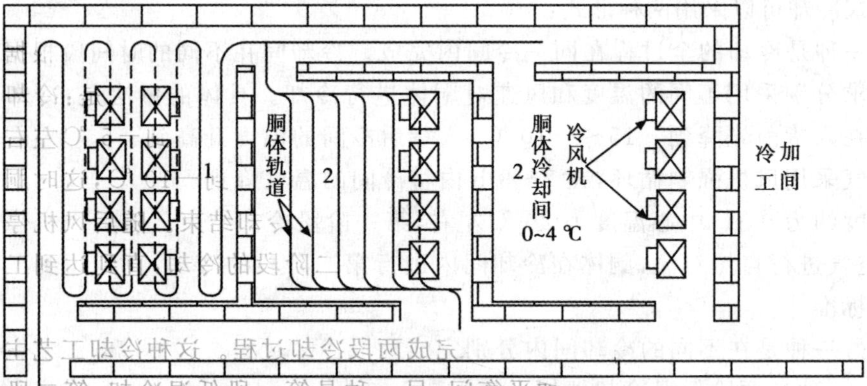

图 2-9　胴体二段式冷却间工艺示意图

(三)胴体的冷却贮藏

胴体冷却结束后如不及时销售或分割就需要暂时贮存起来，胴体一般直接存放在平衡间或高温冷却间，也可设置专门的库房进行存放。胴体贮存的温度一般控制在 0～4 ℃或－2～2 ℃，相对湿度控制在 85％～95％。胴体在冷却贮藏时要注意不同品种的胴体不要在同一库房内存放，以防止串味。胴体的摆放必须均匀，每片胴体之间要留至少 3～5 cm(生猪每米轨道不超过 3 头)的间隙，避免胴体之间相互叠压而导致产品发闷变质。胴体在贮藏期间尽量减少库门的开关，减少库温的波动和微生物的污染。

胴体的冷藏条件和冷藏时间视胴体肉的种类以及冷藏的目的而定，若冷藏是为了完成肉的成熟，冷藏的时间就根据肉成熟所需的时间来定，如牛肉完成成熟需要 7 d左右，猪、马需要 3～5 d。若冷藏是为了贮货待用，就要根据生产销售的周转时间和胴体的保质期来共同决定，例如在空气温度 0～4 ℃、相对湿度 85％～

90%的条件下，牛胴体可以贮藏4周，猪、羊胴体可以贮藏2周。降低贮藏的温度和湿度可以延长肉的保存期限，但会增加肉的干耗，同时控制库内二氧化碳的含量，有助于肉的贮藏期，有人建议将库内二氧化碳的含量控制在5%～10%，表2-12给出了部分胴体肉冷却贮藏的数据。

表 2-12　猪、牛、羊胴体肉冷却冷藏数据

产品	温度/℃	相对湿度/%	冷藏时间/d	载量	
				单位轨道片/m	单位冷藏间面积风荷/(kg/m²)
牛肉	−1.5～0	90	21	2(1/4牛)	150～250
小牛肉	−1～0	90	7～21	3(整胴体)	180～200
猪肉	−1.5～0	90～25	7～14	4～8(1/2倍)	150～200
羔羊肉	−1～0	29～25	10～15	4～8(整胴体)	70～120

说明：单钩吊挂。

四、分割肉的冷却冷藏

分割肉冷却的目的和意义与胴体冷却的目的及意义基本相同，都是为了降低肉的温度，抑制微生物的繁殖，延长保质期。一般情况下，牲畜屠宰后胴体不经过冷却，而是直接将胴体分割成各种分割产品，这时分割后的产品温度非常高，大约在35 ℃，我们习惯上称这种加工方式为热分割，这种产品为热分割产品。由于热分割产品分割前胴体不经过冷却，温度比较高，微生物的大量繁殖，再加上与人手、刀具、传送带等接触，又进一步使产品受到二次污染(热分割加工间一般室内温度相对较高)，这样不但增加了产品初始菌数的含量，也增加了微生物在高温环境下的繁殖时间。因此，分割后的产品微生物数量比冷分割产品要高得多，实验数据表明热分割产品微生物含量比冷分割微生物含量要高出一到两个数量级(冷分割产品出厂一般在10^4～10^5，热分割产品出厂一般在10^5～10^6)。因而热分割产品的保质期非常短，在夏季气温较高时只有4～5 h的保存期限。

胴体在热分割工艺条件下生产出的分割肉，在销售或者包装入库前一般都需要将肉温冷却到0～4 ℃，设置这样的温度主要是从控制微生物角度来考虑的。冷却时一般将分割好的热肉用不锈钢筐子盛放，放在凉肉架子上在预冷库内进行冷却。预冷库的温度一般采用0～4 ℃或−2～2 ℃的条件，湿度控制在85%～90%，冷却时间一般控制在8～10 h。产品冷却到4 ℃以下时，可以对产品进行分销或包装入库。为保证肉品的质量，盛肉用的筐子必须使用不锈钢制作，每使用一次必须对筐子清洗消毒一次；凉肉架子的材料，最好选用不锈钢制作，也可以采用镀锌钢管制作。在对热分割产品预冷时要注意以下几个方面的问题。

(1)不能用盒子等不透气的工具盛放产品。

(2)筐子上不能衬垫塑料布等不透气的东西。

(3)产品摆放必须均匀不能相互叠压。

(4)凉肉架的摆放必须有利于风的循环，一般垂直风机的出风口放置。

(5)产品的放置有利于先进先出。这样做的目的主要是为了保证产品冷却的效果，另一方面也能有效地避免产品在预冷过程中发闷变质。

图 2-10 为猪 1#，2#，3#，4# 及肥膘的降温曲线图，图 2-11 和图 2-12 分别为猪肝和猪心的降温曲线图。

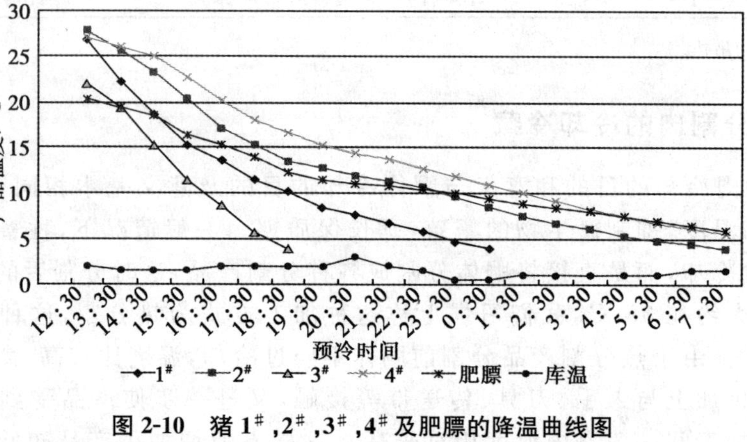

图 2-10 猪 1#，2#，3#，4# 及肥膘的降温曲线图

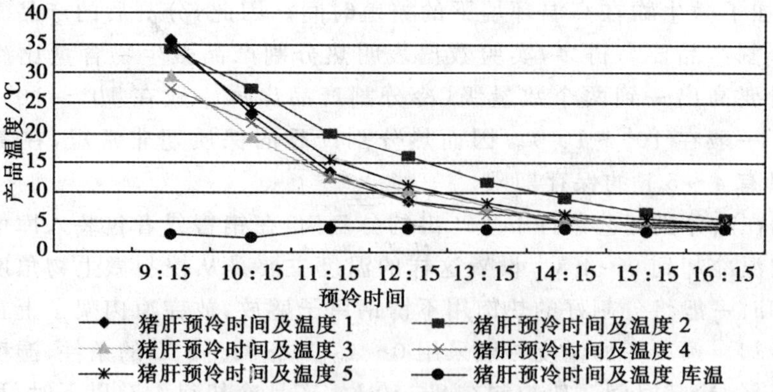

图 2-11 猪肝降温曲线图

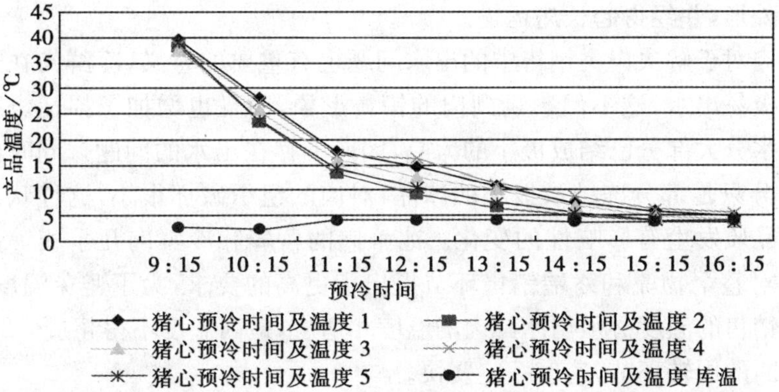

图 2-12　猪心降温曲线图

预冷好的产品，如果需要贮藏在库内，可以设专用的库房存放，也可以在预冷库内存放。预冷后的产品如果要进行存放，最好将产品放置到专用的产品盒内，同时严格控制库门的开关，保持温度的恒定，减少风机开启的次数，这样可以有效地减少产品的干耗，同时在预冷库内直接存放产品时，要避免将热产品和预冷好的产品同库放置。预冷好的产品在预冷库内可以存放 5～7 d，如果考虑销售环节的货架期，产品在库内存放时间不易超过 48 h（含预冷时间）。

五、冰鲜肉的加工

冰鲜肉也叫微冻肉又叫深度预冷肉，与冷鲜肉不同的是冰鲜肉采用更低的处理温度。冷鲜肉一般采用 0～4 ℃的中心温度，而冰鲜肉一般采取－5～－2 ℃的中心温度。冰鲜肉是随着肉类精分割加工产品的出现而出现的一种新的概念。虽然 0～4 ℃可以在很大程度上抑制微生物的生长繁殖，但这个温度与－5～－2 ℃相比，微生物的繁殖速度仍比较快。在 4 ℃时微生物每 6 h 增长 1 倍，而在－2 ℃时微生物每 60 h 才增长 1 倍。因而采用微冻技术生产的冰鲜肉可以获得更长的保质期，一般来讲，冰鲜肉的保质期比冷鲜肉可以延长 3～5 d。

冰鲜肉的加工除了可以延长保质期外，最重要的是可以满足更精细化的分割加工。随着社会经济的快速发展，人们的生活节奏越来越快，因而就需要越来越快捷的食品来满足人们的快节奏生活，切丁、切片、切丝类的精细化分割产品应运而生，这一类产品必须采用微冻的冰鲜肉才能实现工业化的生产。采用微冻的冻鲜肉加工的主要原因在于，经过微冻处理的冰鲜肉，因肉中的水分 60%以上已经结冰可以很好地保持肉丝、丁、片的外形。而冷鲜肉没有办法使 3 mm 左右的肉片保持完好外形，并经得起长途运输。

冰鲜肉对于解决肉类销售中的出水问题也有重要的意义，冷鲜肉在运输和销售过程中极易出水，这不但影响到肉的销售形象，而且也增加了损耗。冰鲜肉由于其内部水分大部分已结成极小的冰晶，因而不存在出水的问题。同时由于微冻肉中的水分只是部分冻结成极小的冰晶，对肉的组织破坏很小，这种状态还不足以使肉的品质发生有影响性的变化。冰鲜肉的营养和冷鲜肉几乎相等。但冰鲜肉的销售对整个物流和终端销售环节提出了更高的要求，为了避免温度波动，贮藏、运输、销售的温度必须与冰鲜肉的温度相适应，最高温度不得超过－2 ℃，同时在冷链中断的周转环节，速度一定要快。

冰鲜肉的加工最好采用低温速冻技术，冻结的速度越快，肉的品质越好。一般情况下，冰鲜肉的生产采用冷鲜肉作为原料，将 6～7 ℃自然块分割肉，进行压模或粗切后放进－30 ℃左右的速冻装置内快速降温。当肉中心温度达到－2 ℃以下时将肉从速冻装置内取出，然后根据需要将肉切成丁、丝、片，并用塑料托盘和保鲜膜（或拉伸膜）包装。包装好的产品放在专用的筐内送入－2 ℃以下的冷库内存放待售。图 2-13 为采用冰鲜肉制作的丁、丝、片类微冻产品。

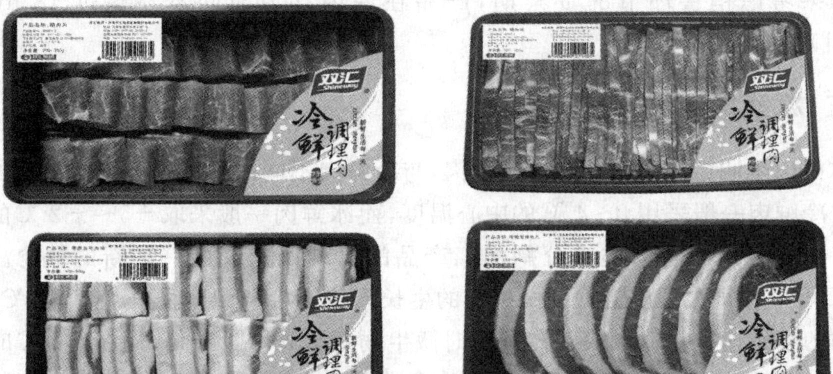

图 2-13 采用冰鲜肉制作的丁、丝、片类精分割产品

冰鲜肉的生产加工不但可以解决肉的出水问题和延长保质期，而对于工业化生产来讲，也是调节生产淡旺季的一个重要手段。

采用真空包装的冰鲜肉，保质期能超过 20 d。

第三节 肉的冻结加工

一、肉类冻结的方法与设备

(一)肉类冻结的目的

肉类经过预冷后只能作短暂的贮存，因为肉类冷却的温度在冰点以上，在这样的温度和湿度条件下，微生物和酶的活动只能受到一定程度的抑制，并不能使其活动终止。但在实际的工业生产和贸易中往往需要肉保存更长的时间，如肉制品加工厂对于原料肉的贮存、肉类的进出口贸易以及国内肉类的调节贮存和贸易等，都需要肉有一个较长的保质期。要达到这些目的就必须对肉进行冻结，使其温度降低到冰点以下，将肉内的大部分水分冻结，以造成不利于微生物生长、繁殖的条件，延缓肉内的各种生化反应，防止肉的品质下降，这就是肉类冻结的目的。

肉经过冻结后品质和新鲜肉相接近，但由于冻结过程中冰晶的形成以及水分的散失会使肉的品质略有下降，特别是经过解冻后肉的品质与鲜肉的差异会更大，但对于肉的营养性和加工性影响不大。

(二)肉类冻结的速度和方法

肉的冻结速度一般按单位时间内肉体冻结的厚度(cm/h)来表示，按照肉类的冻结速度快慢通常将冻结分为3种：第一种，冻结速度为0.1～1 cm/h，称为缓慢冻结；第二种，冻结速度为1～5 cm/h，称为中速冻结；第三种，冻结速度为5～20 cm/h，称为快速冻结，即肉的速冻。

对于大多数食品来讲，冻结速度为2～5 cm/h时即可避免质量下降。但从肉的品质需求上来讲，冻结的速度越快，肉的品质越好。冻结不但可以形成小的冰晶，对肉组织的破坏小，而且还可以降低冻结损耗和保持肉的鲜艳色泽，这样对于提高冻肉的质量有着重要的意义。我国现行标准要求冻结装置的温度要达到－28 ℃，出口工厂要求达到－40 ℃，日本和西方国家也要求冻结装置的温度最好达到－40 ℃。但冻结装置的温度越低，肉的冻结成本也就越高，因而对于冻结速度的选择要结合具体情况，进行适当的选择，既保证质量又降低制造成本。

肉类的冻结速度与冻结设备、空气温度、风速、包装形式、包装规格、肉的品种、水分等多种因素有关。肉类在冻结过程中温度的下降不是呈线性关系，当冻结开始的初始阶段，由于温差较大，最大的可达 50 ℃以上，因而下降速度较快。当肉的温度进入到冰点温度时，由于水在结冰过程中温度保持不变，因而这时肉的温度几乎不随时间变化而变化；当产品的大部分水分冻结成冰后，由于冰的导热率比水大，降温速度又增加。根据实验数据，猪瘦肉的冰点在−1.9 ℃左右，这时由于水不断的变成冰而放出大量的潜热，因而这时制冷系统的负荷也基本达到最大值。产品通过冰点需要较长的时间，对于 25 kg 铁盒装的分割肉而言，一般需要 5～7 h，对于纸箱装的同规格产品则需要更多的时间。产品通过冰点的时间，与多种因素有关系。图 2-14 为铁盒装 25 kg 分割肉和肥膘冻结曲线图。

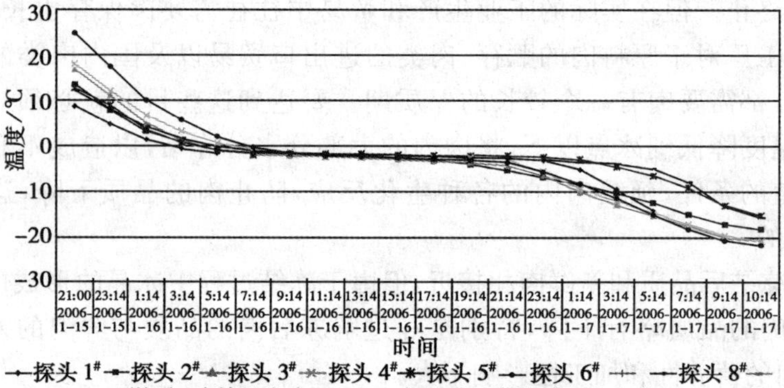

说明：冻结温度为−28 ℃，产品采用带盖铁盒大包装。

图 2-14 铁盒装 25 kg 分割肉和肥膘冻结曲线图

我国肉类的冻结，一般采取空气强制对流方式。在肉类冻结间内设有足够数量和风量的干式冷风机，室内装有吊轨或急冻架，以利于胴体或分割肉类的冻结。胴体在冻结间内的冻结要求和冷却间相同，分割产品或副产品的冻结一般采用铁盒或纸箱包装后放在冻结架上进行冻结。在铁盒装产品的冻结间中也有采用搁架排管加轴流风机的设计形式，但由于这种形式的设备因其有不利于回油、除霜困难、安全性差、纸箱产品不能完全冻结等缺点，在新建冻结间的设计中已很少采用。一般来讲，猪、牛的二分体的冻结不能称为速冻，对于猪、牛、羊的分割产品一般也不采用速冻隧道进行冻结。

胴体冻结间内轨道应沿和冷风机出风口垂直或平行的方向布置，胴体之间至少留 3～5 cm 的间隙，以利于空气的循环。铁盒或箱装分割产品冻结间内冻结架的布置，为了便于进出货操作，冻结架一般平行于出风口方向，铁盒或纸箱摆放垂直于出风口方向。为了取得更好的冻结效果和节省能耗，冻结间尽可能采取集中入货，不能一次性入货的也要尽可能地缩短入货时间，在封库冻结期间要尽量减少库门的开启。

(三)肉类冻结的工艺

肉类冻结的工艺通常分一次冻结工艺(也称直接冻结工艺)和二次冻结工艺(也称二阶段冻结工艺)两种。

1. 一次冻结工艺　一次冻结工艺是指胴体或热分割产品不经过冷却过程,直接进入冻结间进行冻结的工艺。胴体采用直接冻结时,一般要把屠宰后的胴体在晾肉间自然冷却一段时间,这样主要是为了晾干胴体表面的水分。热分割的产品在采用直接冻结工艺时,一般要对产品采用单块包装的形式,并用铁盒冻结,大包装产品尽可能不采用直接冻结,以避免产品出现发闷变质的现象。

2. 二次冻结工艺　二次冻结工艺是指胴体或热分割产品先在 0～4 ℃条件下冷却到 4 ℃以下,然后再送入冻结间进行冻结的方式。采用冷分割生产工艺加工的分割产品,由于分割前胴体的温度已经降到 4 ℃以下,因而分割后可以直接包装进入冻结间进行冻结。

在实际的应用中,一次冻结的工艺比较适合于胴体的冻结,二次冻结的工艺比较适合分割产品及副产品的冻结。就目前我国的生产情况而言,由于冻白条肉几乎没有厂家生产,因而目前我国屠宰厂除部分热分割工厂采用一次冻结工艺对分割及副产品实行冻结外,大部分厂家,特别是新建的大型屠宰厂基本上都是采用二次冻结工艺进行产品的冻结。当然两种冻结工艺各有优缺点,对比如下。

(1)冻结时间比较。一次冻结与二次冻结相比所用的时间要短,这是因为冻结时的空气温度要远低于冷却时的温度,空气温度和肉温的温差大,冻结速度远高于冷却速度。另一方面,冰的导热率是水导热率的 4 倍,冻结时肉内水分的结冰又进一步提高了热量传导的速度,也有利于缩短冻结的时间。对于胴体而言,一般一次冻结的时间在 20 h 以内,肉体温度即可达到－15 ℃,冷加工工艺周期为 24 h。而采用二次冻结的时间为 36 h 左右,冷加工工艺周期为 48 h,显然采用一次冻结工艺可以节省 50%的冷加工时间。对于分割产品而言,采用铁盒式小包装的产品一次冻结时间为 48 h 左右,二次冻结的时间加上预冷时间约为 60 h,相比可以节省 25%左右的时间,如果算上生产周期也可节省 50%的时间。

(2)冻结损耗的比较。试验数据表明采用一次冻结工工艺生产的冻肉,其冻结损耗比采用二次冻结的损耗要小,约低 0.88%,但其冷藏损耗要比二次冻结的冷藏损耗要大,综合比较起来两种冻结的总体损耗基本相同。表 2-13 给出了一次冻结和二次冻结的损耗对比。

表 2-13 一次冻结与二次冻结工艺的冻结、冷藏干耗对比 %

项目	冻结干耗	冷藏 8 个月干耗	冷藏 18 个月干耗	总计
一次冻结	1.66	1.93	2.97	6.56
二次冻结	2.56	1.42	2.61	6.57
（冷却阶段）	1.74	—	—	—

(3)能耗比较。采用一次冻结工艺，每冻结 1 t 肉耗电 63 kW·h，采用二次冻结工艺每冻结 1 t 肉耗电 23.6 kW·h(冷却)+57 kW·h(冻结)=80.6 kW·h，一次冻结比二次冻结每吨可节电 17.6 kW·h。

(4)投资比较。一次冻结工艺与二次冻结工艺相比较，不需要建设预冷间，大约可节省 30%的建筑面积，从而可节约基本建设投资。

(5)人员比较。采用一次冻结工艺对胴体冻结时，由于不经过预冷环节，因此可以节省约 50%的人员；但分割品的冻结采用一次冻结工艺时，由于很多产品往往不能一次性包装到位，在冻品出库时还要增加包装人员，而二次冻结工艺对很多产品要一次性包装到位，因而对于分割品而言，节省人员并不明显。

(6)肉品质量及解冻质量比较。胴体采用一次冻结工艺时，由于胴体未经过成熟，是在死后僵直期时被冻结的，因而在解冻时就易发生解冻僵直，使肌肉发生收缩变形，汁液大量流失，对肉的品质造成不良影响，特别是在快速冷却时极易发生冷缩的牛、羊肉更不能采用一次冻结工艺。对于分割产品和副产品而言，由于冻结时产品温度较高，包装和冻结不当极易导致产品发闷变质，特别是在夏季气温较高时，这种情况更易发生。因而分割品或副产品最好采用二次冻结工艺。另外，无论是胴体还是分割产品，采用一次冻结工艺的产品，其解冻损耗通常要比二次冻结工艺的产品高出 1%～2%。

随着屠宰技术的发展和人们对肉品品质要求的提高，国内越来越多的工厂都采用冷分割工艺作为屠宰加工的生产工艺，因而一次冻结的工艺在国内应用的越来越少。

（四）肉类冻结的设备

猪、牛、羊等大型家畜肉的冻结设备主要有以下几种类型：吹风式冻结设备，主要是在冻结间内安装吊顶式或落地式冷风机；半接触式冻结设备，主要是指搁架排管加轴流风机或冷风机的组合设备，主要用于分割产品和副产品的冻结，在使用中直接将包装好的产品放在排管上；平板冻结器，主要用于副产品或分割肉的快速冻结；液体浸入式冻结设备，用于品质要求较高的产品的速冻。

在这几种冻结设备中，目前最常用的是吹风式冻结设备，在吹风式冻结设备的应用中，吊顶式风机因其体积小、除霜容易、不占速冻库空间等特点已成为设计应用的主流。吊顶式冷风机在实际的应用中，主要选用 DJ 系列冷风机，材质有铝、铁、铜 3 种。当前由于铝质冷风机具有体积小、重量轻、传热效果好等优点使用越来越多。速冻库中吊顶冷风机的设计和预冷间不同，在速冻库的设计中，为了加强空气循环的效果，一般都采用风机＋风筒＋导流板的设计，这样有利于气流组织，保证足够的风量、风压和气流分布的均匀性。冷风机＋风筒＋导流板的设计见图 2-15 和图 2-16。

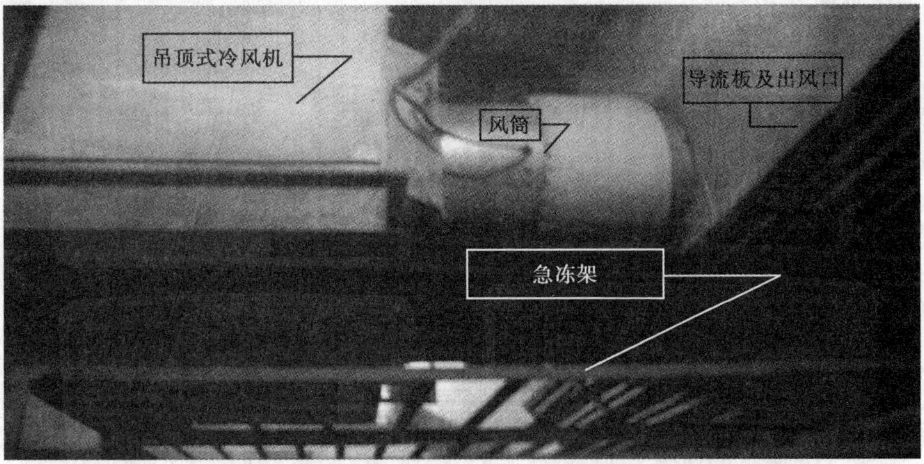

图 2-15　冷风机＋风筒＋导流板的速冻库照片

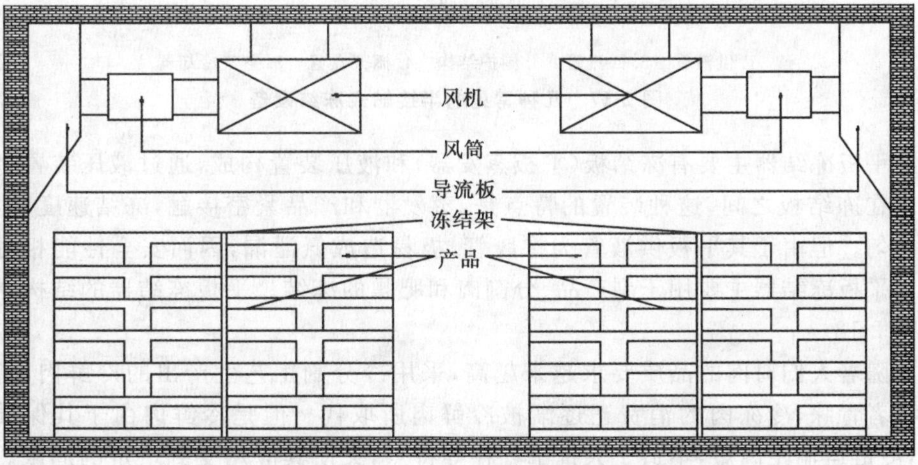

图 2-16　冷风机＋风筒＋导流板的速冻库示意图

半接触式冻结设备，主要由搁架排管、搁架排管＋轴流风机、搁架排管＋冷风机等几种组合形式，在这几种组合中搁架排管＋冷风机效果最好。搁架由钢管弯制焊接而成，既是蒸发器又是盛放产品的货架，因产品直接放在蒸发器上，所以称为半接触式冻结设备。在一般情况下，排管和风机是安装在速冻库内，但随着技术的不断更新，目前很多厂家把搁架排管、轴流风机或冷风机组合成一套速冻设备，用于肉或水产品的速冻。这种组合设备安装方便、冻结效率高，因而应用较广泛，老式的搁架排管速冻库，在现在的设计中越来越少。几种常见的半接触式冻结设备见图 2-17。

搁架排管

搁架排管＋轴流风机（可有多种形式）

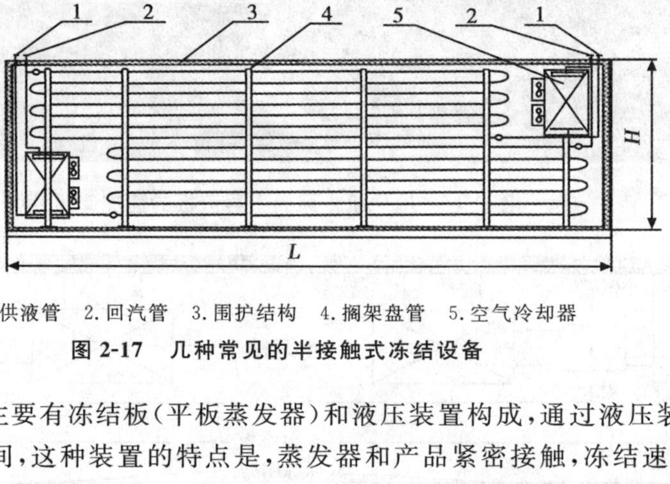

1.供液管　2.回汽管　3.围护结构　4.搁架盘管　5.空气冷却器

图 2-17　几种常见的半接触式冻结设备

平板冻结器主要有冻结板(平板蒸发器)和液压装置构成，通过液压装置将产品压在冻结板之间，这种装置的特点是，蒸发器和产品紧密接触，冻结速度快，冻结均匀。但由于其平板供液管为橡胶管，极易造成氨泄漏，因而安全性能相对较低。平板冻结器主要用于副产品、分割肉和肥膘的冻结。平板冻结器的结构原理见图 2-18。

随着人们对肉的品质要求越来越高，采用冷分割工艺生产出的冷鲜肉，备受消费者青睐，冷冻肉的消费正逐渐被冷鲜肉所取代。但是冷鲜肉由于其保质期短，冷链运输距离短，不适于大批量贮存等特点，又使其应用受到一定的局限。因而人们不断的研究肉类产品的速冻技术，尽可能地使冻结后肉的品质接近鲜肉的

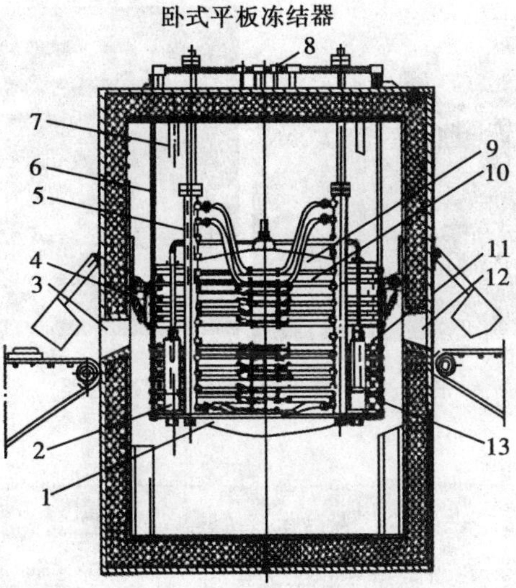

1. 底板 2. 液压缸 3. 进料口 4. 挂钩 5. 液体接管 6. 钢支架 7. 支柱
8. 升降设备 9. 顶板 10. 冻结板 11,13. 限位销 12. 出料口

图 2-18 卧式平板冻结器的结构原理

品质。目前日本研制出的高电压速冻装置(CQF-10)取得了较好的速冻品质。这种高电压速冻装置采用上万伏的高电压电场能量处理方法,使营养成分和水分子的结合保持稳定,抑制了汁液流失和引起色泽浑浊的蛋白分解酶的活性。在高电压下不但可以抑制食品的变质,而且还可以提高口感,抑制营养成分流失。同时这种速冻装置,采用低溶点的酒精作为载冷剂来完成对产品的速冻,使产品通过冷冻时破坏细胞的关键阶段——最大冰结晶生成带的时间仅为 6 min,而采用普通冻结方法通过最大冰晶生成带一般要 6～7 h。同时也大大缩短了产品达到深度冻结的时间,这种装置可使产品中心温度达到－30 ℃。不过使用这种速冻装置对肉类进行冻结时,必须将肉品用真空包装袋或其他塑料袋进行单块包装,包装好的产品放在冻结架内,随冻结架一起放入带有搅拌器的酒精里面,冻结时间和冻结温度都可以自由设定,冻结完毕后可以自动提升。但由于目前这种设备的价格比较昂贵,国内应用较少。图 2-19 至图2-21给出了这种设备的相关图片资料。

二、胴体的冻结

胴体的冻结加工和胴体的冷却十分相似,胴体在屠宰加工间修整检疫合格后,将需要冻结的胴体直接推入胴体冻结间进行冻结。胴体冻结间的温度一般要求在－28 ℃以下,经过 48 h 的冻结后,后腿中心温度可达到国标要求的－15 ℃以

图 2-19　高电压速冻装置冻结架

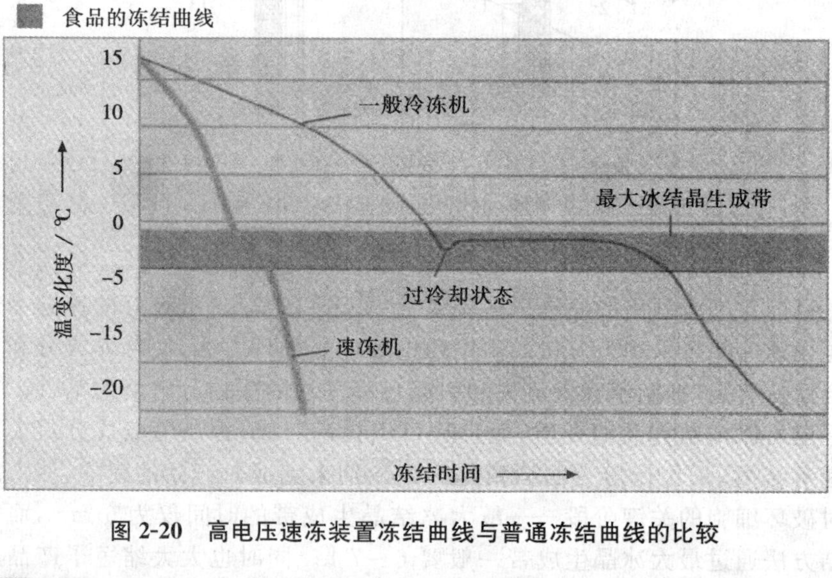

图 2-20　高电压速冻装置冻结曲线与普通冻结曲线的比较

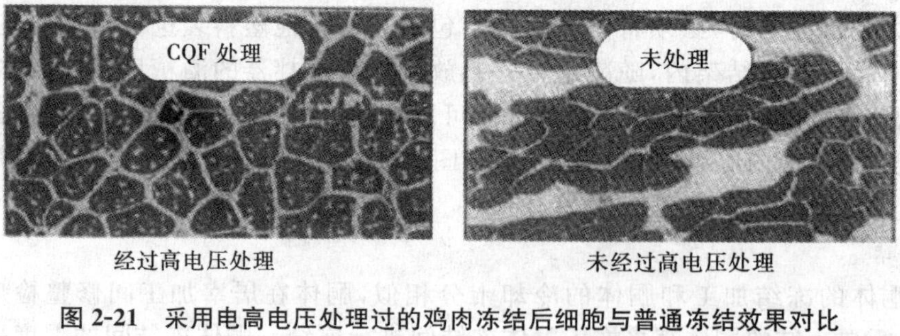

经过高电压处理　　　　未经过高电压处理

图 2-21　采用电高电压处理过的鸡肉冻结后细胞与普通冻结效果对比

下。在冻结时为了减少水分的损失可以在胴体进入冻结间之前，用特制的聚乙烯方体袋将胴体包裹起来，这样可以有效地防止冻结过程中的水分损耗。

胴体肉的冻结一般采用不连续冻结，可以采用一次冻结工艺，也可以采用二次冻结工艺。一次冻结与二次冻结比较，冻结时间缩短大约50%；同时可以减少大量的搬运而节省人员。但一次冻结对小胴体肉，如羔羊肉可能会产生解冻僵直，像牛这样的大胴体也会受到影响。为了达到较好的嫩度和减少汁液流失，一次冻结的牛肉在－18 ℃条件下至少要冷藏4个月，猪肉至少3个月。采用一次冻结工艺，除了猪肉不会产生冷收缩外，牛、羊胴体都容易产生冷收缩。小胴体肉(如羔羊肉)提高冻结速度可以防止冷收缩，但不能防止解冻僵直。目前，部分国家对羔羊肉不采用一次冻结方法的原因也就在这里。对于大的牛胴体不可能达到防止冷收缩的冻结速度，所以牛胴体不采用一次冻结的工艺，一般先把肉冷却到10～15 ℃，直到僵直发生后，再进行冻结。从肉的品质方面来说，二次冻结肉的品质比一次冻结的要好，其主要优点是对冷收缩敏感的肉类便于控制，其次是冷藏3 d以上的肉冻结后解冻保水能力提高，汁液流失减少，肉的嫩度较好。

胴体冻结的时间，是从肉开始降温到后腿中心温度达到要求温度所需要的时间。我国要求冻肉的中心温度不得高于－15 ℃，除了特殊的需求外，通常把后腿中心温度达到这一温度视为冻结过程的结束。胴体的冻结速度受胴体品种、冻结间的空气温度、风速等多种因素的影响。表2-14给出70～110 kg的牛半胴体后腿中心温度降低到－8 ℃时的冻结时间，猪半胴体和羊胴体的冻结时间分别为牛半胴体冻结时间的80%和60%。

表2-14　70～110 kg的牛半胴体后腿中心温度降低到－8 ℃时的冻结时间　h

冻结间空气温度/℃	热鲜肉		4 ℃冷鲜肉	
	空气自然对流	空气强制对流 $v \geq 0.8$ m/s	空气自然对流	空气强制对流 $v \geq 0.8$ m/s
－23	—	35	35	28
－26	32	27	26	22
－35	—	23	—	18

胴体的冻结，通常在装有吊轨的吹风式冻结间内进行。牛1/4胴体、猪半胴体、小牛胴体、羊和羔羊胴体可用单钩或双钩吊挂进行冻结。胴体冻结间按风机的布置风向可分为纵向吹风式冻结装置和横向吹风式冻结装置。采用纵向吹风的冻结间的风速通常为2～3 m/s，实际吹风的断面为冻结横断面的82%～85%。由冷风机吹出的低温气流遇到吊轨首端的胴体肉后，分别散流在胴体之间。这样吊轨首端的胴体首先被强烈的低温气流吹过，造成整个冻结间胴体肉冻结不均

匀，首端和末端冻结时间相差可达 6 h。

采用横向吹风的冻结间，空气流速通常为 0.5～1.5 m/s，实际吹风的断面为冻结横断面的 55%～60%。横向吹风与纵向吹风相比气流分布比较均匀，先被低温强气流吹过的胴体肉和最后被散流吹过的胴体肉，冻结时间相差 1～4 h。图 2-22 为横向吹风的胴体冻结间照片，图 2-23 为横、纵向吹风胴体冻结间示意图。

图 2-22　横向吹风的胴体冻结间

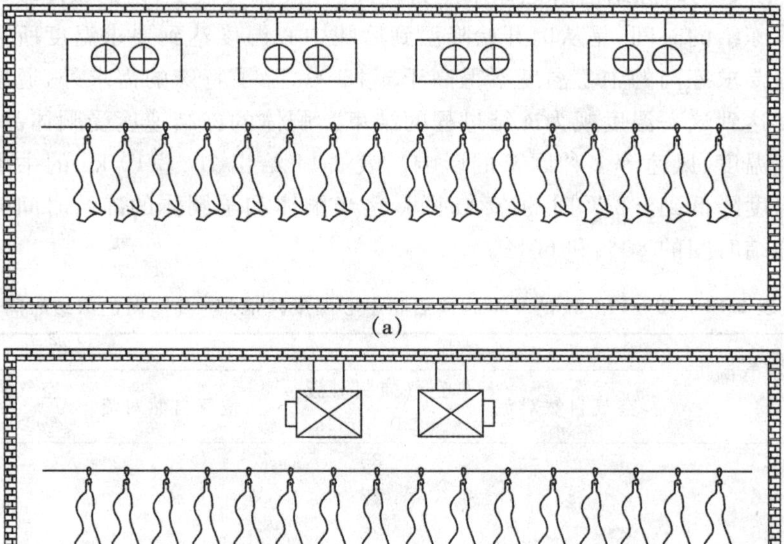

(a)

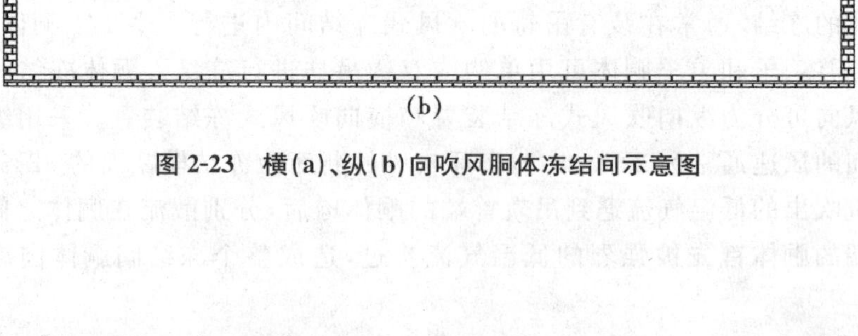

(b)

图 2-23　横(a)、纵(b)向吹风胴体冻结间示意图

为了改善冻结效果，也可在冻结间内作假天花板。假天花板上开有 30 mm 宽的条缝，条缝距吊轨中心 90 mm，假天花板距天花板 800～1 400 mm。这种假天花板可以设计成顶吹纵向吹风和顶吹横向吹风，冷风机（落地或吊顶）把低温空气送到假天花板上的空间，气流经条缝吹到吊轨上的胴体之间，最后被冷风机重新吸入降温。这种假天花板式的送风形式，刚出条缝时的风速可以达到 5 m/s，随着射流断面的增加，当气流距条缝距离 1 m 左右时，风速减到约 1.2 m/s。这种冻结系统因低温空气自上而下，首先吹到胴体的臀部，所以冻结比较均匀。唯一需要注意的是假天花板在安装时必须保证其严密性，否则条缝出风口空气流速会急剧下降。图 2-24 给出带有假天花板的胴体冻结间示意图。

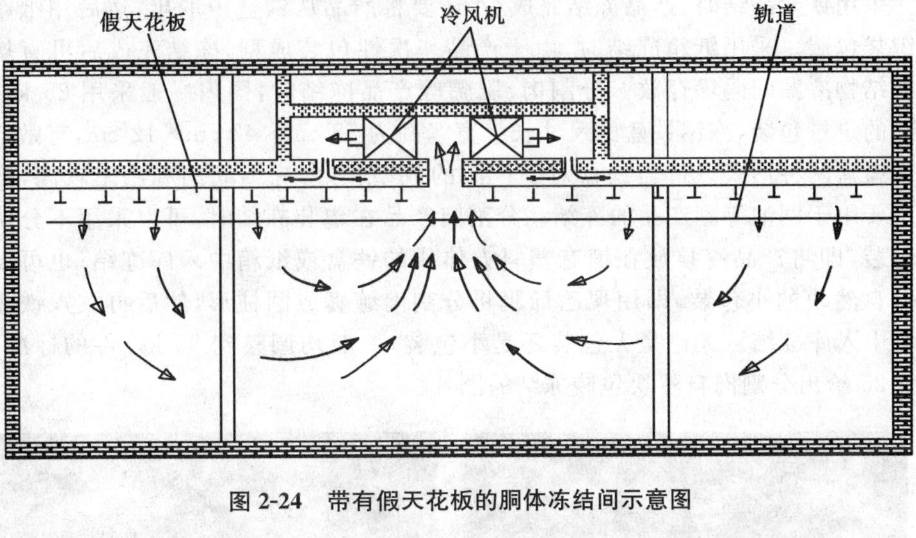

图 2-24　带有假天花板的胴体冻结间示意图

在胴体冻结间的设计中，也有采用风道＋风嘴的喷射送风的冻结方式。在这种冻结系统中，空气由安装在吊轨上面的专门的送风道的风嘴，将空气自上向下吹向胴体。送风嘴的直径一般为 40～50 mm 交叉排布在送风道上（每米 6 个）。低温空气可以均匀的吹到全部的胴体上。因此、保证了胴体肉冻结时间的一致性。从风嘴喷出的空气速度可达到 8～10 m/s，吹到胴体表面的风速为 1～2 m/s，冻结效果相当好。

我国设计建造的胴体冻结间经常采用无风道风管送风，其优点是初次投资少，安装、管理都比较简单；缺点是冻结效果不好。假天花板下送风冻结间、空气喷射式冻结间及带有冷却排管的空气喷射式冻结间，冻结效果好，但初次投资大，安装复杂、管理不便，在我国较少采用。

三、分割肉的冻结

分割肉的冻结可以采用一次冻结工艺，也可以采用二次冻结工艺，在实际的操作中大部分都采用二次冻结工艺。冷分割产品由于分割前胴体已得到充分冷却，因此，分割后可以直接包装入库冻结。热分割产品，一般将分割后的肉、膘、骨类等产品先在冷却间冷却到0～4 ℃后，再进行包装冻结。

分割产品的冻结可以采用铁盘冻结，也可以将产品包装好后直接装入纸箱进入冻结库进行冻结。铁盘可以放在冻结架上，也可以在冻结间将肉码成“品”字形的花垛，纸箱包装产品必须放在冻结架上进行冻结，不能直接码成“品”字形的花垛。采用铁盒冻结时，产品冻结完成后，还要将产品从铁盒中取出，然后用纸箱或编织袋包装。采用纸箱冻结时，由于产品一次性包装成型，冻结完成后可直接进入冻结物冷藏间码垛存放。分割肉、肥膘等产品冻结时，国内一般采用 25 kg/盒(箱)的定量包装，冻结铁盒的尺寸长×宽×高为 58 cm×42 cm×12 cm，有敞口盒和带盖盒两种形式。带盖铁盒对于产品的成型较好，冻结间的利用率较高，敞口盒主要用于网油等副产品的冻结。分割肉产品在包装冻结时，可以采用不分块的大包装，即将产品直接放在铺有塑料方体袋的铁盒或纸箱中入库冻结；也可以采用分自然块的小包装，即用聚乙烯膜将分割肉缠裹成圆柱形，然后再放入铁盘或纸箱中入库冻结。无论是大包装还是小包装，一般均调整到 25 kg/件的标准件。图 2-25 给出分割肉自然块包装冻结的图片。

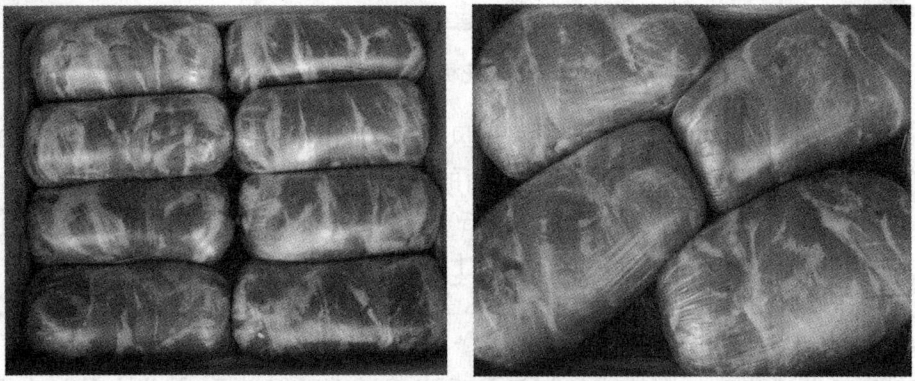

图 2-25 分割肉的自然块包装

分割产品的冻结一般在专门速冻库内进行，也可以在平板冻结器和速冻隧道中进行。速冻库一般采用吹风冻结装置，冻结间内装设吊顶式冷风机或落地式冷风机，一般设风筒和倒流板，也有采用落地风机＋风道的设计方式，这样的设计可以获得较高气流的速度和均匀气流分布，进而取得良好的冻结效果。采用平板冻结器可以获得较快的冻结速度，但是由于平板的液压作用，肉在冻结时被压成的块状，虽然可以提高冻结的效率和贮藏库利用率，但是平板冻结后的肉，其自然形状变形很大，产品市场认可度不高，对于一些特殊要求的产品无法满足要求，产品售卖的形象较差。

分割产品的冻结速度，与冻结设备、空气温度、包装形式等多种因素有关系。目前我国速冻库的温度一般蒸发温度取－38 ℃、库房温度取－28 ℃，风速4～6 m/s或7～8 m/s；平板冻间装置和速冻隧道冻结温度可达－35 ℃。按照我国关于食品冻结的一般规定，食品冻结结束时产品中心温度不得高于－15 ℃，箱装产品冻结时间为72 h，铁盒装产品为48 h。在实际的应用中，带盖铁盒小包装分割肉在－28 ℃条件下，肉温由22～25 ℃降到－15 ℃以下，只需要30～36 h，纸箱小包装分割肉只需要50～60 h。平板冻结装置和速冻隧道的冻结速度比一般速冻库快，例如用玻璃纸包装的分割肉，从初温10 ℃冻结到终温－18 ℃，平板温度为－34 ℃，厚度为2.5，3，5，7.5，9 cm时，冻结时间分别为30，45，84，150，190 min。图2-26给出空气温度、流速、肉块厚度（在铝盘中）与冻结时间的关系。

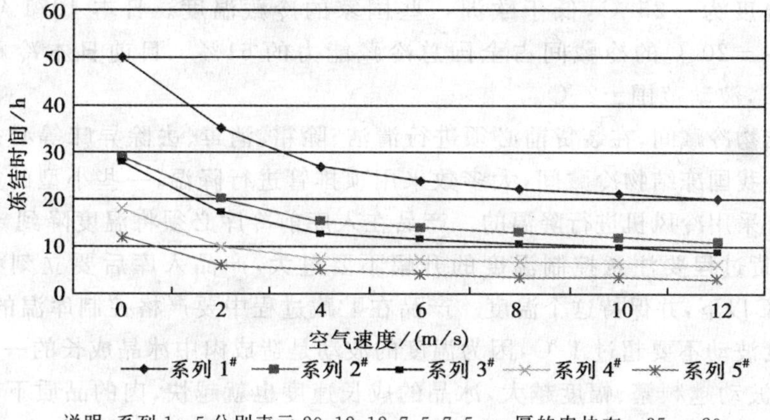

说明：系列1～5分别表示20，12，12，7.5，7.5 cm厚的肉块在－35，－20，－35，－20，－35 ℃条件下风速与冻结时间的关系。

图2-26　空气温度、流速、肉块厚度（在铝盘中）与冻结时间的关系

副产品的冻结，除了猪头等外形特殊产品采用挂架冻结外，其他产品的冻结方式和分割肉的冻结相同。猪心、肝、蹄、肚、肠等都先在副产品冷却间冷却，然后装入纸箱或铁盒进行冻结，对于网油、板油等用水洗过的副产品一般用铁盒冻结，不易采用纸箱直接包装。板油受售卖习惯的影响，有直接用铁盒冻成块装的，也有采用吊挂冻结的。

四、肉的冷藏

冻结后的胴体或分割肉必须及时送到冻结物冷藏间进行低温贮藏，我国冻结物冷藏间普遍采用－18 ℃作为肉品冻结冷藏的温度，空气相对湿度一般要求控制在95％～98％。在这种条件下可以使肉在较长的保藏期内保持鲜度，肉的质量不发生大的变化，使肉不失去其食用和商用价值。从理论上来讲，肉的保藏温度越低其保质期就越长，但温度越低其运行的成本也就越高。因此，我们要根据生产需要的实际情况来选择合适的贮藏条件，国外也有采用－20 ℃或更低的温度作为贮藏温度的。在－20～－18 ℃条件下，肉组织内由酶引起的变化很缓慢，微生物基本上停止了生命活动，即使是嗜冷菌也几乎停止活动。因此，肉的鲜度下降速度非常缓慢，这就保证了肉的质量。但是对于防止由于内部变质、表面恶化而引起的品质下降，－20～－18 ℃还是不够的。为了抑制脂肪分解酶的活性，必须使冻结肉贮藏的温度更低。近年来，西方一些国家倾向于将冷藏温度控制在－30～－25 ℃的条件下，有资料报道，－30 ℃冷藏时，冻品的综合受益并不低于－18 ℃的综合受益，主要原因是干耗量的降低。例如美国一般冷藏温度为－25 ℃，低于欧洲一些国家的冷藏温度。日本1971年冷藏温度－25～－20 ℃的冷藏间占全国总冷藏能力的61％。目前日本冷藏温度趋于－30℃，波动范围±2 ℃。

冻结物冷藏间，在装货前必须进行清洁、除霜、消毒、去除异味等必须有的准备活动。我国冻结物冷藏间，大多数采用顶排管进行降温，一些小型的氟利昂冷库中也有采用冷风机进行降温的。产品在入库前冷库必须将温度降到－18 ℃以下，在入货过程要注意控制温度的升幅不要过大，产品入库后要立刻将温度降到－18 ℃以下，并保持这个温度。产品在贮藏过程中要严格控制库温的波动，一昼夜温度波动不要超过1 ℃，因为温度的波动是造成肉中冰晶成长的一个主要原因，温度波动越频繁、幅度越大，冰晶的成长速度也就越快，肉的品质下降也就越快，解冻损耗也就越大。

从速冻库出库的肉品中心温度必须达到－15 ℃以下，从外部调入的分割肉中心温度必须在－8 ℃以下方可进入冷藏间，否则大量高温度产品的入库，将使冷藏间温度发生大的波动，库温恢复到－18 ℃以下，将需要较长的时间。对于温度高于－8 ℃的产品，必须进入速冻库重新冻结到－15 ℃以下后方可进入冷藏间。

冻结肉在冻结物冷藏间存放时，必须码放整齐。目前我国常用的冻肉包装规格主要有以下几种：25 kg/件、20 kg/件、15 kg/件和 10 kg/件。大多数分割瘦肉、肥膘均采用 25 kg/件的包装；心、肝、肚、蹄、舌以 10 kg/件的包装居多；骨类产品多数以 20 kg/件、15 kg/件包装居多。产品在码放时必须放在垫板上，垫板的规格一般有 120 cm×100 cm×20 cm 和 110 cm×100 cm×20 cm 两种，采用机械码垛的一般采用 120 cm×100 cm×20 cm 的规格，垫板有木质和低温塑料两种材质。冻结好的肉类产品在码放时，根据规格的不同可以码成“五顶头(25 kg/件或 20 kg/件)”、“九顶头”和“十顶头”，“五顶头”即每个垫板单层摆放 5 件产品，层与层之间采用骑缝码放，一般每个垫板上可码 22～24 层，最高可码 30 层，具体的码放高度要根据库房高度和地坪的载荷能力而定。图 2-27 给出“五顶头”和“十顶头”的码垛方法。

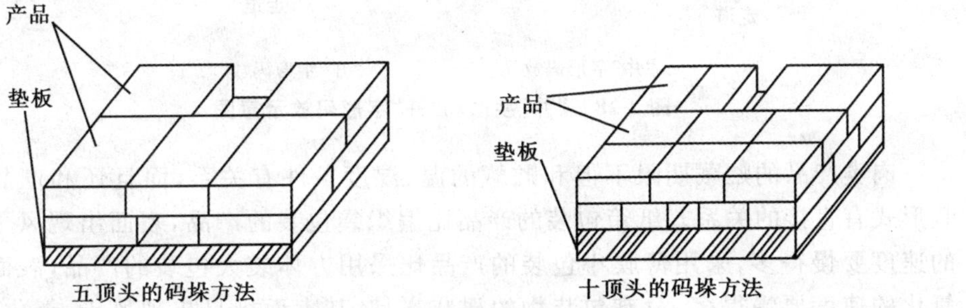

图 2-27　两种常见码垛方法示意图

冻分割产品在库内码放时一般要遵守以下要求。

(1)产品码放时货和顶、墙、排管等必须保持一定的距离，具体要求见表 2-15。

表 2-15　库内货垛距建筑物及设备距离　cm

项　　目	距离	项　　目	距离
距冻结物冷藏间平顶	20	距无墙管的墙	20
距冷却物贮藏间平顶	30	距墙管的外侧	40
距顶排管下侧	30	距风道出风口中心(下侧)	30
距顶排管横侧	20	距冷风机周围	150

(2)产品的码放必须能够保证做到先进先出。

(3)产品的码放必须整齐，不得出现斜垛。

(4)产品码放时，必须留出足够的通道，以方便产品的进出，整个库存产品的码放可以按照“井”字形或“开”字形进行布局。一般要求库房宽度在 10 m 以内的，在一侧留走道；10～20 m 的，在库房中央留走道；超过 20 m 的，每 10 m 留一走道。走道的宽度,人工搬运的宽为 1.2～1.5 m,机械搬运的 1.8～2.2 m。

(5)有特殊气味的产品不要同库存放,防止串味。

(6)产品要分批次进行码放,每个批次必须标注品名、数量、生产日期、批次等,以便于存货的管理。图 2-28 为"井"字形和"开"字形码放示意图。

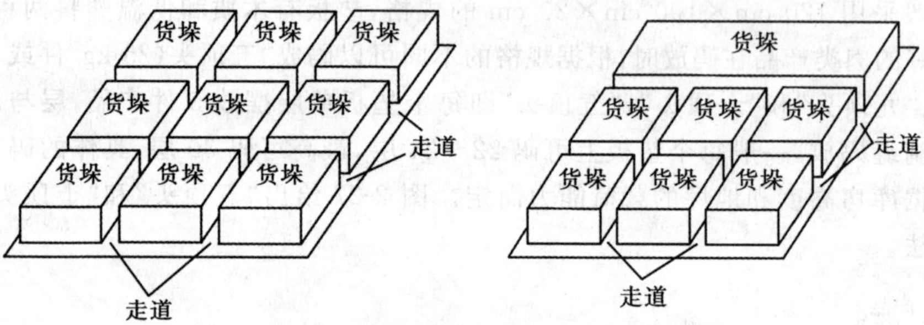

图 2-28 "井"字形和"开"字形码放示意图

肉类产品的贮藏期限不但和贮藏的温、湿度条件有关系,而且还和产品的包装形式有直接的关系。纸箱包装的产品比编织袋包装的产品,表面出现风干氧化的速度要慢得多,采用薄膜小包装的产品比采用方体袋大包装的产品,表面风干氧化的速度要慢得多,没有包装物的裸装产品,其表面极易出现风干、氧化,使肉的质量状况恶化。例如,采用片膜单包的纸箱装里脊肉,在－18 ℃条件下贮藏 12 个月后,产品质量基本没有变化,与贮藏 10 个月的产品没有多少差别。因此,产品的包装形式对贮藏期限也有很大的影响,特别是对阻止产品表层的质量恶化有重要的意义。包装好的产品其表层与空气的接触被隔断,因而脂肪的氧化被有效阻止,同时表层的水分升华也被抑制,干耗也降低。表 2-16 给出常见肉类产品的贮藏期限。

表 2-16 常见肉类产品的贮藏期限

类　　别	贮藏温度/℃	相对湿度/%	贮藏期限/个月	备注
冻猪肉	－12	95～100	3～5	肥度大的猪肉冷藏期还要缩短
	－18	95～100	8～10	
	－20	95～100	10～12	
冻猪分割肉(包装)	－18	95～100	10～12	
冻牛肉	－12	95～100	6～10	
	－18	95～100	10～12	
	－20	95～100	12～14	

续表 2-16

类 别	贮藏温度/℃	相对湿度/%	贮藏期限/个月	备注
冻羊肉	−12	95~100	3~6	
	−18	95~100	8~10	
	−20	95~100	10~12	
冻肉馅(包装、未加盐)	−18	95~100	6~8	
冻副产品(包装)	−18	95~100	5~8	
冻猪油(不包装)	−18	95~100	4~5	
冻猪油(包装)	−18	95~100	9~12	
	−12	95~100	3~4	
冻家禽(包冰衣)	−18	95~100	6~10	
冻家兔	−18	95~100	5~8	

需要说明的是,冻肉的贮藏期限并不是严格意义上的保质期限。超过贮藏期的肉,并不是不能食用或做工业使用。这个保存期限严格意义上来讲,应该是冻肉的最佳食用贮藏期限。超过保存期限的肉,如果保存不当,可能表层出现风干氧化的情况较大,内部水分损失较大,冰晶的成长对细胞的破坏比较严重,但只要其挥发性盐基氮、微生物的指标不超标仍然可以食用,只是肉的营养、口感和风味相对变差了一些。

本章小结

肉类食品是人们日常生活中的重要食品之一,通过学习肉的组成及特性、牲畜死后的变化、肉类的冷却冷藏工艺和冻结加工工艺,才能在肉类生产、肉品加工以及肉类的各种流通、消费环节中严格控制各种条件,确保质量,使人们吃上真正的"放心肉"。

思考题

1. 肉类冷冻加工的最终目的是什么？
2. 新鲜肉胴体经过冷却和冻结后会发生什么变化？
3. 何谓分割肉？何谓副产品？
4. 肉品在冷却中的主要技术参数有哪几个？应如何控制？
5. 肉嫩化的方法有哪些？为什么成熟的肉比较好吃？
6. 什么叫一段式冷却？什么叫两段式冷却？各有何特点？
7. 什么叫一次冻结工艺？什么叫二次冻结工艺？
8. 冻分割产品在库内码放时要遵守哪些要求？

第三章　水产品冷冻加工技术

水产品是指鱼类、甲壳类、贝壳类、海藻类等鲜品及其加工制品。本章以鱼类为例，介绍水产品的冻结加工技术；以虾、蟹为例，介绍水产品的速冻加工技术。

鱼类不仅营养丰富，而且美味可口。古人有“鱼之味，乃百味之味，吃了鱼，百味无味”之说。古人造字，就将“鲜”字归于“鱼”部，而不入“肉”部，将鱼当作“鲜”的极品，鱼类为人们历来所喜爱的食品。虾和蟹也具有较高的营养价值，并以其独特的风味受到消费者喜爱。但是鱼、虾、蟹等水产品的鲜度降低较快，常温下极易腐败变质，因此实际生产中经常采用低温冻结的方法，以保证其新鲜品质并延长其贮藏期。

第一节　鱼类的营养及特性

我国地处温带和亚热带，海域辽阔，环列于大陆东南面的有渤海、黄海、东海和南海四大海域，海岸线长达 18 000 多 km，可管辖海域 300 万 km^2，大小岛屿 5 000多个。我国又是世界上内陆水域面积最大的国家之一，总面积 2 700 余万 km^2，占国土总面积的 2.8%。我国海洋鱼类有 2 100 余种，内陆水域定居繁衍的鱼类 800 余种，所有这些鱼类，除了产量大的种类作为水产食品的加工原料外，大多数品种以鲜品销售。

一、鱼类的营养价值

鱼类肌肉中含有丰富的蛋白质，而且绝大部分蛋白质是营养价值很高的完全蛋白质，它们的氨基酸组成和猪、牛等畜肉的氨基酸组成相似，生物学价值较高。鱼类肌肉中的蛋白质容易被人体消化吸收，消化率可达 97%～99%，和蛋、奶相同，高于畜产肉类。此外，鱼类肌肉蛋白质中牛磺酸的含量十分丰富。牛磺酸是一种氨基乙磺酸，它可以促进婴幼儿神经系统发育，增强记忆力，促进视网膜和视力发育，由于胎儿或新生儿体内的牛磺酸酶活性较低，因此牛磺酸也被视为新生儿的必需的氨基酸。牛磺酸能适当控制胆固醇的合成、分解，可预防动脉粥样硬化。牛磺酸还能调节人体的血压，使其保持正常状态。同时，牛磺酸作为胆汁的主要成分，还能与胆汁酸结合，促进胆汁代谢，从而预防胆道梗阻、胆囊炎和胆结石的发生。

鱼类肌肉中脂肪主要是中性脂肪，其组成与其他动物性食物不同，大部分是高度不饱和脂肪酸，在室温下，呈液态，易被消化吸收。鱼类所含的不饱和脂肪酸如二十碳五烯酸（EPA）、二十二碳六烯酸（DHA）等具有神奇的保健功能。EPA可降低血液中胆固醇含量，防止血栓形成，对预防动脉粥样硬化和冠心病有显著作用；DHA具有增强大脑功能的作用，对胎儿、儿童、成人和老人都是有益的。

鱼类肌肉中含有丰富的维生素（如维生素A、维生素D和B族维生素等）和人体不可缺少的矿物质元素，特别是微量元素碘的含量很高，在海水鱼中含500～1 000 μg/kg，可以预防甲状腺肿。

二、鱼类的物理性质

（一）鱼体的质量组成

以整个鱼体来说，其质量组成可按肌肉、皮、骨头、头、鳍、鳞和鳔、肝等内脏部位来分。鱼体质量组成依鱼的种类、大小、年龄、产地和产期不同而异，我国主要鱼类的质量组成见表3-1。

表3-1 我国主要鱼类的质量组成 %

种类	肌肉	卵或精	头	鳔肝	内脏	骨	鳍	鳞
大黄鱼	60.1	7.3	19.7	2.0(鳔)		6.7	3.0	1.4
小黄鱼	66.7		16.2	1.9(鳔)	4.9	6.3	6.3	
带鱼	73.2		12.1		4.9	7.4	1.2	
湲鱼	79.5		10.8	3.9(肝)		4.2	1.6	
海鳗	74.2	5.7	9.1	2.3(肝)	6.7		1.8	
鲳鱼	73.8		6.1		8.2	7.2	3.2	
鲤鱼	67.7	8.0	15.1	2.4		6.5	1.7	
青鱼	60.8		18.9	2.0		5.9	2.1	2.6
草鱼	62.1		17.8	2.9		5.5		2.8
鲢鱼	55.3		23.2	1.2		6.7		
鳙鱼	55.2		23.4	1.9		5.9	1.7	1.6
鳊鱼	55.8		13.0	0.6				2.4
鳓鱼	75.6	2.6	10.8		7.3	2.6	1.2	

（二）鱼肉的物理性质

1. 比热容　比热容是把1 kg物体的温度升高或降低1 ℃时应加进或除去的热量，所以比热容越大，鱼类冷却或冻结时越需要大的冷冻能力，解冻时要加入更多的热量。

鱼体内存在固相、液相和气相，但一般生鲜鱼体中气相非常少，可以忽略不计，液相和固相是主要的，其中液相占得最多，在这种液相中含有大量的水分，所以鱼的比热容大小受含水率的影响。含水率越高，鱼的比热容越大。同时，鱼的比热容与温度有关，温度在冰点以上时，鱼肉的比热容为 3.35～3.77 kJ/(kg·K)，温度低于冻结点时，比热容显著下降。其原因是冰点以下时，水结成冰，冰的比热容约为水的 1/2。因此，鱼体的含水率越高，冰点上下的比热容变化越大。鱼类(包括其他食品)的比热容见表 3-2。

表 3-2　鱼类(包括其他食品)的比热容

种　别	含水率/%	比热容/kJ/(kg·K)	
		冷却状态	冻结状态
多脂鱼	60	2.85	1.59
少脂鱼	75～80	3.35	1.80
多脂肉类	50	2.51	1.47
少脂肉类	70～76	3.18	1.72
多脂食用鸡	60	2.85	1.59
少脂食用鸡	70	3.18	1.72
蔬菜水果	75～90	3.35～3.77	1.68～2.09

2. *冰点*　鱼肉的冰点是指鱼肉在冻结时最初结冰的温度。因鱼肉中所含的水分不是纯水，而是处于溶液状态，所以其冰点低于水的冰点。一般海水鱼的冰点为－2.0～－0.6 ℃，其中大部分硬骨鱼类的冰点多在－1～－0.8 ℃，淡水鱼的冰点为－0.7～－0.2 ℃。含水量高的取上限值，含水量低的取下限值。各种水产动物肉的冰点见表 3-3。

表 3-3　各种水产动物肉的冰点　℃

淡水鱼类		海产鱼类		海产无脊椎动物	
种类	冰点	种类	冰点	种类	冰点
鳗鱼	－0.69～－0.58	鳕鱼	－2.3～－1.0	牡蛎	－2.0
鲤鱼	－0.51	海鳗	－1.95	蛳蛄	－2.0
河鳟	－0.62	大鲆	－0.9	章鱼	－2.24
龟	－0.47	狮鱼	－1.2	针蟹	－2.36

3. *焓*　1 kg 物体在某温度下所含热量称为该物体在该温度下的焓，单位为 kJ/kg。

鱼类都含有热量，通过减少鱼的热量，使温度下降，变为冷却或冻结状态，或通过加热升温来使鱼体解冻。当鱼不发生相变时，焓值的下降或上升伴随着温度的下降或上升。当发生相变时，焓值虽有明显的变化，但温度基本不变。表 3-4 是部分食品的焓值。

表 3-4 鱼、肉、蔬菜等的焓值

品种	含水量/%	比热容(0～30 ℃)[kJ/(kg·K)]	焓值/(kJ/kg)(以－40 ℃的焓作为 0 kJ/kg)									
			－30	－20	－15	－10	－5	0	5	10	20	30
鳕	80.3	3.7	20.1	41.9	56.1	74.2	105.2	323.1	341.5	360.3	381.3	434.51
鲱	63.8	3.4	20.1	42.3	56.1	73.3	101.4	278.6	296.7	314.7	349.0	383.9
牛肉	74.0	3.5	19.3	40.2	54.5	72.5	104.3	298.7	315.3	333.1	368.7	402.2
猪肉	70.0	3.4	19.3	40.6	53.6	70.8	101.1	281.6	298.7	316.3	351.5	385.5
豌豆	75.8	3.6	17.6	43.6	60.8	86.7	144.9	312.6	330.6	349.4	384.6	390.5
菠菜	90.2	3.9	16.8	33.1	48.6	62.9	88.8	362.9	387.2	402.7	444.6	486.0
草莓	89.3	3.9	16.8	38.9	53.6	72.9	109.4	364.9	384.6	401.4	440.4	483.1

4. 导热率 鱼肉的导热率因鱼的种类的不同而不同，主要是受各种鱼的化学成分，特别是脂肪含量的影响。相同种类的鱼因其组成或组织构造不同导热率也有所差异。

在冰点以上，鱼肉的导热率变化不大，因此可把它看作常数。例如鳕鱼为 0.461 W/(m·K)，鳊鱼为 0.471 W/(m·K)，鲈鱼为 0.469 W/(m·K)。随着温度降低，水分逐渐冻结成冰，由于水的导热率是 0.58 W/(m·K)，变成冰时急增至 2.3 W/(m·K)，所以鱼肉的导热率在冰点以下随温度的下降而增大，即使温度变化 1 ℃，导热率的变化也很大。例如一般冻鱼在温度为－1 ℃时，导热率为 0.607 W/(m·K)，－2 ℃时为 0.742 W/(m·K)，－4.5 ℃时为 1.093 W/(m·K)。冷冻鱼的导热率要比冷却鱼大，当温度为－4.5 ℃时为冷却鱼的 1 倍，而对于整个冻结过程来说则为 1.163～1.396，见表 3-5 和表 3-6。

表 3-5 鱼肉和其他食品的导热率(冰点以上) W/(m·K)

类别	导热率	类别	导热率
鱼肉	0.38	禽肉	0.41
新鲜肌肉	0.58		

表 3-6　鱼肉和其他食品的导热率(−20～0 ℃)　W/m・K

	鱼肉	牛肉	豌豆	草莓
0 ℃	0.98	0.70	0.41	0.95
−10 ℃	1.63	1.50	0.65	1.53
−20 ℃	1.96	1.65	0.77	1.60
含水率/%	75～80	74	70～80	85～90
备　注			烫漂过体积质量为 700 kg/m^3	烫漂过体积质量为 800 kg/m^3

5. *导温系数*　导温系数是表示不稳定状态下热量传递特性的指标。导温系数越高,物质内部热量传递越快。鱼肉的导温系数随导热率的增大和比热容、容重的减小而增大,但在 30 ℃到冻结点之间,几乎不变。当温度低于冻结点时,导温系数迅速变化,甚至在鱼体温度变化很小时也是如此。温度在−21.2～0 ℃鲈鱼肉的导温系数见表 3-7。

表 3-7　鲈鱼肉的导温系数(−21.2～0 ℃)

测定时所处的温度区间/℃	导温系数/(m^2/s)
−1.2～0	0.000 054
−2.1～−1.2	0.000 037
−3.8～−2.1	0.000 064
−6.8～−3.8	0.000 22
−11.1～−6.8	0.000 68
−15.8～−11.1	0.001 1
−21.2～−15.8	0.001 6

6. *比表面积*　表面积与体积之比,称为比表面积(F/V)。鱼的比表面积一般为 0.75～0.85。圆筒形的鱼,其断面越扁平,则 F/V 越大,对鱼冻结越有利,因为此时的传热加强,但对冷藏来说,F/V 越小越好,这样可以减少干耗。

三、鱼肉的主要成分

鱼类的营养成分主要集中于可食部分,而鱼体的可食部分一般占整个体重的 50%～70%。虽然因鱼的种类、年龄、季节、营养状态、性别不同,各种鱼类肌肉的化学成分含量有较大变动,但主要成分大致为:水分 70%～85%,蛋白质 15%～20%,脂肪 1%～10%,碳水化合物 0.5%～1.0%,灰分 1.0%～1.5%。常见鱼类的主要营养成分见表 3-8。

表 3-8 常见鱼类的主要营养成分 %

名称	水分	蛋白质	脂肪	糖类	无机盐
大黄鱼	79.15	18.8	0.76	0.25	—
小黄鱼	81	17.2	0.7	—	0.09
带鱼	78	15.9	3.4	—	1.1
鲭鱼	77	17.9	3.8	0.2	1.2
鲳鱼	78.9	14.5	4.1	—	1.1
鳗鱼	85.6	14.4	0.44	—	0.48
银鱼	91.63	6.33	0.18	1.1	—
鲈鱼	79.24	17.82	1.62	0.29	—
乌鱼	79.98	18.29	0.67	—	—
鳜鱼	78.7	19.3	0.8	—	1.2
鲥鱼	72.47	14.44	11.14	0.18	—
鳙鱼	83.7	14.51	0.58	—	1.21
青鱼	79.7	16.8	2.1	0.12	1.3
鲤鱼	79	18.1	1.6	—	1.1
鲫鱼	82.67	15.55	0.73	0.09	0.96
乌贼	80	17.0	1.7	—	1.1

1. 水分　鱼类肌肉中水分占 70%～85%，是构成鱼体质量的最主要部分。鱼类肌肉中的水分，一部分和组织中的蛋白质、碳水化合物以氢键和离子键紧密地结合，被称作结合水，结合水不起溶剂作用，在普通冻结、贮藏中也难以冻结。另一部分溶解水溶性物质，存在于肌原纤维和结缔组织的网络结构中，被称为自由水，自由水具有溶剂的机能，可以在组织内部流动，以输送营养素和代谢产物，并参与维持电解质平衡和调节渗透压。自由水在冰点以下温度（通常－3 ℃）才会冻结成冰，这部分水能被微生物所利用。

2. 蛋白质　鱼类肌肉中蛋白质占 15%～20%，与脂肪相比，种类间含量变动较小。鱼类肌肉中蛋白质根据其溶解度性质可分为可溶于水和稀盐溶液（$I \leqslant 0.01$）的肌浆蛋白（也称水溶性蛋白），可溶于中性盐溶液（$I \geqslant 0.05$）的肌原纤维蛋白（也称盐溶性蛋白），及不溶于水和盐溶液的肌基质蛋白（也称不溶性蛋白）三大部分，见图 3-1。

- **肌肉蛋白质**
  - **细胞内蛋白质**
    - **肌原纤维蛋白**
    - **肌浆蛋白**
  - **细胞外蛋白质** —— **肌基质蛋白（结缔组织蛋白）**

图 3-1 肌肉蛋白质的组成

鱼类肌肉蛋白质的组成与哺乳动物相比，肌基质蛋白的比率少，而肌原纤维蛋白多，这与鱼肉组织明显的比畜肉柔软有关。鱼类肌肉蛋白质组成的质量分数见表 3-9。

表 3-9　鱼类肌肉蛋白质的组成　%

种　类	肌浆蛋白	肌原纤维蛋白	残渣中细胞内蛋白	肌基质蛋白
鲕鱼	32	60	5	3
鲐鱼	30	67	1	2
黑线鳕	30	67		3
鳕鱼	21	76		3
单鳍电鳐	26	64		10
星鲨	21	64	7	9
乌贼	12～20	77～85		2～3

3. 脂肪　鱼类肌肉中的脂肪是一般成分中变动最大的成分，根据其分布方式和功能不同可分为蓄积脂肪和组织脂肪两大类。蓄积脂肪主要是由甘油三酯组成的中性脂肪，储存于体内用以维持生物体正常生理活动，其含量一般会随主客观因素的变化而变化；组织脂肪主要由磷脂和胆固醇组成，分布于细胞膜和颗粒中，是维持生命不可缺少的成分，其含量稳定，几乎不随鱼种、季节等因素变化而变化。

鱼类肌肉脂肪的积累形式因鱼种而不同，如狮鱼、鲐鱼、鲣鱼、远东沙丁鱼等主要积累在肌肉中，特别是在皮下组织中；而鳕鱼、鲨鱼、乌贼等则大多积累于肝脏等内脏器官中。鱼类肌肉通常是腹肉比背肉、颈肉比尾肉、表层肉比内层肉、暗色肉比普通肉高。

构成生物体脂肪酸的不饱和程度，一般与生物的生长环境温度有关，温度越低则不饱和程度越高。与陆上动物相比，鱼类是在寒冷环境中栖息，所以鱼体脂肪中除含有畜禽类所含有的饱和脂肪酸及油酸（18：1），亚油酸（18：2），亚麻酸（18：3）等不饱和脂肪酸外，还含有高度不饱和的脂肪酸，如二十碳五烯酸（EPA），二十二碳六烯酸（DHA）等。鱼油中不饱和脂肪酸和高度不饱和脂肪酸的含量高达 70%～80%。表 3-10 列举的是主要鱼类体内高度不饱和脂肪酸的含量。

表 3-10　鱼体内高度不饱和脂肪酸的含量（100 g 中）

种　类	脂肪酸总量/g	EPA 含量/mg	DHA 含量/mg
金枪鱼	20.12	1 972	2 877
狮鱼	12.48	893	1 784
鲐鱼	13.49	1 214	1 781
秋刀鱼	13.19	844	1 398

续表 3-10

种　类	脂肪酸总量/g	EPA 含量/mg	DHA 含量/mg
鲱鱼	19.03	742	1 332
沙丁鱼	10.62	1 381	1 136
虹鳟鱼	6.34	247	983
鲑鱼	6.31	492	820
竹荚鱼	5.16	408	748
鲣鱼	1.25	78	310
鲷鱼	2.70	157	297
鲤鱼	4.97	159	288
鲽鱼	1.42	210	202
比目鱼	0.84	108	176
墨鱼	0.39	56	152

4. *糖类*　鱼类体内糖量很少，几乎都在1%以下。糖原是鱼类体内最常见的糖类，储存于肌肉或肝脏中，具有鲜味，在分解后产生乳酸，而且是能量的重要来源。其含量因鱼种生长阶段、营养状态、饵料（饲料）组成不同而不同。鱼类肌肉中糖原的含量还与鱼的致死方式密切相关，活杀时其含量为0.3%～1.0%，这与哺乳动物的含量几乎相同。但如是挣，扎疲劳死亡的鱼类，由于其体内糖原的消耗，而使其含量降低。

5. *矿物质*　鱼类体内的矿物质是以化合物和盐溶液的形式存在，其种类很多，比较大量存在的有Na，K，Ca，Mg，Cl，P和S 7种元素，被称为常量元素或广量元素，而其他的为人体生理所必需的元素，如Mn，Co，Cr，I，Mo，Se，Zn，Cu和Fe等称为微量元素。它们主要聚集在鱼体的骨骼中，占5%～11%。其含量随品种、季节、地理位置和性周期的不同而变化。

6. *维生素*　鱼类的可食部分含有多种人体营养所需的维生素，包括脂溶性维生素A，D，E，K和水溶性B族维生素和C族维生素等，其含量分布随种类、捕获地点、季节、饵料、性别、年龄等的变化而变化。

第二节　鱼类死后的变化及鲜度鉴评

一、鱼类死后的变化

鱼类经捕获致死后，其体内进行着一系列与活体时不同的生物化学的变化，这些变化主要是鱼体内存在的酶和生前、死后附着在鱼体上的微生物不断作用的结果。根据其特征，大体可分为死后僵硬、自溶和腐败变质 3 个阶段。

(一)死后僵硬阶段

刚捕获致死的鱼体，肌肉柔软而富有弹性，其状态与活体差不多。经过一定时间，鱼体进入僵硬阶段，首先由背部肌肉开始变硬，然后遍及全鱼体。鱼体僵硬的特征是肌肉收缩变硬，缺乏弹性，如用手指按压，指印不易凹下；手握鱼头，鱼体及鱼尾不会有明显的弯曲；口紧闭，鳃盖紧合不易打开，整个躯体挺直，鱼鳞片呈不透明状态，见图 3-2。

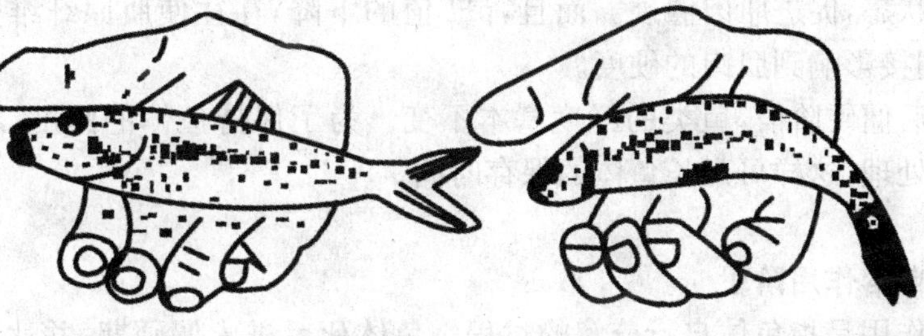

图 3-2 鱼体死后僵硬与软化

鱼体死后僵硬一般发生在死后数分钟至数十小时，总的来说比畜肉短。这是因为鱼类结缔组织少，组织柔软，水分含量高，微生物数量多的缘故。鱼类僵硬期开始的早迟及持续时间的长短与鱼的种类、环境温度、鱼类生理条件及 pH 值等有关。

1. 鱼的种类 一般来讲，扁体鱼类较圆体鱼类僵硬开始得迟，因为体内酶的活性较弱，进入僵硬阶段后其肌肉的硬度更大；小鱼和生命力强、喜动的鱼比大鱼更快进入僵硬期，持续的时间也短些；中上层洄游性鱼类比定着性鱼类开始进入僵硬期的时间早，而且持续时间也短些。

2. 环境温度 环境温度对僵硬期有决定性的影响。表 3-11 列举了环境温度与鳕鱼僵硬期的关系。从表 3-11 可以看出，温度越低，僵硬期开始的越迟，僵硬持续的时间越长。一般在夏天气温中，僵硬期不超过数小时，在冬天或尽快地冰藏条件下，则可以维持数天。

表 3-11 不同温度对鳕鱼死后僵硬时间的影响

鱼体温度	35 ℃	15 ℃	10 ℃	5 ℃	1 ℃
死后僵硬开始时间	30～10 min	2 h	4 h	16 h	35 h
僵硬持续时间	30～40 min	10～24 min	36 min	2～2.5 昼夜	3～4 昼夜

3. 鱼类生理条件　一般来讲,产卵之后的鱼,僵硬开始得早,僵硬持续时间短;春、夏季节比秋、冬季节饵料丰富,鱼的营养状况比较好,因此,春、夏季节捕获的鱼比秋、冬季节捕获的鱼僵硬开始的迟,僵硬持续时间也长;捕获后迅速致死的鱼,因体内糖原消耗少,比剧烈挣扎、疲劳而死的鱼进入僵硬期迟,持续时间长。

4. pH 值　肌肉 pH 值的变化也与死后僵硬有关。Ca^{2+} 水平的升高和肌肉 pH 值的下降,使肌球蛋白的 ATP 酶活性大大增强,ATP 在 ATP 酶的作用下发生分解,使 ATP 的含量下降,从而改变肌肉中的肌原纤维蛋白——肌动蛋白和肌球蛋白的状态,促进肌肉僵硬。而且,pH 值的下降,往往使肌原纤维蛋白质发生变性,也间接影响到肌肉的硬度。

在死后僵硬阶段,鱼类的鲜度基本不变。为了保持鱼体的鲜度,在捕获后要尽快冷却处理,这样可延长鱼体的保存时间。

(二)自溶作用阶段

自溶作用是指鱼体自行分解的过程。鱼体死后进入僵硬期,并达到最大程度的僵硬后,即鱼体肌肉中的 ATP 分解完后,其僵硬又缓慢地解除,肌肉重新变得柔软,即所谓解硬。

经过僵硬阶段的鱼体,由于组织中的水解酶(特别是蛋白酶)的作用,使蛋白质分解成膘、胨和多肽类,进而分解成氨基酸以及较多的简单碱性物质,所以非蛋白氮含量明显增加,游离氨基酸可增加 8 倍之多,此时,肌肉组织变软,失去弹性,pH 值比僵硬期有所上升。这同活体时的肌肉放松不一样,因为活体时肌肉放松是由于肌动球蛋白重新解离为肌动蛋白和肌球蛋白,而死后形成的肌动球蛋白是按原体积保存下来,只是与肌节的 Z 线脱开,于是使肌肉松弛变软,失去弹性。

僵硬达到最大时,肌节长度最短,当僵硬过后肌节再度伸长,僵硬时形成的肌动蛋白和肌球蛋白的结合会变弱,这也是随着解僵肌肉重新软化的一个原因。

自溶作用的快慢同鱼的种类、鱼体组织的 pH 值、盐类、无机离子和保藏温度等有关。

1. 鱼的种类　不同鱼种由于生活栖息的环境不同以及自溶酶的最适温度存在一定的差异,使其自溶的速度也不同。一般来说,红身鱼类的自溶作用比白身鱼类快一些;洄游性的中上层鱼类比底栖性的鱼类快一些。

2. 鱼体组织的 pH 值　鱼类在开始僵硬时 pH 值最低,至僵硬后期,pH 值有所提高,激活自溶酶,随着自溶过程的进行,会导致大量碱性物质的生成,导致 pH

值进一步上升，此时，进入细菌生长繁殖的最适 pH 值，从而进一步加速自溶作用。

3. 无机离子　当鱼肉中含有一定量的 K^+，Na^+，Mg^{2+} 时，能激活酶的活性，促进自溶作用，但达到一定数量时，会抑制酶的活性，从而抑制自溶作用的进行。

4. 保藏温度　温度对自溶作用的影响是主要的，因为在一定温度范围内，温度越高，水解酶的活性越强，自溶作用就越快，在低温保藏中，酶的活性受到抑制，从而使自溶作用缓慢到几乎完全停止。

自溶作用的本身不是腐败分解，因为自溶作用并非无限制地进行，在使部分蛋白质分解成氨基酸和可溶性含氮物后即达到平衡状态，不易分解到最终产物。但由于鱼肉组织中蛋白质越来越多地变成氨基酸之类物质，则为腐败微生物的繁殖提供了有利条件，从而加速了腐败进程。因此处于自溶阶段的鱼货鲜度已在下降。

(三)腐败阶段

鱼类的腐败主要是腐败微生物(细菌)作用的结果。自溶作用的后期实际上是腐败期的开始，随着自溶作用的进行，粘着在鱼体上的细菌已经开始利用表面的黏液和肌肉组织内的含氮化合物等营养物质进行生长繁殖，至自溶后期，达到适合细菌生长繁殖的最适 pH 值(6.5～7.5)，使细菌生长繁殖加快，并进一步使蛋白质、脂肪等分解，使鱼肉腐败变质。

腐败阶段的主要特征是鱼体的肌肉与骨骼之间易于分离，并且产生腐败臭等异味和有毒物质。氨和胺类是典型的腐败产物。

微生物侵入鱼体组织的途径是有以下几种。

(1)由肠管侵入。鱼在保存时，由于肠内蛋白酶作用于肠壁，微生物极易从肠内透出。

(2)由表皮的黏液侵入。鱼体皮肤腺分泌的黏液是一种可溶性含氮化合物，它是微生物生长繁殖很好的培养基。

(3)由鱼鳃侵入。在大多数情况下，鱼常窒息而死，鳃部常会充血，由于血液充于鳃中，给微生物迅速繁殖创造了有利环境。

(4)从鱼体的机械伤口侵入。

严格地说，鱼体微生物的繁殖实际上从死后即缓慢开始，是与死后僵硬和自溶作用同时进行的。但是在僵硬和自溶作用阶段，鱼体微生物的繁殖和含氮物的分解速度缓慢，繁殖微生物及分解含氮物数量增加不多，特别是僵硬阶段更是如此。到自溶作用后期，分解产物量逐渐增多，微生物繁殖加快，到一定程度即进入腐败阶段。

影响鱼肉腐败变质速度的因素主要有鱼的种类和性质、温度、pH 值、微生物的初始数量等。

1. *鱼的种类* 鱼的种类不同，其腐败变质的速度也不同，一般来说，个体小的鱼比个体大的鱼容易腐败，含脂量高的鱼种比含脂量低的鱼种容易腐败，圆筒形鱼比扁平形鱼容易腐败，白身鱼类腐败变质开始的时间较红身鱼类要长一些，而且红身鱼类开始腐败变质以后的分解速度也比白身鱼快，同种类的鱼，含水量多则腐败变质速度快。

2. *温度* 在一定温度范围内，温度越高，腐败变质速度越快。温度对鱼类腐败阶段中酶的活性和微生物的生长繁殖都有明显的影响，许多细菌在低于 10 ℃的温度下是不能繁殖的，当温度下降至 0 ℃时，甚至嗜冷菌的繁殖也很缓慢，因此，采用低温储存是延长鱼类货架期的最有效的方式。

3. *pH 值及最初微生物含量* 微生物生长发育最适 pH 值一般为 7，如降低 pH 值，则微生物生长发育受到抑制，甚至被杀死，可以减缓腐败变质的速度；鱼体内最初微生物越多，腐败变质的速度也越快。

二、鱼类的鲜度鉴评

鱼类在保藏、运输、销售或加工等环节中，对其鲜度的鉴评是一项极其重要的工作。鱼类鲜度鉴评方法通常有感官鉴评和指标测定两大类。感官鉴评包括对生鲜状态进行鉴评及在煮熟状态下进行鉴评，指标测定则包括微生物学方法鉴评、物理学方法鉴评和化学方法鉴评。在实际生产中，常以感官鉴评为主。

(一)鱼类的感官鉴评

感官鉴评法是一种比较容易掌握而又比较实用的鉴评鱼类质量的方法，它是以人的感觉（视觉、味觉、嗅觉、听觉、触觉）来判别鱼鳃、鱼眼的状态，鱼肉的松紧程度，鱼皮上和鳃中所分泌的黏液的量、色泽和气味以及鱼肉断面上的色泽等作为基本标志对鱼的鲜度进行鉴评的方法。用感官鉴评法来检查鱼肉的新鲜度较为适用、简便、及时可靠，不需要仪器设备，现已被世界各国广泛采用和承认。但每个人的感觉有差异，且不能给出一个量的概念，所以在某些场合下其应用受到限制。

1. *生鲜鱼类鲜度的感官鉴评* 此法是利用除人的口腔之外的感官对样品进行鉴评，见表 3-12。

表 3-12　鱼类鲜度的感官鉴评

鉴评项目	鲜度良好	鲜度较差	接近腐败变质	腐败变质
所处阶段	基本处于僵硬期刚过之前状态	基本处于自溶阶段	基本处于自溶后期及腐败刚开始阶段	处于腐败阶段中、后期
腹部和肌肉组织	弹性良好，肛门内缩	弹性较差，肛门稍有膨胀	失去弹性，肛门凸出，呈暗红色	松软、下陷或破腹，肛门凸出，呈红色
体表状态	色泽鲜艳，气味正常，鳞片完整并紧贴鱼体	颜色变暗，鳞片等失去固有色泽，气味不快，黏液增多变稠	体表鳞片灰暗色，黏液浓稠且有异味	色泽发暗，鳞片松脱，微臭，黏液增多且浑浊
鳃	口鳃紧闭，鳃耙鲜红	口鳃微启，鳃耙变暗紫或紫红	口鳃张开，鳃耙暗紫色并有臭味	鳃耙有明显腐败臭
眼	眼球明亮突出	眼球失去固有色泽	眼球下陷、浑浊无光	眼球浑浊而塌陷，有变质引起的溢血

凡是鳞片脱落和有机械损伤的鱼类，即使其他方面质量是良好的，但也不易保存，应及时处理。

2. 熟制后的鉴评　对鲜度稍差或异味程度轻的鱼类以感官检验判断品质鲜度困难时，可以通过水煮实验嗅气味、品尝滋味、看汤汁来判断。鉴评人员必须感觉灵敏，且有一定经验。鉴评前 3 d 内应忌烟、酒及辛辣食物，鉴评前用清水漱口—咬嚼淡面包—漱口，重复 3 次。

水煮实验时，先把鱼类去内脏，切成 3 cm 左右的段，将水烧开后放入样品，煮沸后停止加热，开盖嗅其蒸气气味，再看汤汁，最后品尝滋味。鉴评鲜度参见表 3-13。

表 3-13　水煮实验鲜度鉴评

鉴定项目	新　鲜　鱼	不新鲜鱼
气味	具有本种类固有的香味	有腥臭味或氨味
滋味	具有本种类固有的鲜味，肉质有弹性	无鲜味
汤汁	清晰或带有本种类色素的色泽，汤内无碎肉	肉质松软，骨肉容易分离，有不良气味

(二)鱼类的指标测定

1. 鱼类的微生物学方法鉴评　微生物学鉴评主要是测定鱼体肌肉的细菌数。

由于鱼体在死后僵硬阶段,细菌繁殖缓慢,到自溶阶段后期,由于含氮物质分解增多,细菌繁殖速度很快,因此测出的细菌数的多少,大致反映了鱼体的新鲜度。一般细菌总数小于 10^4 个/g 的作为新鲜鱼,大于 10^6 个/g 的作为腐败开始,介于两者之间为次新鲜鱼,具体可见表 3-14。

表 3-14 鱼类生化和细菌总数的鲜度指标

品种	等级	项目		
		挥发性盐基氮量/(mg/kg)	pH 值	细菌总数/(个/g)
鲹鱼	新鲜	≤15	≤6.2	$\leqslant 3\times10^4$
	次新鲜	≤30	≤6.6	$\leqslant 10^6$
黄鱼	新鲜	≤15		$\leqslant 10^4$
	次新鲜	≤35		$\leqslant 10^5$
带鱼	新鲜	≤15	<6.8	$\leqslant 10^4$
	次新鲜	≤30	<7.2	$\leqslant 10^5$
青、草、鲢、鳙、鲤	新鲜	≤15		$\leqslant 10^3$
	次新鲜	≤20		$\leqslant 10^6$
鲱鱼	新鲜	≤15		$\leqslant 5\times10^3$
	次新鲜	≤30		$\leqslant 5\times10^6$
鳇鱼	新鲜	≤10		$\leqslant 10^3$
	次新鲜	≤15		$\leqslant 10^4$

其测定方法可参照《全国食品卫生检验方法》执行。由于该方法花费时间长(培养时间需 24 h),操作比较繁琐,需要专门的实验室,故较多用于研究工作中,目前在生产实际中使用不多。

2. 鱼类的物理学方法鉴评 用此法主要测定鱼的质地、持水率、鱼肉电阻、眼球水晶体浑浊度等。质地测定需专用的质地测定仪,一般可测定包括水产品在内的各种食品的硬度、脆性、弹性、凝聚性、附着性、咀嚼性、胶黏性等参数,与感官鉴评具有较好的一致性。持水率的测定只需一台离心机及称量设备。由于物理学测定还未建立起系统的参照标准,故测定结果只能相对比较而言。要准确判断鱼的鲜度等级,目前还比较困难。

3. 鱼类的化学方法鉴评 化学鉴评方法必须建立在感官鉴评的基础上。捕获致死的鱼,由于酶的分解作用或微生物的腐败作用,导致鱼体鲜度下降,使鱼肉蛋白质、脂肪、糖类逐渐分解,其最终产物为:挥发性盐基氮(氨、三甲胺等)挥发性硫化物(硫化氢、硫醇等)挥发性脂肪酸及吲哚族化合物(吲哚、甲基吲哚)。这类腐败产物随着鲜度的下降而增高，并且具有臭味和毒性。因此，化学鉴评方法主要是通过测定挥发性盐基氮、挥发性硫化物、挥发性脂肪酸及吲哚族化合物的量来鉴评鱼类的鲜度。

国内常测的是挥发性盐基氮、pH 值和 K 值(电导率)。一般把挥发性盐基氮的含量 30 mg/100 g 作为初步腐败的界限标准。pH 值在鱼死后的各个阶段也不一致，在僵硬阶段 pH 值在 6～6.8，自溶阶段 pH 值接近 7，腐败开始后 pH 值大于 7。因此，可根据 pH 值的不同判别鱼的鲜度。K 值则在 20%以下为新鲜鱼，60%～80%为初期腐败。

除上述指标外，对于鲐、鲹等中上层鱼类，还要测定其组胺的含量，因为组胺达到 700～1 000 mg/kg 时，会使一些人发生过敏性食物中毒。

第三节 鱼的冷却冷藏和微冻保鲜

一、鱼类冷却冷藏

鱼类是极易腐败的食品之一。为了保持鱼的质量，最好在捕捞之后立即将鱼进行冷却，使鱼在一定时间内保持良好的鲜度，延长鱼的保藏期。

鱼类冷却是将鱼体的温度降低到接近其细胞汁液的冰点，但不冻结的加工工艺。鱼类细胞汁液的冰点，依鱼的种类而不同，在－2～－0.5 ℃的范围内。鱼体经过冷却作用，温度降低，附着在鱼体上的微生物活动受到抑制，同时酶的活性减弱，使其催化的化学反应速率随之降低，延缓了鱼体死后的变化过程，从而保持了鱼体的鲜度。

渔获物的冷却方法有冰冷却法、冷海水冷却法两种，冰冷却法保冷温度在 0～3 ℃，保鲜期为 7～12 d；冷海水冷却法保冷温度在－1～0 ℃，保鲜期为 9～12 d。

1. *冰冷却法* 冰冷却法即碎冰冷却法，又称冰鲜法，由于冰携带、使用方便，冷却时不需要动力，对人体无毒，成本低，无易燃易爆之忧，而且冰鲜鱼最接近活鲜鱼的生物特性，所以冰冷却法至今仍是各国使用最普遍的方法。

冰冷却法可以使用机制冰或天然冰，最好使用机制冰，因为机制冰比天然冰的质量好。机制冰可分为淡水冰和海水冰，我国传统的冰冷却法是渔船归港卸货后，出海时带上机制冰，一般都是淡水冰，这是因为制冰厂一般设在陆地，要获取清洁卫生的海水比较困难，而且海水对机械设备的腐蚀严重，同时，海水冰冰点较低，不易保存。一般认为，淡水鱼可用淡水冰，也可用海水冰，而海水鱼最好用海水冰，主要是防止色变。

鱼类冰冷却方法有撒冰法和水冰法两种。

(1)撒冰法。撒冰法又称作干冰法,是将碎冰直接撒到鱼体表面冷却鱼的方法,一般用于整条鱼。它的优点是操作简便,融冰水既可洗净鱼体表面,除去细菌和黏液,又可防止鱼体表面氧化干燥。

撒冰法保鲜的鱼类应是死后僵硬前或僵硬中的新鲜品,加工时必须在低温、清洁的环境中,迅速、细心地操作。具体做法是:先在容器的底部撒上碎冰,称为垫冰;在容器壁上垒起冰,称为堆冰;把小型鱼整条放入,紧密地排列在冰层上,鱼背向下或向上皆可,但要略微倾斜;在鱼层上均匀地撒一层冰,称为添冰;然后再一层鱼一层冰,在最上部撒一层较厚的碎冰,称为盖冰,详见图 3-3。容器底部要开孔,让融水流出,避免鱼体在水中浸泡而造成不良影响。小型鱼类一般不作处理,以整条的方式同碎冰或片冰一层冰一层鱼地装入容器,排列于船舱或仓库中。对特种鱼或大型鱼类撒冰冷却时,要除去内脏和鳃,洗净,在腹部填装碎冰,称为抱冰。整个过程用冰要求冰粒要细小,冰量要充足,层冰层鱼及薄冰薄鱼。

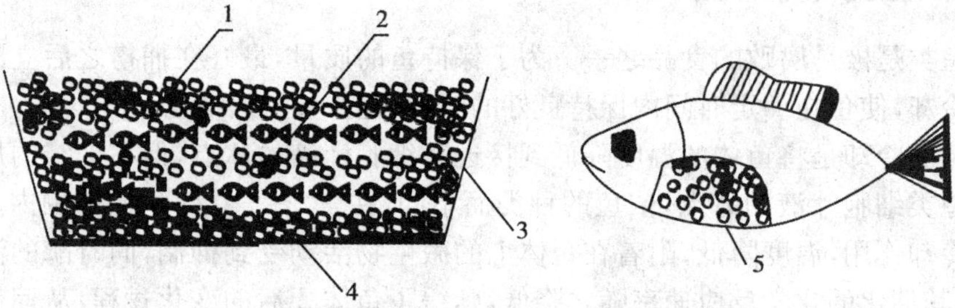

1. 盖冰　2. 添冰　3. 堆冰　4. 垫冰　5. 抱冰

图 3-3　冰藏法图例

(2)水冰法。水冰法就是先用冰把淡水或海水的温度降下来(淡水 0 ℃,海水 −1 ℃),然后把鱼类浸泡在水冰中的冷却方法。此方法适用于死后僵硬快或捕获量大的鱼类,如鲐鱼、沙丁鱼等。其优点是冷却速度快,能集中处理大批量的鱼货。

水冰法一般都用于迅速降温,待鱼体冷却到 0 ℃时即取出,改用撒冰法保藏。因为如果整个保鲜过程都用水冰法保鲜,鱼体会因浸泡时间长而吸水膨胀,容易腐败变质。

2. *冷却海水冷却法*　冷却海水冷却法是将渔获物浸渍在温度为 −1～0 ℃的冷海水中,从而达到贮藏保鲜的目的。冷却海水保鲜是国际上一种代替冰冷却法来保持渔获物新鲜度的方法，适用于海上围网作业捕捞和运输船保鲜。此法是利用海水冷却器制造冷海水(温度不低于海水理论冰点－2.7 ℃)，在渔船上设置冷海水舱，冷海水温度为－1～0 ℃，将渔获物浸入其中，鱼与海水的比例一般为7∶3，并使冷海水不断循环达到保鲜目的。

冷却海水冷却法的供冷方式有机械制冷冷却和机械制冷加碎冰结合冷却两种方式。一般认为，要在短时间内冷却大量渔获物，采用机械制冷加碎冰的冷却方式较合适，因为冰具有较大的融化潜热，可用来快速冷却刚入舱的渔获物，在随后的保冷阶段，每天用较小的冷量即可补偿外界传入鱼舱的热量，由于保冷阶段所需的冷量较小，就可以选用负荷较小的制冷机组，从而减小了渔船动力消耗和安装面积。

冷却海水冷却法优点是冷却速度快、操作简单、劳动强度低、保鲜效果好。其缺点是鱼体在冷却海水中吸收水分和盐分，使鱼体膨胀(重量会增加5%～10%)，鱼肉略咸(鱼肉含盐分0.6%～1%)，体表稍有变色；由于船身的摇动会使鱼体损伤和存在脱鳞现象；海水产生的泡沫会造成污染，使鱼体鲜度下降速度比同温度的冰藏鱼要快；冷却海水装置需一次性投资，船舱制作的要求高。所以，在一定的程度上影响了冷却海水冷却法的推广和发展。

为了克服上述缺点，国外有两种方法：一种是作为预冷用，即把鱼体温度冷却到0 ℃左右后，再取出改为撒冰保鲜；另一种是在冷却海水里冷却贮藏，但贮藏时间为3～5 d。

二、微冻保鲜法

微冻保鲜法是将渔获物保藏在其细胞汁液冻结温度以下(－3 ℃左右)的一种轻度冷冻的保鲜方法。微冻时，食品表层会有一层冻结层，故又称为“过冷却”或“部分冻结”。

鱼类的冻结点根据种类不同而不同，大致如下：淡水鱼－0.7～－0.2 ℃，淡海水鱼－0.75 ℃，洄游性海水鱼－1.5 ℃，底栖性海水鱼－2 ℃。从各国对不同鱼种采用的不同的微冻方法来看，鱼类的微冻温度大多为－3～－2 ℃。

微冻保鲜的基本原理是低温能抑制微生物的生长繁殖，抑制酶的活性。在微冻状态下，鱼体内部分水分发生冻结，微生物体内的部分水分也发生冻结，由于水的性质发生了变化，改变了微生物细胞的生理生化过程，一些不能适应的细菌开始死亡，大部分嗜冷菌虽然没有死亡，但其生命活动受到抑制，几乎不能繁殖，同时，酶的活性在微冻状态受到抑制，这样就能使鱼体在较长时间内保持鲜度而不发生腐败变质。与冰藏相比，微冻保鲜能延长保鲜期1.5～2倍，即20～27 d。

微冻保鲜的优点是解冻时汁液流失少，鱼体表面色泽好，降温耗能少等。其缺点是操作的技术性要求高，特别是对温度的控制要求严格，稍有不慎就会引起冰晶对细胞的损伤。

微冻保鲜法包括冰盐混合微冻保鲜法、空气冷却微冻保鲜法和低温盐水微冻保鲜法。

1. 冰盐混合微冻保鲜法　冰盐混合微冻保鲜法是目前最为广泛的一种微冻保鲜法。冰盐混合物是一种有效的起寒剂。当将盐掺在碎冰中时，盐就会在冰中溶解而产生吸热作用，使冰的温度降低。冰盐混合在一起，在同一时间内会发生两种吸热现象：一种是冰的融化吸收融化热，另一种是盐的溶解液吸收溶解热。因此，在短时间内，能吸收大量的热，从而使冰盐混合物温度迅速下降，它比单纯冰的温度要低得多。

冰盐混合物的温度由掺入盐的量决定。冰中加入的盐越多，温度就越低，如冰中所掺入盐的量为3%时，微冻温度达到－3 ℃，冰中所掺入盐的量为29%时，最低温度可达到－21 ℃。但盐的加入量过多，容易渗到鱼体中，影响鱼的口味。

冰盐混合微冻保鲜法的优点是鱼体含盐量低，鱼体基本不变形，不需要制冷设备，操作比较简单。

2. 空气冷却微冻保鲜法　此方法采用搁架吹风式制冷装置，把冷风吹向用盘装的渔获物，将微冻间的温度降低并控制在－5 ℃，此时鱼体内部温度一般在－2～－1 ℃，鱼体表面的温度达到－3 ℃，然后在－3 ℃的舱温中保藏，保藏时间最长的可达 20 d。其缺点是鱼体表面容易干燥。

3. 低温盐水微冻保鲜法　低温盐水微冻保鲜在渔船上应用较多。由于盐水传热系数大，一般为 350.50～580.20 W/(m^2·K)，而空气仅为 11.69～58.42 W/(m^2·K)。因此，将渔获物浸在－3 ℃的盐水中进行冷却和冻结，其冻结速度很快。

低温盐水微冻保鲜主要装置有盐水微冻舱、保温鱼舱和制冷系统 3 部分。

低温盐水微冻保鲜的操作工艺是：在船舱内预制浓度为 10～12°Bé 的盐水，开启制冷机，使盐水降温至－5 ℃。渔获物经冲洗后装入放在盐水舱内的网袋中进行微冻，冷却到盐水温度－5 ℃时微冻结束，此时鱼体中心温度为－2～－1.5 ℃。将微冻鱼移入预冷到－3 ℃左右的保温舱中保藏。每次微冻后的盐水要测定浓度，以便补充相应的盐量。

我国广东省在船上制取－5～－4 ℃的冷盐水，将鱼装在 15 t 的网袋内，放入冷盐水中微冻 6 h，使鱼体中心温度达－2 ℃左右，鱼体内水分有 20%～30%的冻结率，然后从冷盐水中取出，放入贮鱼舱，用－3～－2 ℃的冷风吹，使鱼体保持在这个温度。初步实验证实,一般鱼类的保鲜期可达 25 d,比冰鲜和冷海水保鲜延长 1 倍,鱼的鲜度也较好。

第四节 鱼的冻结冷藏

一、鱼的冻结

鱼的冷却冷藏和微冻保鲜有一个共同的特点,那就是鱼体内部并未完全冻结,酶和微生物的作用虽已受到一定的抑制,但并未完全终止,还在以相当的速度继续进行,经过一段时间贮藏后仍会发生腐败变质,因此,冷却或微冻的鱼类都不能长期贮藏,一般只用于鲜鱼的运输、加工、销售前的暂时贮藏。为了长期贮藏鱼类,必须将鱼体温度降到更低限度(−18 ℃以下),使鱼体内约 90%的水分冻结成冰。在一定范围内,冻结鱼体温度越低,贮藏期越长,−18 ℃可贮藏 2～3 个月,−30～−25 ℃可贮藏 1 年。

(一)冻前处理

鲜鱼在冻结前,必须先进行前处理。鱼的种类不同,制品的形式、要求不同,其操作内容也不同。

鲜鱼首先按品种大小分类,把有机械损伤、品质不好的鱼及杂鱼、有毒鱼剔去,然后在低温(3～4 ℃)的清洁水里清洗干净,以清除鱼体上的黏液和污物(无鳞且多脂的鱼,如带鱼、鲳鱼等则不必清洗,因为洗涤会使其在冷藏过程中因脂肪氧化而迅速变黄),海水鱼可用 1%的盐水洗,以防止鱼体退色和眼球白浊。有的海水鱼不进行放血、去鳃、去鳞、去内脏等操作,但对淡水鱼必须进行这些操作。若是块冻的鱼,立即装盘过秤、包装,然后冻结,如果是单冻的,则应及时冻结,然后包装。

理鱼装盘是块冻鲜鱼过程中的重要步骤之一,其目的是使得冻块平整,外观形状良好,方便包装和贮运,同时保证每盘中的鱼产品质量和大小均匀一致,摆布整齐均匀,使得鱼品各部分冻结也均匀,缩短冻结时间,减少损耗。

(二)冻结方法

鱼类的冻结方法很多,按照冷却介质的不同,一般分为空气冻结、盐水浸渍冻结和接触式冻结 3 种。我国绝大多数采用空气冻结方法。

1. 空气冻结法　空气冻结法是利用空气作为介质来冻结鱼类的一种方法。其装置有管架式鼓风、隧道式送风和流态床 3 种。前两种装置用来冻结块冻鱼,后一种装置用于进行单体冻结。

(1)管架式鼓风冻结。此法是利用制冷剂在组成管架的蒸发管内蒸发,使管架之间形成了低温,鱼盘放在管架上,通过鱼盘与蒸发管组的接触换热以及鱼与低温室气的对流换热,使鱼体失去热量。冻结间温度为－25～－20 ℃,为加强空气循环,缩短冻结时间,在管架式冻结间设鼓风机鼓风,风速为 1.5～2 m/s,吹风时要定时改变空气流动方向,以保证冻结间内各部位降温一致,但风不能直接吹到鱼身上,以免引起鱼体脱水过多而变白。

此法的优点是冻结温度均匀,冻结量大,耗电量少。缺点是冻结间施工周期长,耗钢管量大,工人劳动条件差、劳动强度大,不能连续作业。

(2)隧道式冻结。隧道式冻结装置也被称为鼓风式冻结装置,在我国冷冻厂中应用量较多。该装置分为上吹风式和下吹风或倒吹风式 2 种。一般认为,上吹风式用来冻猪的半胴体较好,下吹风式较多地用来冻鱼。

隧道式冻结装置冻结时,鱼放在鱼盘后装入鱼车,鱼车由吊轨或轨道导入冻结室内,冻结室内温度为－25～－20 ℃,用冷风机强烈吹风,风速为 3～5 m/s,冻结时间一般为 8～11 h 不等,一般是一日冻 2 次。

与管架式冻结相比较,隧道式冻结具有工人工作条件好、劳动强度小的优点,但相对来讲,隧道式耗电量大,冻品干耗大,冻结温度不均匀。

(3)流态床冻结。流态床冻结是使小颗粒食品悬浮在不锈钢网孔传送带上进行单体冻结的方法。由于风从传送带底部,经网孔进入时,速度很高,7～8 m/s,把小颗粒食品吹起,形成悬浮状态,食品间的风速为 3.5～4.5 m/s,由于风速高,温度低(一般可达到－30 ℃),故鱼类在悬浮状态下即被冻结,而不至于相互粘连成块。

流态床冻结最大的优点是冻结速度快,但一般只适用于小型鱼。较大型的鱼如鲳鱼,虽也能用流态床冻结,但达不到流态化,只能靠进料时在网带上分开摆放来达到单体冻结的目的。

2. 盐水浸渍式冻结　盐水浸渍冻结是用浓度为 22.4%低温盐水作为介质来冻结鱼类,可分为直接接触式冻结和间接接触式冻结两种。由于与盐水接触,会改变水产品的质地与味道,因此只能用来冻结制造罐头的原料鱼。

(1)直接接触式冻结。直接接触式冻结是利用盐水的对流传热,使鱼体迅速冻结,可分为沉浸式和淋浇式冻结。沉浸式冻结所用盐水是饱和氯化钠溶液,盐水温度为－18 ℃,在盐水搅拌器的作用下,使鱼体温度降到－15～－14 ℃。淋浇式冻结是将－20 ℃左右的氯化钠盐水,以淋浇或喷雾方式迅速喷注到鱼体上,使鱼体温度下降。

此法的优点是冻结速度快，耗冷量少，冻结时间一般为1～3 h，在冻结过程中没有干耗；缺点是容易损伤鱼的皮肤、鳞片，外观较差，鱼肉含盐量较高，会使鱼味变咸。因此，可以用不透水的塑料薄膜将食品包装后再沉浸冻结，即可防止盐分的渗入。

(2)间接接触式冻结。间接接触式冻结是将鱼放在容器内，再将容器放入低温的盐水中，使鱼体与盐水不直接接触。所用的盐水是氯化钙水溶液，通过搅拌器(循环泵)的强制作用，盐水在池内不断循环流动，并经过蒸发器冷却，从而使池内盐水均处于低温状态。

此法优点是冻结速度比空气冻结快，没有干耗，质量好，又避免了盐分渗入鱼体；缺点是与盐水接触的所有容器、设备都会受到腐蚀，使用寿命短，操作麻烦，并要注意防止盐水漏入鱼货中。

3. 接触式冻结　接触式冻结又称做平板冻结，是借助平板同鱼体(鱼块)直接接触换热的一种冻结方法。平板冻结机分为卧式和立式两种。

卧式平板冻结机设有数块或十多块冻结平板，也就是制冷系统中的蒸发器，平板可以上下移动，冻结时将平板上升至最大净距，把装有鱼的鱼盘或耐水纸箱紧密地排列在平板上，开动液压系统，使平板与鱼体间的接触压力为6 864.66～29 419.95 Pa，对平板供液降温制冷，使与平板接触的渔获物迅速冻结。卧式平板冻结机可以冻结已包装的鱼类，其缺点是劳动强度大，不能冻结大型鱼。

立式平板冻结机与卧式平板冻结机的不同在于，立式平板冻结机平板是直立平行的，冻结时不是采用鱼盘，而是将鱼散装入各平板之间的空间。其优点是操作简便，冻结速度快，劳动强度小，适用范围大，可冻结各种中小型鱼；其缺点是鱼体易变形，影响商品的外观，不能冻结已包装的鱼和大型鱼。

二、冷藏中的变化

鱼类冻结后，要想长期保持其鲜度，应立即出冻、脱盘、包装、送入冷藏间进行冷藏。

冷藏温度对冻品品质影响极大，温度越低，品质越好，贮藏期越长。但考虑到设备的耐受性、经济效益及冻品所要求的保鲜期限，国际冷冻协会推荐鱼类冷藏温度如下：少脂鱼(牙鲆等)－20 ℃，多脂鱼(鲐鱼等)－30 ℃。

冻鱼在冷藏期间受温度、氧气、冰晶、湿度等因素的影响，主要有脂肪氧化、色泽变化、质量损失(干耗)及冰晶长大等变化。

(一)干耗

鱼类冷藏中的干耗，是由于冷藏间中鱼品表面温度、室内空气温度、盘管表面温度三者之间存在着温差,因而形成了水蒸气压差造成的。冻鱼表面温度与室内空气温度大体相等,但鱼品表面是饱和水蒸气压,而室内空气是不饱和水蒸气压,两者之间存在压差。于是冻鱼表面水分在压差作用之下蒸发而丧失。含水蒸气多的空气比较轻,上升到管道表面。管道表面是该温度下的饱和水蒸气压,故水蒸气在它表面达到露点而冷凝冻结,失去部分水蒸气的空气又下沉到冻鱼表面。如此反复进行,以空气为介质,冻鱼不断失去热量和水分,于是出现了表面干燥现象。

干耗不仅仅是一个物理变化过程。开始时,冰晶仅在冻品表面发生升华,随着时间的延长,逐渐向里发展,达到深部冰晶升华。升华后的地方成为微细空穴,组织变成了海绵状,这样就大大增加了冻品与空气的接触面积,促进了脂肪的氧化,特别是多脂鱼,因为含有大量的不饱和脂肪酸,在空气中很容易氧化酸败,表面发生黄褐变,使外观、风味、营养价值变差,组织质地劣化等,这种现象称为冻结烧。

干耗不仅同冷藏间的温度与环境的相对湿度有关,而且同冷库结构、季节温度也有关。目前尚没有完全解决的方法,一般可以用如下方法减少干耗:镀冰衣、包装、降低冷藏温度等;在冻鱼堆垛上盖一层霜,再覆帆布,帆布上浇一层水,使之形成一层冰衣,相对代替鱼体水分的蒸发(升华);鱼货进入冷藏间时,要保证间内装满,因为干耗同冻品表面积以及冷藏间内留下的空间容积有关,如果冷藏间内留下的空间所占容积大,干耗自然要大。

(二)冰结晶成长

刚冻结完的鱼,其冰结晶是不稳定的,大小也不全部均匀一致。在冷藏过程中,微细的冰结晶会逐渐减少、消失,而大的冰结晶不断长大,冰结晶数大大减少,这种现象称作冰结晶成长。

在冷藏过程中,冷藏间温度波动会严重改变鱼体冰晶体积和数目,当温度略有上升时,鱼体组织中的部分冰晶会融化,首先是细胞内的冰结晶融化成水,使液相增加。因蒸气压的存在,水分透过细胞膜扩散到细胞外的间隙中,当温度下降时,这些水分就附着并冻结到细胞间隙中的冰晶上,引起冰结晶的长大。

另外,大小不同的冰晶体周围的水蒸气压也不同,小冰晶体的相对表面积大,因而其周围的是蒸气压力总是比大冰晶体周围的水蒸气压力大,压力差促使水分从小冰晶体向大冰晶体转移,组织中发生再结晶,使冰晶体长大。

冰结晶长大,往往会挤破细胞原生质膜,使鱼在解冻时汁液流失,同时冰结晶长大会造成冻鱼的肌肉组织结构不断恶化，肌肉弹性消失，造成鱼的风味和营养价值下降。要防止冰晶体长大，首先，要降低冷藏温度，在−30 ℃以下冷藏时，即使温度略有波动，小冰晶也不易融化，水分的迁移很少；其次，冻结速度要快。快速冻结使90%以上的水分冻结在原来位置，使其来不及迁移就被冻结；再次，在贮藏过程中尽量使温度稳定，防止波动，冷藏间要少开门，进出货要迅速，尽量避免外界热量的传入。

(三)色泽变化

鱼类一经冻结，其色泽就会发生明显变化，冷藏一段时间后，色泽变化更严重。如黄花鱼的姜黄色变成灰白色，乌贼的花斑纹变为暗红色。鱼类变色的原因包括自然色泽的分解和新的变色物质的产生两个方面。自然色泽的破坏表现为红色鱼肉的退色，如冷冻金枪鱼的变色；产生新的变色物质，如白色鱼肉的褐变等。上述变色不仅使商品外观不佳，而且会产生臭气，使其失去香味、营养价值下降。

鱼类变色反应的机制是复杂的，具体有如下几种变化。

(1)还原糖与氨化合物反应造成的褐变。美拉德反应就是还原糖类与氨基化合物的羰氨反应，这个反应通过一系列的中间体、配糖物、紫外光吸收物和荧光物质聚合产生褐色的类黑精(melanoidin)，使鱼类褐变。如鳕鱼褐变，是由于鱼死后肉中核酸系物质反应生成核糖，然后与氨化合物反应，最终聚合生成褐色的类黑精，造成褐变。

保证原料鱼的鲜度，尽量在−30 ℃以下冷藏，pH值控制在6.5下，都可以减缓核酸系物质分解产生核糖的美拉德反应造成的褐变。

(2)血液蛋白质的变化造成的变色。这种现象是鱼色素中肌红蛋白(myoglobin，Mb)氧化产生氧化肌红蛋白(metmyoglobin，MetMb)的结果。最具有代表性的鱼类是金枪鱼。其变色程度是根据氧化肌红蛋白生成率的高低而不同，其变色反应如下：

$$\text{氧化肌红蛋白生成率}=\frac{\text{生成的 MetMb}}{\text{全 Mb}}\times 100\%\begin{cases}20\%\text{以下鲜红色}\\30\%\text{稍暗红色}\\50\%\text{褐红色}\\70\%\text{以上褐色}\end{cases}$$

(3)箭鱼肉的绿变。箭鱼肉为淡红色，在冷藏时一部分肉会变成绿色。这种现象在白皮、黑皮的旗鱼类中也有发生。把鱼切开时，在脊骨处可以看到绿变，这种肉有异臭、发酸，严重时有似阴沟的臭气。这是由于鲜度下降，细菌繁殖产生硫化氢，与血红蛋白、肌红蛋白在贮藏中产生硫络血红蛋白与硫络肌红蛋白造成的。目前，尚无防止办法，就只能注意冻前的保鲜工作，防止鲜度下降。

(4)红色鱼的退色。有些鱼如绿鳍鱼、带纹红鲉、红娘鱼等的体表有红色素，在冻结和冷藏时会发生退色现象。这种退色受光线的影响很大。紫外光350～360 nm照射退色特别显著。红色鱼的退色是由于鱼皮红色色素的主要成分类胡萝卜素被空气中的氧氧化的结果，当与脂类共存时，其色素氧化还有相互促进的作用。

用不透紫外光的材料包装，或用0.1%～0.5%的抗坏血酸钠、山梨酸钠溶液浸渍或用此液镀冰均可以防止退色，降低温度也可使鱼体不变色或少变色。如红娘鱼−3 ℃保藏，35 d退色，−18 ℃保藏50 d退色，−30 ℃保藏75 d退色。

(四)脂肪氧化

鱼体脂类在脂酶和磷脂酶的作用下水解，产生游离脂肪酸。而鱼类的脂肪酸多为不饱和脂肪酸，尤其是一些多脂鱼类，不饱和脂肪酸含量更高，而且分布在皮下靠近侧线的一层肌肉组织里，即使在很低的温度下，也不会使这些不饱和脂肪酸凝固。在长期冷藏过程中，脂肪酸往往在冰的压力作用下，由内部转移到表层，因此很容易受到空气中氧气作用，产生酸败。要防止冻鱼在冷藏过程中的脂肪氧化，一般可采用以下措施。

(1)避免和减少与氧的接触，包冰衣、装箱都是有效办法。

(2)冷藏温度要低，而且要稳定。许多试验证明，即使在−25 ℃也不能完全防止脂肪氧化，只有在−35 ℃以下才能有效地防止脂肪氧化。库温要稳定，避免冰结晶长大产生内压把游离脂肪酸由内向表层转移。

(3)防止冷藏间漏氨，因为环境中有氨会加速脂肪氧化。

(4)使用抗氧化剂，或抗氧化剂与防腐剂两者并用。常用的抗氧化剂有丁基羟基茴香醚(BHA)，丁基化羟基甲苯(BHT)，桔酸丙酯(PG)，乙基原儿茶酸(EP)等。

(五)冰衣融化

鱼体表面的冰衣在冷藏间内会逐渐升华，尤其在冷藏条件不良的情况下。另外，位于电灯底下，或靠近外墙与门口处的鱼的冰衣更容易融化，这时应立即重包冰衣。

总之，冻鱼在冷藏中所发生的质量变化是无法避免的，但若采用较低的冷藏温度且其相对稳定，加包装、镀冰衣、使用抗氧化剂等措施，便可以延长其保鲜期限。

第五节 虾、蟹的速冻加工技术

鱼的形体比较大，即使在速冻隧道冻结或采用低温盐水浸渍冻结，也很难保证在半个小时内通过最大冰结晶生成带，因此不符合速冻食品的概念，只能是冻结加工。但是，对于形体比较小的虾、蟹等水产品，则可以进行快速冻结。本节着重介绍对虾、鹰爪虾和三疣梭子蟹的速冻加工技术。

一、对虾的速冻加工

中国对虾是饮誉中外的名贵海产品。仅山东对虾年捕获量一般占全国对虾总捕捞产量的 50%以上，名列沿海诸省市之冠。最高年捕捞产量(1979 年)达2.2 万 t。

加工出口的对虾主要有：冻有头对虾、冻无头对虾、冻对虾仁、冻带尾虾仁(凤尾虾)、冻蝴蝶虾等。下面介绍冻有头对虾的速冻方法，其他方法基本相似。

(一)加工前的准备工作

(1)根据对虾加工量配置加工人员，并按规定对其进行体质检查和技术培训，学好加工规格、标准及有关注意事项。

(2)对加工所需设备、器材进行清理、整修、洗刷和消毒。

(3)对更衣设施、淋浴间、厕所，消毒设施进行检查，使其符合要求。配备齐全工作服、帽、套袖、胶鞋、围裙等衣物。

(4)对加工用水进行卫生检验，保证水源充足并符合卫生要求。

(5)对速冻间冷却排管进行必要的冲霜，对冷藏间进行卫生清理，对制冷机械和设备进行调试，以保证生产的顺利进行。

(6)对加工间和包装间进行卫生整理。车间内防蝇、防虫、通风、照明等设施要配备齐全，用水管道要畅通。

(7)准备好充足而合格的包装物料及各类标签。

(二)原料虾的处理

验收及保管：每批虾进厂后及时对质量、卫生、冰融、装箱情况进行检查。符合要求的原料虾、应及时按顺序投料加工，做到"当日虾、当日加工，先好后次不积压”。对不能及时投料加工的原料虾，应积极采取保鲜措施，如及时进入0～4 ℃的保鲜库或以1∶3的配比加3 cm以下碎冰。冰块要洁净，层冰层虾，摊撒均匀。虾体应防蝇蛆、光照、雨淋、风干及其他污染。

冲洗：原料虾用符合卫生标准的清水冲洗，以除去碎冰、泥沙、海草等污物。

分类挑选：洗涤后的对虾，按产品质量标准进行初选，分出有头虾、无头虾、虾仁、虾球原料，然后按先加工有头虾，后加工无头虾，再加工虾仁、虾球的顺序投料生产，分选时，原料虾不应积压过多。气温高时，要加冰保鲜。选好的虾体置于洁净的容器内，以备分别加工处理，要求将有头虾和去头虾原料中的黄虾单独存放，单独加工。

(三)干冻有头对虾的加工

海水捕捞有头对虾和大规格养殖有头对虾的加工一般采用干冻方法。

1. 工艺流程

有头虾原料→洗涤→控水→称量→浸药→控水→装盒→冻结→冷藏。

2. 工艺操作要点

洗涤：将分选出的有头虾原料用清洁的淡水仔细洗净，要保证末遍水的清洁。

控水：洗净的虾体放入洁净筛盘内控水5 min。

称量：按有头虾的规格称量，分出各种规格。

浸药：此工序按客户要求进行。一般可采用1.25%的亚硫酸钠溶液，将虾体置于溶液中浸泡1 min，再用清水洗15 s，使残留的亚硫酸钠浓度不超过1×10^{-4}，或采用4%～6%的多磷酸钠溶液，将虾体浸泡数秒，使之形成一层胶质薄膜，以起到密封的作用，从而防止水分散失，保持原有鲜度。残留多磷酸钠低于0.5%对人体安全无害。如无客户要求可省去此工序直接装盒冷冻。

装盒：按有头对虾的包装规格，将对虾装入专用小纸盒内，纸盒内铺塑料纸，装入对虾后将塑料纸折起，盖住虾体，再盖好盒盖。

冻结：装盒后的对虾，立即送入急冻间，冻结至中心温度－18 ℃以下。

包装：将小盒虾装入大纸箱，每箱12盒，箱外标明品名、规格、重量、出口国及公司名称、产地、批号。如春虾加刷“春”字。然后送入－20 ℃以下冷库冷藏。

二、鹰爪虾的速冻加工

鹰爪虾体型较粗短，甲壳甚厚，表面粗糙不平，体长6～10 cm，尾节末端尖细，弯曲时形似一只鸟爪，故名。鹰爪虾主要分布于黄渤海。山东省鹰爪虾产量约占海区总产量的70%以上，1989年产量3.90万 t，属产量较高年份。鹰爪虾除供鲜食外，主要是加工制成海米，近年来部分加工成冻鹰爪虾仁。冻整只小虾供应出口和内销。

(一)冻生小虾仁的加工

1. 工艺流程

原料保鲜→冲洗→分类挑选→掐头→去甲壳→洗涤→分选→洗涤→控水→称重→装袋→装盘→速冻→脱盘→包装→冷藏。

2. 工艺操作要点

原料保鲜：按照对虾保鲜方法及时进行保鲜处理。

分类挑选：按冻生小虾仁、统级冻生小虾仁和冻整只小虾的加工出口标准分选出冻生小虾仁原料、统级冻生小虾仁原料和冻整只小虾原料。将选好的虾体分别置于洁净的容器内。冻整只小虾原料另行加工。

去头、去甲壳：选出的冻生小虾仁原料和统级冻生小虾仁原料分别去头去甲壳，操作要求同对虾仁的加工，甲壳要去净，严防带入虾仁中。同时注意剔除不合格的虾。

洗涤：去壳后的虾仁置于洁净的筛盘内，以"常流水、三联桶"充分洗净。水中要加机制冰。

分选：洗净的生小虾仁按每磅 100～200，201～300，301～400，401～600 只的规格进行分选。气温高时，应加冰降温。统级生小虾仁不分只数。

洗涤、控水：分选后的虾仁在清洁的冰水中再清洗一次，放入洁净的筛盘内控水 10 min，以待称重。

称重：冻生小虾仁按每袋 1 lb 称重，统级冻生小虾仁按每盘 5 lb 称重，给出让水量。生小虾仁冻前称重每袋 500 g，统级生小虾仁冻前称重每盘 2 500 g。

装盘：称重后的生小虾仁装入尼龙袋中，然后装盘压平整。统级生小虾仁称重后直接装盘压平整，不摆盘。

速冻：急速冷冻至虾体中心温度－18 ℃及以下。

脱盘：出库后，将冷冻盘轻轻一磕，即可将冻生小虾仁脱出。统级生小虾仁采用淋水融脱法脱盘，脱盘后在冰水中加镀冰衣，装入塑料袋。

包装：冻生小虾仁采用 231 号纸箱装，包装规格 24 lb×1 lb；统级冻生小虾仁采用 256 号纸箱装，包装规格 6 lb×5 lb。刷好外包装标记代号，送冷藏库贮藏。

(二)冻整只小虾的加工

冻整只小虾的加工原料除鹰爪虾外，还有养殖小对虾，加工工艺简单。将品质条件符合要求的带头小虾用清洁的淡水冲洗干净后，按每袋 35～50 只、净重 200 g 称重，装专用塑料袋，放入冷冻盘内压平整后入库速冻，冻至中心温度－18 ℃，然后出库脱盘，再按 50 袋×200 g 的规格装入 256 号纸箱内，刷好外标记，入库冷藏。

三、三疣梭子蟹的速冻加工

三疣梭子蟹习称海蟹、梭子蟹，头胸甲呈斜方形；体形呈梭子状，螯足长大，头胸甲呈茶绿色，腹面灰白色，背面有 3 个疣状突起，故名。

三疣梭子蟹是最著名的一种海蟹，个体最大，山东省产量最多，在莱州湾分布最集中。少者不足千吨，多者万吨以上。

梭子蟹肉色洁白，肉质细嫩，膏似凝脂，味道鲜美，尤其是两钳状螯足之肉，呈丝状而带甜味，蟹黄色艳味香，食之别有风味，因而久负盛名。近年来将其加工成冻品出口，深受日本客户的青睐。

(一)梭子蟹收购规格

收购规格：双螯及单螯雌蟹，每只重 110 g 以上。

质量标准：品质新鲜；色泽正常，壳青腹白，无黑斑等变质异色；气味正常，无异味，肉质洁白，肌肉纤维呈条状，有蟹黄，蟹黄趋于凝固，不流动，肥度良好。蟹体完整，清洁，步足下垂不明显，允许有轻微勾伤；双螯、单螯规格的步足及游泳足允许断缺共不超过二足，但不得集中在一侧。

收购：捕捞上来的鲜活蟹要尽量保持螯足完整，当螯钳夹住网扣时，可用一竹签从蟹口部刺入，蟹受强烈刺激后，便可放松。捕获后的活蟹必须立即采取保鲜措施，放入 5 ℃左右的冷海水中(加冰)，使其处于冬眠状态，然后装塑料箱。在箱底部先铺一层碎冰，然后层蟹层冰，装箱高度不超过箱高，以防压坏蟹体，之后送冷冻加工厂加工。

(二)出口冻梭子蟹质量标准

品质条件：品质新鲜，胸部甲壳色泽正常，无黑变等变质异色，无异味，肥度良好，有蟹黄，蟹体清洁，个体完整，允许有轻微勾伤，双螯、单螯规格的步足及游泳足允许断缺共不超过 3 只，但不得集中在一侧。

规格：有蟹黄雌蟹，分双螯、单螯，每只重 100～200 g、200～300 g、300～400 g、400 g 以上 8 个规格。

速冻：单体速冻，冻结中心温度－18 ℃以下，送入－18 ℃冷库冷藏。

包装及标记：每只用橡皮筋将其螯足捆扎，套塑料袋，纸箱装，箱内顶底部和每层蟹间铺衬瓦楞纸垫。包装完整，每箱净重 8 kg。箱外标明品名、规格、重量、出口国及公司名称、产地代号及生产批号，并分别加刷“雌”、“串螯”、“双螯”。

(三)出口冻梭子蟹的加工

1. 工艺流程

原料保鲜→刷洗→分级挑选→捆扎→摆盘→检验→冻结→脱盘→称重→包装→冷藏。

2. 工艺操作要点

加工前准备工作：收购、发运与加工单位要及时衔接好，到货后能及时加工。

原料验收及保管：冷冻加工厂每接收一批鲜蟹原料，都要验质验量，相互交接。已接收的蟹子要尽快加工，以保证质量，对不能立即投入加工的蟹子，应积极采取措施加以保鲜。

刷洗：采用猪鬃或软尼龙刷子和流动的淡水刷洗。水温不宜过高。刷洗过程中，必须轻拿轻放，轻刷轻洗，不得碰掉螯足。刷洗时注意洗净蟹盖凹下部分，嘴边、肚脐、蟹盖边缘及大螯，同时打开脐盖挤出肚脐端蟹粪，不能将蟹体浸在水中或将蟹嘴对着水龙头冲洗。

挑选：按出口冻梭子蟹的质量标准，选择蟹体清白，蟹脐突出呈微红色，仰观蟹两边端有黄，扒开蟹脐，呈自然肉红色（玉色），无颗粒状黄色流动物质，嘴部壳面白净的蟹进行加工。剔除粉蟹（整个腹部呈明显粉玉色，蟹脐呈暗色无光亮，蟹肉呈内色粉状）、油蟹（蟹体严重发黄、发黑、无蟹黄）、黑嘴蟹（嘴部壳面呈黑、绿、紫、黄色）、水壳蟹（蟹体肉瘦，黄少，壳内含有较多水分）。

分规格：将单、双螯分开并逐个过磅。分选后将蟹体置于洁净的冷冻盘中，放置规格标签两枚，注明等级、组别。

捆扎：将梭子蟹的双螯及游泳足、步足收拢，用两根橡皮筋分别套在两边游泳足的最根部一节和螯足的分叉带棘处，并圈上两圈，步足和泳足排列要整齐、美观，把蟹扎成梭子状，捆扎要牢固。

摆盘：按规格分别摆盘。蟹嘴向上，腹面向上斜排，排列整齐，不能高出鱼盘，并放置规格标签。

检验：装盘后的梭子蟹，由专职人员进行检验，将规格、质量不符的蟹挑出。

速冻：散冻，入库前冻结室温度要求预冷－20 ℃以下，进货时停风机，冻结时间 8～10 h，冻至中心温度达到－18 ℃以下时，停止供液，及时出库。

脱盘：轻轻振动鱼盘，蟹与盘即可分离，注意不要用力太大，以免损伤蟹体。

称重：每箱 8 kg，让水量 120～200 g。

包装：将已称重的梭子蟹按规格分别套上厚度不低于 0.35 mm 的高压聚乙烯塑料袋，规格为 100～200 g 的套 35 cm×15 cm 的袋，200 g 以上的均套 40 cm×16 cm 的袋，套袋时蟹腹向下，注意不要把袋弄破。折好袋口，然后装箱。

冷藏：按不同规格分别堆放，垛高不超过 7 个箱高，库温保持－18 ℃。

本章小结

鱼、虾类营养丰富、味道鲜美，是深受广大消费者欢迎的水产品。但由于鱼、虾肉组织脆弱，含水分较多，极易发生腐败变质，因此要进行低温保藏。本章简要介绍了鱼的营养及特性、鱼死后的变化及品质鉴评。重点介绍了鱼类的冷却冷藏、微冻保鲜、冻结冷藏等方法和虾、蟹的速冻加工技术。通过了解鱼的营养及特性、鱼死后的变化及品质鉴评方法，能更好地掌握鱼类的冻结加工技术。

思考题

1. 海水鱼和淡水鱼的冰点相同吗？
2. 简述鱼类死后的僵硬机理。
3. 微生物侵入鱼体的途径有哪几种？
4. 鱼类鲜度的鉴评方法有哪几种？
5. 鱼类的冷却冷藏方法有哪几种？
6. 什么是鱼类的微冻保鲜？有哪几种方法？
7. 鱼类在冻结前如何进行前处理？
8. 鱼类的冻结方法有哪几种？
9. 鱼类在冻结冷藏中会发生哪些变化？

第四章　禽肉冷冻加工技术

禽类包括鸡、鸭、鹅及野禽，是人类在长期生活实践中不断寻找和选择天然食物中最优良的食品之一。禽类除含有较丰富的蛋白质外，还含有肌酸和肌酐，使禽肉具有特殊的香味和鲜味，这是其他动物肉所不具有的。禽肉的肉质柔嫩细腻，味道鲜美可口，容易被人体吸收利用。随着人民生活水平的提高，人们对营养的要求也越来越高，禽肉的食用已在日常生活中相当普遍，而且需求量在日益增大，随着我国冷藏链的不断完善，禽类的冷加工量也将不断增长。

第一节　禽肉的组成及特性

一、禽肉的营养价值

禽肉的蛋白质含量较高，脂肪含量相对较低。优良品种的家禽，每 100 g 肌肉中含蛋白质可高达 24.4 g，超过其他肉类，而脂肪含量最低的仅为 1.2 g。禽肉蛋白质的质量极优，含有人体营养所需的所有必需氨基酸。而且，脂肪中所含有的不饱和脂肪酸的比例高于畜肉类的脂肪，胆固醇含量则少于其他畜肉脂肪。如鸡肉中的 3 种主要脂肪酸是油酸、亚油酸和棕榈酸，这 3 种脂肪酸约占禽肉中所有脂肪的 79%。其次，由于禽肉含有较丰富的肌酸和肌肝，所以具有特殊的香味和鲜味。

此外，禽肉所含的维生素和矿物质相对来说也比较高，主要含有钙，磷，铁，硫胺素，核黄素，尼克酸和维生素 A、维生素 D、维生素 E 等。禽肉的营养成分见表 4-1；表 4-2 是家禽与畜肉的营养成分比较；表 4-3 是几种主要肉类中的胆固醇含量比较；表 4-4 是鸡肉和其他畜禽肉矿物质含量的比较。

表 4-1　禽肉的营养成分(每 100 g)

名称	地区	水分/g	蛋白质/g	脂肪/g	热量/kJ	灰分/g	钙/mg	磷/mg	铁/mg
鸡肉	北京	74.2	21.5	2.5	465	1.1	11	198	1.5
鸡肉	江苏	74.4	23.3	1.2	435	1.0	13	189	2.8
鸡肉	湖北	73.0	24.4	2.8	515	1.1		194	4.7
鸭肉	北京	74.6	16.5	7.5	569	0.9			
鸭肉	江苏	80.1	13.1	6.0	448	0.7	11	145	4.1
鹅肉	江苏	77.1	10.8	11.2	603	0.9	13	23	3.7

表 4-2 家禽与畜肉的营养成分比较(每 100 g)

水分/%	能量/kJ	蛋白质/%	脂肪/%	维生素 B_1/mg	维生素 B_2/mg	烟酸/mg	以干物质计算所含营养 能量/kJ	蛋白质/%	脂肪/%	维生素 B_1/mg	维生素 B_2/mg	烟酸/mg	可消化率/%
鸡肉(鲜肉皮、上杂)													
75.70	519	18.6	4.9	0.7	0.38	5.6	2 261	70.00	26.27	2.88	1.56	23.05	50
鲜兔肉													
70.00	678	21.0	8.0	0.08	0.06	12.8	2 261	70.00	26.67	0.27	0.20	42.66	85
牛肉(上等肉、总的可食部分)													
56.70	1 260	17.4	25.1	0.07	0.15	4.2	2 910	40.18	57.97	0.16	0.35	9.70	55
羊肉(去骨的、上等羔羊肉)													
61.00	1 101	16.5	21.3	0.15	0.20	4.8	2 823	42.31	54.62	0.38	0.51	12.31	68
猪肉(中等肥度、胴体去骨的瘦肉块)													
56.30	1 290	15.7	26.7	0.76	0.18	4.1	2 951	35.93	61.10	1.74	0.41	9.38	75

表 4-3 几种主要肉类中的胆固醇含量(每 100 g) mg

肉种	兔肉	鸡肉	鸭肉	猪肉	牛肉	小牛肉	绵羊肉	山羊肉	黄鱼
含量	65	60～90	70～90	126	106	140	70	60	98

表 4-4 鸡肉和其他畜禽肉矿物质含量 %

肉别	水分	矿物质总量	钾	钠	钙	镁	磷	铁	硫	以干物质计算所含矿物质 总量	钾	钠	钙	镁	磷
鸡肉	71.24	1.649	0.560	0.128	0.015	0.061	0.580	0.013	0.292	5.75	1.95	0.45	0.05	0.21	2.02
兔肉	65.95	1.779	0.479	0.067	0.026	0.048	0.579	0.082	0.498	5.23	1.41	0.20	0.08	0.14	1.70
猪肉	72.55	0.761	0.169	0.042	0.006	0.012	0.240	0.004	0.288	2.77	0.62	0.15	0.02	0.04	0.87
牛肉	75.52	1.511	0.338	0.024	0.012	0.024	0.495	0.043	0.575	5.50	1.23	0.09	0.04	0.09	1.80

二、禽肉的组织结构及特性

禽肉的组织结构与畜肉一样，也是由肌肉组织、脂肪组织、骨骼组织和结缔组织所组成。其中，禽肉的肌肉组织所占的比例比其他畜肉多，这就决定了禽肉的食用价值和商品价值相对较高。

禽类肌肉组织最发达的部位是胸部肌肉和腿部肌肉，躯干背部的肌肉则不发达。躯体上的主要肌肉呈白色（即所谓白肉），胴体内腔、颈及腿部肌肉则因为分布较多的微细血管而呈暗红色。雌禽的肌肉纤维较厚，结缔组织较少；雄禽的肌肉组织较雌禽的粗糙，鸭、鹅等水禽的肌肉组织较鸡更为粗糙。

家禽肉的脂肪呈白色、淡黄色、黄色，常以单独状态集中存在，这与畜肉脂肪的存在形式有所差异。只有经过很好饲养肥育的禽，脂肪才能均匀分布到肌肉组织中，而增加禽肉的风味和柔嫩性（这一过程有时也叫填肥）；肉用禽比卵用禽的脂肪多，鸭、鹅等水禽的皮下沉积脂肪较鸡的多。

禽肉的结缔组织不如畜肉的结缔组织发达。结缔组织的多少决定着肉的品质，结缔组织愈少，其肉就愈嫩且软。所以，禽肉的嫩度，以幼禽为最嫩，雌禽比雄禽嫩，鸡、比鸭、鹅嫩，胸脯肉比腿肉嫩。

近年来，禽肉的消费持续上升，主要是由于禽类的饲养周期短，肉嫩好吃，而且价格比畜肉便宜。另外，禽肉的脂肪以单独状态集中存在，容易除去，肌肉组织中的脂肪含量也比较少。比如美国人喜欢吃鸡胸肉，而东方人喜欢吃大腿肉，这在消费习惯上有一定的区别。在产品结构上，美国市场上整只禽的销售约占禽产品的28%，分割加工的约占52%，进一步加工的约占20%，例如鸡胸脯肉在腌制后快速冷冻的半成品就很盛行。

三、禽肉的成熟与腐败

禽肉的成熟和腐败过程基本上与畜肉相同。它们的成熟过程所需的时间根据其温度、种类和年龄不同而异。如2～4 ℃时，鸡死亡后3～4 h就可达到最大僵直，解僵后变软，经过48 h完成熟化。而在常温下，宰后3 h左右即达到肉的成熟。老禽因含结缔组织较多，成熟时间要比幼禽稍长些，成熟禽肉的肉质变得较柔软，富有汁液，具有芳香气味，肉的pH值在6.0左右，呈酸性反应，肉尸表面形成一层能防止微生物入侵而保护肉面的干皮，此时的肉易熟，也最易消化和吸收。

禽肉的变质主要是微生物和酶的作用所致。腐败的禽肉，其外观、颜色和硬度等均发生变化，不能再食用。

第二节 禽肉的冷却冷藏

一、禽肉的冷却

(一)禽的宰杀

禽类在宰杀前要休息良好,减少刺激和肌肉的活动。冷加工前的加工操作程序包括:电麻、宰杀、放血、浸烫、拔毛、燎毛、拉肠和去嗉囊、冲洗、去内脏、卫生检验、造形、分级、包装(或不包装)等。

宰杀的方法一般有两种:一种是口腔宰杀法,就是用特制的尖头小刀,从口腔刺入喉咙,割断颈动脉放血,血液从口腔流出;另一种方法是从颈部割断颈动脉、气管、食管,血从颈部流出,也叫三管齐断法。前者禽体外观整齐,但操作较为复杂,生产效率低;后者生产效率高,但外观不整齐,适用于分割禽肉。浸烫、拔毛后的禽体表面必须洁净,无残留羽毛、血迹或污物。

另外,放血时要充分、彻底,体内不得有残留瘀血,否则将影响肌肉的色泽。

再者,浸烫的形式共有 3 种:低温浸烫,温度控制在 50～55 ℃,时间 60～180 s;中温浸烫,温度 55～65 ℃,时间 40～100 s;高温浸烫,温度 65～80 ℃,时间 3～8 s。

低温浸烫能使禽胴体表皮保持完整,采用吹风冷却后不致于变色,但去毛设备要求高,并要另外设置燎毛设备。故一般采用 55 ℃,浸烫 155～180 s。

中温浸烫经普通的去毛设备去毛后,可使胴体完全脱毛,但表皮一般都受到一定的损伤。因此,为了避免撕破表皮出现污斑,胴体只能在有过量水分和温度足够低的条件下冷却,常采用 60 ℃浸烫 100 s 较好。

高温浸烫一般用来烫松不易脱掉的腿毛和颈毛,特别适用于鹅、鸭脱毛。

拉肠时不能将肠管、胆囊拉破,若破断时,应及时用水冲洗,以免污染。且体腔内不允许有粪便和胆汁。

嗉囊必须完整去掉,颈部不能有积食和瘀血。

去内脏后,整胴体进行冷却加工的,内脏杂件(心、肝等)放入胴体腔内。分割胴体,把内脏杂件分类收集在一起加工。

造型是先对胴体外表进行检查看是否残留绒毛,特别是头、颈、腋窝等部位;胴体表皮是否完整,然后做成类似球形的造型。

整禽去内脏后的出品率(包括颈和杂件):仔鸡为 70%～73%(占活鸡重);分割仔鸡:胸部 20%～25%,小腿 15%～16%,翅膀 10%～14%,后背 12%～18%,

颈 5%～8%,杂件 6%～8%。

分级按禽的年龄、性别、肥瘦度、加工质量、体重分类等,不能混杂。

(二)冷却前对禽胴体的整理

经过初步加工后的禽胴体,在冷却之前需要进行整理,包括塞嘴、包头和造型等,其目的是为了防止微生物的侵袭和增加胴体的美观度。

胴体经过分级和卫生检验后,即用白纸团成纸团塞入喉咙中,以吸收体内(腔中)继续渗出的水分。将嘴塞好后,再使用包头纸将胴体的头包上。若无头时则将脖子包上。塞嘴和包头的目的是防止微生物从口腔中侵入。为了增加胴体的美观和便于包装,在冷却之前,将胴体进行一次造型是很有必要的。

造型的方法通常是采用翻插腿翅法,即将双翅从关节以下,反贴上胴体的背部、双腿,从关节以后向臀部反贴,这样则使双胫对称,双脚趾蹼分开并贴在胴体上。经过造型,并滴干其表面的水分后,即可进行冷却。

自宰杀加工到冷却的时间不得超过 2 h。出口禽肉不得进行二次冻结。否则肉颜色变暗,外观不良,肉品质量降低。

(三)全鸡和分割鸡加工规格和要求

冻鸡的加工目前有全鸡(分净膛和半净膛)和分割鸡两种。

全鸡的加工工艺流程是:麻电宰杀→分离颈皮,拉去食管、气管→剪去颈皮→挖鸡肫→挖心、肝、胆→去除皮和胸口腺体→真空吸水→挂鸡→揩血水。

分割鸡加工工艺流程是:宰杀→割翅膀→割腿→拆骨→剪骨→挖内脏→斩颈→挖油送骨。

全鸡和分割鸡加工规格和要求见表 4-5。

表 4-5 全鸡和分割鸡加工规格和要求

品种		规格	加工要求
全鸡	半净鸡	特级质量 1 200 g 以上,大级质量 1 000～1 200 g,中级质量 800～1 000 g,小级质量 600～800 g	去头、脚和肠,留肺和肾,另将肺、肝、心、颈洗净,用塑料袋包好,放在腹腔内
	净鸡	特级质量 1 200 g 以上,大级质量 1 000～1 200 g,中级质量 800～1 000 g,小级质量 600～800 g	去头、脚和内脏、留肺和肾

续表 4-5

品种		规格	加工要求
分割鸡	鸡脚	分大小级和统级 3 种,大级质量 20 g以上,小级 20 g 以下	大小级外形特征:白色或灰白色,无黄皮趾壳,揩除血污、血水,无残缺,修剪脚趾跟上的个别黑斑,允许有稍许红斑点。同级特征:灰花白色,无黄皮趾壳,无残缺,揩除血污、血水,允许有稍许红斑点,允许有个别断趾但不影响外观
	鸡翅	大级每只 50 g 以上,小级每只 50 g 以下	外形特征:无残羽,无黄衣,无伤斑和溃烂,揩除血污、血水,允许有稍许红斑点,个别伤在翅尖部位,允许修剪,最大修剪部位不超过转弯关节处
	全腿	大级每只 200 g 以上,中级每只 150 g 以上,小级每只 150 g 以下	外形特征:无残羽,揩除血污、血水,允许有稍许红斑点,但不密集,修剪个别伤斑,但应尽量保留腿皮,不影响外形美观
	带全腿鸡	大级质量 220 g 以上,中级质量 180 g 以上,小级质量 180 g 以下	外形特征:与全腿一样,但要留尾泄殖腔和肾脏,从脊背中心分割开,允许稍有偏差
	带骨胸产品	大级质量 250 g 以上,中级质量 200 g 以上,小级质量 200 g 以下	外形特征:无残羽,揩除血污、血水,允许有稍许红斑点,修剪掉伤斑、溃烂和炎症,摘除腺体和气管、食道等结缔组织
	去骨胸产品		外形特征:无残羽,无血污、血水,无残骨,修剪掉伤斑、溃烂和炎症,允许有轻度少数斑点,不分等级,每只胸肉卷成块状,允许有脂肪块一起卷,并将碎肉等包括其中
	鸡尾	大小均匀	外形特征:相当于全鸡中级以上之鸡尾,无血污、血水,色泽淡黄,无发红现象,齐尾根剪下,完整之鸡尾,有固有尾脂腺气味

二、禽类的冷却方法

宰杀和加工后的禽类,肉体平均温度在 37～40 ℃。具有这样高的体温和潮湿表面的禽体,刚好适于酶的反应和微生物的生长繁殖。如不立即进行销售或作加工原料使用,应及时进行冷却,使肉体温度降至 3～5 ℃。一般的冷却方法有以下两种。

(一)空气冷却

1. 吊挂式冷却　在国内一般是在冷却间内进行，它是使光禽吊在挂钩上进行空气冷却，即用架子吊挂冷却。将每一胴体都以其脚倒悬在横档上，互相不接触，送入冷空气冷却。吊挂冷却的优点是可以缩短冷却时间 10%～20%，冷却间的空气温度为 2～3 ℃，相对湿度为 80%～85%，风速为 1.0～1.2 m/s，经过 7 h 左右，鹅、鸭的胴体温度即可降低到 3～5 ℃，鸡的冷却时间不需这样长即可达到冷却要求。但在冷却过程中，因禽体吊挂下垂，往往引起禽体伸长，需要人工整型，以保持禽的外形丰满美观。禽体冷却干耗为 1.5%～2%。

2. 装箱法冷却　冷却禽肉胴体时，箱子不需加盖，可在冷却间的地面堆成方格形，最好放在木架上，每 2～3 层为一格。每 1 m^2 地面上的装载量为 150～200 kg。冷却所需时间在空气自然对流的条件下 12(小鸡)～36 h(大鹅)不等。胴体安置方法、肥瘦度及操作情况都会影响冷却所需要的时间。冷却终了箱内温度不应超过 2 ℃，冷却时质量损失一般在 0.5%～1.2%的范围内。

若在管架式冷却间内冷却时，箱子可放在管架上，但箱与箱之间要留有一定的距离，以便空气流通。

对鸡肝、心、颈皮、鸡尾、鸡肫等产品，在常温 25 ℃以上时，要放在冷却间进行 30 min 至 1 h 的冷却，避免肉变味。

3. 隧道式冷却　图 4-1 所示为隧道式冷却装置。这种装置是由许多小冷却室(单体)组装而成。每一个小冷却室中都设置有冷风机，其数量由宰杀的生产能力来确定。空气在隧道中流动的方向是横向流动，被冷却的禽胴体放在多层小车上。

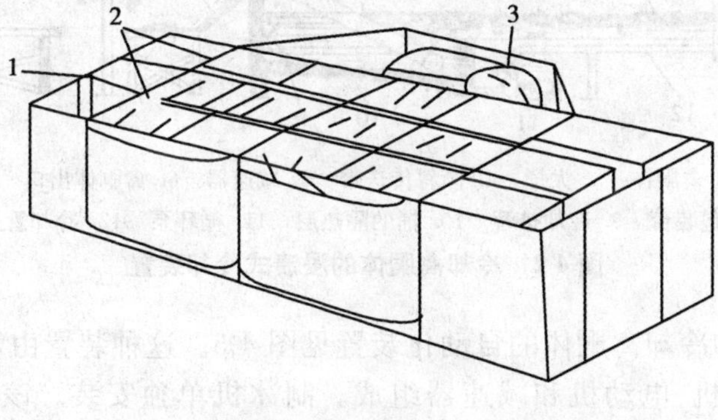

1. 隧道　2. 小冷却室　3. 风机

图 4-1　冷却禽胴体的隧道式冷却装置

4. *连续低温吹风冷却*　连续冷却法的第一区段，首先利用 15 ℃的干空气吹 15 min，目的是干燥禽体表面过多的水分，在这同时含有冷却效果；连续冷却法的第二区段，是用－1～0 ℃的高速气流冷却 75 min，胴体温度下降至 10 ℃或以下，符合包装条件。包装后在－2 ℃的高速气流中，继续进行冷却，冷却时间为 165 min。全部冷却过程大约 4 h。该方法冷却的禽胴体外观好看，冷却速度快，而且包装袋内又无汁液渗出，冷藏期也长。

(二)水冷却

1. *浸渍冷却*　浸渍冷却是指用冷却水或冰水混合物进行的冷却，限用饮用水。此法的优点是具有漂白效果，产品的表面呈白色；冷却速度快，易实现流水作业，没有干耗，而且会增重。缺点是微生物污染增加，禽胴体带水量多，如仔鸡平均增重 5.5%～12%，在个别情况下增重高达 30%之多；包装后袋内易渗出水分且逐渐增加，影响产品的外观并为微生物的生长繁殖创造了条件。

浸渍式水冷却装置见图 4-2。这种装置是由水槽、带有冷却排管的大桶、倾斜传送带、管道和循环泵组成。被冷却的禽胴体一面沿着水槽向前移动，一面被预冷，然后进入最后的冷却大桶。冷却好的禽胴体由倾斜传送带从大桶中捞出。水是用设在大桶中的冷却排管冷却的。该装置操作管理比较简单，但它还存在着缺点，水槽中水温升高，达 4～5 ℃，这会延长冷却过程。用冰水混合物冷却就可克服这一缺点。

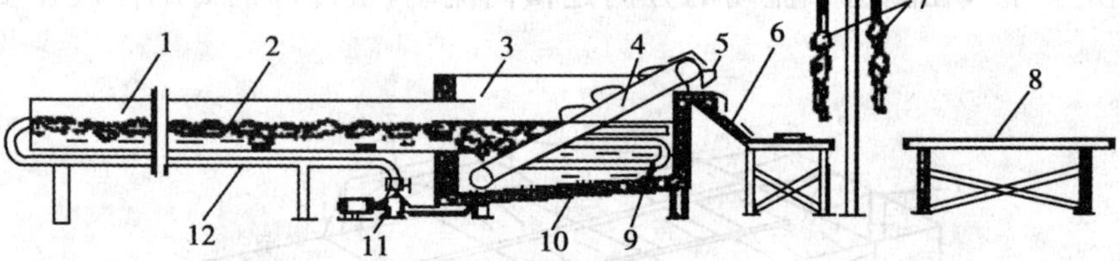

1. 水槽　2. 禽胴体　3. 大桶　4. 倾斜传送带　5. 减速器　6. 禽胴体出口　7. 传送链
8. 包装台　9. 冷却排管　10. 桶的隔热层　11. 循环泵　12. 冷却管道

图 4-2　冷却禽胴体的浸渍式冷却装置

冰水混合物冷却禽胴体的自动化装置见图 4-3。这种装置由水槽、带有挡栅的传送带、提升机、电动机和减速器组成。制冰机单独安装。该装置应用较为广泛。

禽胴体从传送带上自动掉到大桶中。同时，两个相邻的挡栅形成的笼形小室充满禽胴体和碎冰。每个挡栅把一定数量的禽胴体和冰推到水槽的末端送入提

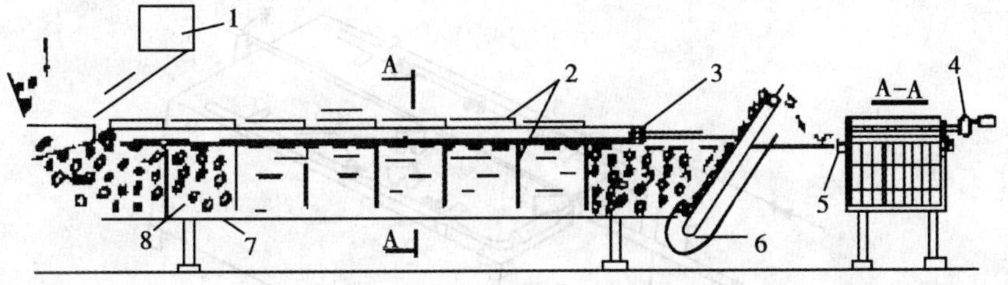

1. 制冰机　2. 挡栅　3. 传送带　4. 电动机和减速器
5. 溢水口　6. 提升机　7. 水槽　8. 小室

图 4-3　冷却禽胴体的冰水混合物冷却装置

升机。如果禽胴体没有进入提升机，那么在挡栅抬起来时把禽胴体托起来，一旦挡栅达到垂直的位置，胴体就会重新掉到水槽里。这时又被后面的一个挡栅推到提升机中。挡栅从上边的垂直位置转换到水平位置，是因为挡栅是从一面以铰链连接而倒向一边的。挡栅以水平方向转到桶的始端，并渐渐打开再推动禽体和冰。这种装置的优点是，挡栅可以拨动它前面的每一只禽胴体，不论是浮着的还是沉底的，都会被挡栅推向末端。

2. *喷淋冷却*　喷淋冷却的效果与浸渍冷却相同，但需要较多的动力。禽胴体增加质量比浸渍式大致减低 85%，若喷淋水不循环使用，可减少微生物的污染，但耗水量大。

水喷淋冷却装置见图 4-4。该装置可以用循环水也可以不用循环水。装置由小室、悬挂禽胴体的传送带和离心喷雾的集管及管道组成。离心喷雾器是用于喷水的。喷雾器交叉布置在集管的格点上，并且向传送带的轴倾斜。在冷却室内采用这种方法安装喷雾器时，沿着放禽胴体的传送带形成了一个完整的水帘。

这种装置能保证禽胴体得到充分的洗涤，并使禽胴体达到快速冷却，离心喷雾器的水压要达到 150～200 kPa，集管的间距为 450 mm。传送带的速度用减速器和变速器进行调节。禽胴体通过装置的时间是它冷却到 4～5 ℃所需要的时间。

在冷却结束之前，应进行一次全面的质量检查，以防止不符合要求的胴体混入，特别应注意检查有无胆囊已破的胴体混入。轻微的破胆，由于输胆管破裂的口很小，其胆汁一时不易流出，因而在初步加工后的检查中很难发现。但经过冷却后，由于胆囊受肌肉收缩压力的影响，其胆汁便易从肛门流出。采用吊挂式冷却，若有此种现象时，很容易发现。在质量检查时，若发现有不合要求的胴体混入时，应一律剔除。

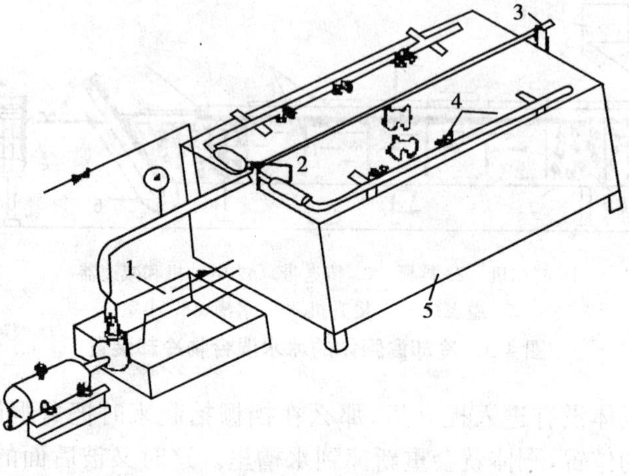

1. 管道 2. 集管 3. 带有挂色的传送带 4. 离心喷雾器 5. 冷却室

图 4-4 冷却禽胴体的喷淋式冷却装置

第三节 禽肉的冻结

一、禽肉的冻结

(一)吹风冻结

禽类的冻结一般都是在空气介质中进行的,采用搁架排管或强烈吹风等方式冻结。冻结时,如果是用塑料袋包装的,可放在带尼龙网的小车或吊篮上进行吹风冻结。没有包装的禽大部分放在镀锌的金属盘内进行冻结,脱盆后再镀冰衣冷藏。分割禽也用镀锌金属盘冻结,然后脱盘包装。

如果是搁架式冻结间,则将镀锌的金属盘直接放到管架上,盘与盘之间应留有一定距离。在向冻结间进货时,应整批进入,一次进完,否则会引起冻结间温度波动,影响产品质量。装盘时将禽的头颈弯回插到翅下,腹部朝上,使胴体平紧整齐地排列在盘内。

每盘中装的只数,应与在冻结后装箱包装每层的只数一致。经过冻结的胴体,几只会冻成一块,在装箱时,要整块装入,勿强行使其散开,以免造成表皮损坏。

采用装箱冻结的禽,待冷却结束后,即可直接送到冻结间进行冻结。装在木箱中冻结时,其箱盖仍然是敞开的,不得钉上,否则冻结后将因水分蒸发的缘故在箱的四周及胴体的表面上将有露滴出现,这样不仅影响胴体的美观,而且对其质量也有影响。

冻结间的空气温度一般在－25 ℃以下，最好在－28 ℃或－32 ℃，空气相对湿度在 85%～90%，空气流动速度为 2～3 m/s。当禽体的最厚部位的肌肉温度达－15 ℃，即可结束冻结过程。冻结过程中，禽体因水分蒸发而重量减轻。如无包装的禽肉冻结，干耗量一般为 2%～3%。冻结的时间在上述条件下，与禽的种类及采用的冻结方法有关。一般是鸡比鸭、鹅等快些；在铁盘内比在木箱内或纸箱内快些。详见表 4-6。

表 4-6 各种禽的冻结时间 h

禽的种类	冻结方法	
	装在铁盘内	装在箱内
鸡	11	24
鸭	15	24
鹅	18	36

肉用鸡的冻结时间，采用缓冻工艺，一般需 18～24 h；采用速冻工艺，只需 3～6 h 即可冻结。速冻是用悬架连续输送式冻结装置，使吊篮在－28 ℃的冻结间内连续运行，禽体受到从不同角度吹来的冷风，中心温度很快即达到－15 ℃。经速冻的产品，不仅外形美观，干耗还小(低于 1%)。速冻与缓冻的鸡，其质量比较情况见表 4-7。

表 4-7 速冻和缓冻鸡的质量比较

项目	缓冻鸡	速冻鸡
外观	禽体表皮干燥、发红	滋润，乳白色或微黄色
肌肉	发红	乳白色，微红
冻晶体(细胞显微)	冰晶颗粒大	冰晶颗粒小
干耗	2%～3%	用塑料袋包装，基本无干耗；无包装时，在 2%以下
品位	肉老、走味	肉嫩，味美

现在国外冻结禽大多是在空气温度－35～－40 ℃和风速 3～6 m/s 的情况下进行的。冻结时间的长短随禽体大小和包装材料的不同而异。图 4-5 所示是冻结时间与禽体质量的关系。冻结间的条件是：空气温度－38 ℃，空气速度 4～6 m/s。最初禽温 7 ℃左右；最后禽体的中心温度－20 ℃。在纸板箱内装 12 只用聚乙烯袋装的家禽，纸包鸡杂塞在膛内。

在禽胴体的冻结过程中，有时会出现皮肉发红的现象，经研究主要是缓冻

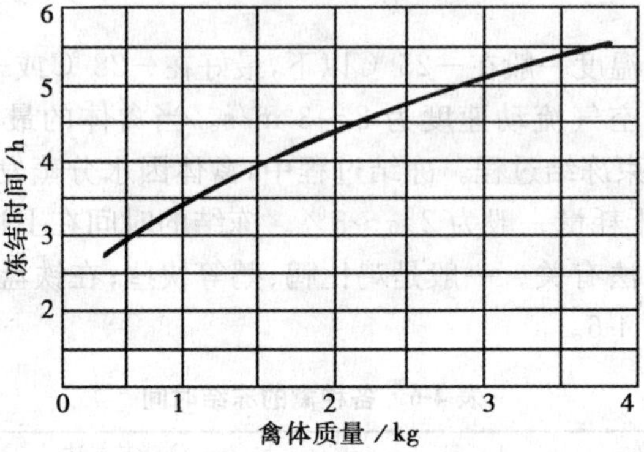

图 4-5 吹风冻结器中去除内脏禽体的冻结时间

所致。因禽的成分中含有70%以上的水分，如果长时间在冷风中吹，水分极易蒸发，因而增强了禽体表面层的血红素浓度；另外，禽的表皮比较薄，脂肪层少，特别是腿肌部分，在缓冻中血红素被破坏，并渗入到周围肌肉组织中，这是冻禽发红的主要原因。而且缓冻还影响产品的内在质量，导致组织中生成较大的冰结晶，对纤维和细胞组织有破坏和损伤作用。大量的试验研究表明，冻结时间越慢，皮肉愈红，干耗愈大，质量愈差；反之，冻结时间越快，干耗愈少，皮肉愈白，质量愈好。

影响冻结速度的主要因素有：被冻结物的大小、形状及热力学性质；被冻结物的包装情况；冷冻介质与冻结物的温度差等。由于被冻禽的大小、形状及其包装等条件都已基本固定，因此，可以采用以下工艺提高冻结速度。

(1)为了克服以往冻结间由于风速不匀、冻结速度不一致而使之延长冻结时间的缺陷，可采用悬式吊篮输送的连续冻结方式。

(2)为了提高产品外观和内部质量，在冷冻工艺上采用不冻液喷淋和强力送风冻结相结合的方式，以使禽体表层快速冻结。

(3)采用较低的冻结温度(−28 ℃)和较高的风速(6～7 m/s)相结合。

(二)液体—吹风相结合的混合冻结

禽的液体—吹风相结合的混合冻结工艺主要分3个部分。第一部分，为了保持禽体本色，袋装的禽胴体进入冻结间后首先被−28 ℃强烈冷风吹十多分钟，使禽体表面快速冷却，起到色泽稳型的作用；第二部分，用−28～−25 ℃的乙醇溶液(浓度40%～50%)喷淋5～6 min，使禽体表面层快速冻结，不仅使家禽外表呈现乳白或微黄的明亮色调，制品色泽美观，还可加快冻结周期；第三部分，在冻结间内用－28 ℃空气吹风冻结 2.5～3 h 等 3 个环节，形成了一条适应连续的禽体冻结生产流水线，见图 4-6。

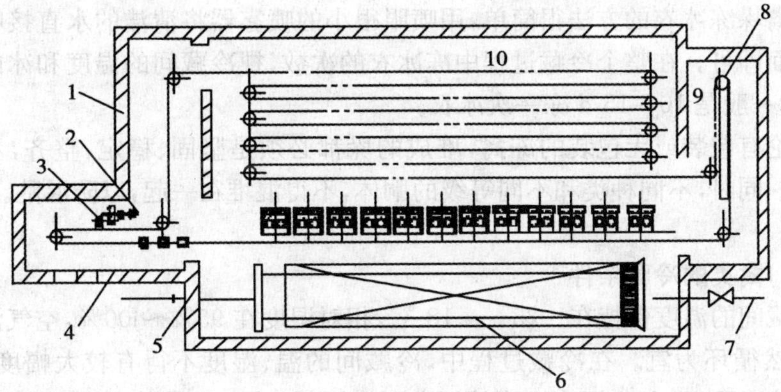

1. 卸鸡口 2. 减速装置 3. 电动机 4. 装鸡口 5. 冲霜进水管 6. 冲霜水管 7. 蒸发器回气管 8. 不冻液喷嘴 9. 淋冻间 10. 风冻间

图 4-6 连续式禽体冻结流水线

在禽类冻结的工艺上采用了液体喷淋和送风相结合的冻结方法，由于液体在喷淋时和禽体接触，低温的乙醇溶液能迅速夺取食品热量，因而放热系数比较大，可使禽体表面快速冻结，不仅解决了禽体的外观质量问题，还进一步缩短了冻结时间，提高了冻结装置的生产效率。

二、禽肉的冻结冷藏

(一)禽类在冷藏间的要求

有包装的冷藏：有包装的禽易堆放，一般都是每 100 箱堆成一垛。为了提高冷藏间有效容积的利用率，每垛也可堆放得更多些。在堆放时，垛与垛之间，垛与墙排管或顶排管之间，应留有一定的距离，最低层应垫垫木，还要注意不得将箱子倒置。

无包装的冷藏：又分为块状和散状，块状是指多只禽胴体冻在一起，这种块状因其表面光滑不易码好垛，码垛时务必注意安全，码垛要牢固。块状码垛方法一般是压缝法，如砌砖式，这种垛不应过小，减少与空气的接触面积，减少水分蒸发，从而降低干耗。散状码垛，因禽胴体经冻结后格外发脆，尤其颈部较细，容易折断，所以要小心，避免拿、放和堆垛时损坏禽体的完整性。无包装的冻禽在冷藏时，由于直接暴露在空气中，被微生物和其他生物污染的机会增多，因而除在每垛最低层铺垫经过消毒处理的木板、席子等物外，还必须搞好冷藏间的卫生。

垛堆后，可在垛的表面上冻一层冰衣把胴体包起来，以隔绝胴体与空气的直接接触，减少胴体在冷藏时的干耗，这样可延长禽胴体的保藏时间。

冻禽垛冻冰衣的方法很简单，用喷眼很小的喷雾器将清洁的水直接喷淋到胴体的表面即可。在整个冷藏过程中冻冰衣的次数，视冷藏间的温度和冰的升华情况而定，一般是 10～15 d 冻一次冰衣。

不论有包装或无包装的冻禽，堆成的垛都必须是坚固、稳定、整齐，不得有倾倒现象。同时，不同种类和不同等级的胴体，不得混堆在一起，以防混乱。

(二)禽类的冷藏条件

冷藏间的温度保持在－25～－18 ℃，相对湿度在 95%～100%，空气流动速度应以自然循环为宜。在冷藏过程中，冷藏间的温、湿度不得有较大幅度的波动。在正常情况下，24 h 内温度升降的幅度不得超过 1 ℃，否则会引起重结晶现象，对禽胴体的长期冷藏极为不利。一般在－18 ℃温度条件下冷藏，鸡可保藏 6～10 个月，鸭、鹅可保藏 6～8 个月。无包装的冻禽，干耗较大，如经冷藏 6 个月的鸡胴体，干耗可达 2%～3%；有包装的，干耗较小，为 1%～1.3%。

禽肉的冷藏温度与冷藏期限还和以下因素有关：包装良好的仔鸡和鸭在－18 ℃的温度下实际冷藏期可达 12 个月；在－30～－25 ℃的温度下为 24 个月。按照欧洲经济共同体国家的规定，冻结仔鸡在－12 ℃的温度下，冷藏期不应超过 6 个月；在－18 ℃的温度下，冷藏期不应超过 9 个月。

包装材料对冷藏时间有一定的影响，聚偏二氯乙烯收缩袋包装禽胴体，在－18 ℃温度下，可冷藏 10 个月，聚乙烯和防水蒸气的玻璃纸包装的禽胴体，在－18 ℃下有效冷藏期为 6 个月。涂蜡纸或可透气的玻璃纸，在－18 ℃下冷藏期只有 3 个月。根据资料，仔鸡、鹅、鸭用可收缩聚偏二氯乙烯袋真空包装，在－40 ℃下冻结，在－10 ℃下冷藏，冷藏期为 4～6 个月；在－15 ℃时冷藏期为 10～12 个月；在－18 ℃时冷藏期为 12～15 个月；在－28 ℃时冷藏期可达 18 个月。

(三)禽类在冷藏期间的变化

1. 干缩损耗　经较长时间的冷藏后，特别对于无包装的家禽胴体，由于不断的水分蒸发和冰晶升华，肉体表面会出现斑点状、丝纹状，甚至周身性的肉色变淡，表皮干裂成海绵状，出现木质样的脱水区，肌肉失去韧性，手触有松软感等。这种现象也称风干或发干。严重脱水的胴体，其肌肉的组织结构和鲜美可口的自然风味将受到很大破坏。

2. 色泽变化　胴体变色有的表面变红，这是由于放血不当和冷却不良造成的;皮层上有棕色的斑点,这是由于损伤了表皮、冻烧结、骨头变暗的缘故。

表面发黑是由于水分损失或表面层中的大冰晶形成造成的。冻结烧可能是冻结禽类最常见的缺点。冻结烧的最初形式只是在外观上,在解冻后残留黄灰色斑点。进一步的冻结烧会发生其他质量的变化,例如变味、发干、发硬等,这些缺陷无法恢复。防止和减少冻结烧的主要方法是:禽胴体放在能防水汽的包装袋内,用稳定和适合家禽特性的冷藏温度;冷藏间应保持较高的相对湿度。

解冻的幼禽在骨头和附近组织常呈现紫色,在烹煮后转为棕色。冻结和解冻工序从骨髓细胞中释出血红蛋白以及松弛骨组织,就会使色素移动。烹煮加热时,血红蛋白转变为棕色的高铁血红蛋白,但味道和香味不受影响。骨头变暗可用液氮快速冻结或在快速解冻后立即烹煮的办法来解决。

3. 风味和香味的变坏　由于下列原因所造成风味和香味的变坏:饲料中不饱和甘油酯(特别是在鱼粉中含量较多)的存在;冷却时间和取出内脏缓慢;不适当的冷藏条件下被微生物污染。

4. 脂肪酸败　由于冷藏温度高,冷藏时间长及不合适的包装或没有包装,严重的冻结烧等原因,将造成禽肉冷藏中脂肪的酸败,肉品产生脂臭味,颜色变成污灰色、油黄色、污绿色,甚至肉品表面发黏、发霉等。

本章小结

本章主要介绍了禽肉的营养价值、禽肉的组织结构及特性、禽肉的冷却冷藏、禽肉的冻结冷藏、禽肉在冻结及冷藏过程中发生的变化等内容。通过对本章的学习,要求了解禽肉的营养及特性,掌握禽肉的冷却工艺和冻结工艺,尤其是禽肉在冻结和冷藏中的变化以及引起这些变化的原因,以便在实际生产中能更好地控制产品的质量。

思考题

1. 禽肉与畜肉相比有什么特点?
2. 简述禽浸烫拔毛的 3 种形式及条件。
3. 禽胴体冷却前要做哪些整理工作?
4. 影响禽肉冻结速度的主要因素有哪些?
5. 禽肉在冻结冷藏时会发生哪些变化?形成的原因是什么?

第五章　果蔬速冻加工技术

果蔬类食品属于活性食品，一般只进行冷却冷藏。但是，在冷却冷藏条件下，贮藏期短，常年供应困难，也不适合长距离运输与销售。为克服以上缺点，达到长期贮藏以及出口创汇的目的，则必须对果蔬类食品进行速冻。

第一节　果蔬的组成及特性

水果、蔬菜由多种化学物质组成，这些物质是维持人体正常生理机能，保持人体健康不可缺少的营养物质。但是，这些物质在水果、蔬菜收获之后，不断地发生变化，影响水果、蔬菜的色、香、味及营养价值。因此，掌握水果、蔬菜的化学组成、分类及性质，使其在运输、贮藏和加工中变化最小，以保持水果、蔬菜最高的商品价值。

一、化学组成

(一)水分

水分是水果、蔬菜的主要成分之一，是维持果蔬正常的生理活性和新鲜品质的必需条件。同时也是决定水果、蔬菜性质和耐藏性的重要因素。研究水果、蔬菜在冷藏中的质量变化，是以研究水分的性质和状态变化为基础的。因此，了解水果、蔬菜中水分含量及其存在的性质和状态，对研究水果、蔬菜的保藏性和冷藏工艺具有重要的意义。

水果、蔬菜中所含的水分因品种不同而有明显的差别，见表 5-1。

水果、蔬菜中水分存在的形式有自由水和结合水两种。自由水又叫游离水，存在于水果、蔬菜的细胞内外，经压榨或切断可以和细胞分离。它具有一般水的性质：0 ℃下能结冰，能自由移动，可作为溶剂，也能参与生物学反应。其中常溶有糖、酸和无机盐等可溶性物质。果蔬中的水分大多数是以自由水的状态而存在的。这部分水分影响新鲜果蔬正常的生理生化活动，也影响果蔬的商品性状，与贮藏保鲜关系密切。

表 5-1 水果、蔬菜中的水分含量(占可食部分的比例) %

食品名称	水分	食品名称	水分
一、鲜果类:苹果	84	洋葱头	88
柚	84	四、叶菜类:大白菜	94
梨	86	油菜	92
橘	87	菠菜	93
桃	88	包菜	93
二、鲜豆类:毛豆	70	五、瓜及茄类:冬瓜	97
青扁豆荚	89	黄瓜	96
榨菜	74	南瓜	98
三、根茎类:甜薯	67	番茄	73
马铃薯	79	茄子	87

果蔬中还有部分被生物大分子如淀粉、果胶物质、蛋白质及其他胶体分子吸附而失去纯水特征的水分,即结合水,又称束缚水,其比例在新鲜果蔬中通常不足1/3。

果蔬中的水分尤其是自由水是衡量果蔬新鲜程度的一个重要指标,一般新鲜的水果、蔬菜水分减少5%以上,就会失去鲜嫩饱满的外观,发生萎蔫,食用品质下降。而且由于水分的减少,水果、蔬菜中酶的活性增强,加强了水果、蔬菜的化学反应速度,使营养物质减少,水果、蔬菜的耐藏性和抗病性减弱,易发生腐烂变质,使贮藏期大大缩短。因此,如何防止水果、蔬菜在整个贮藏过程中水分的损失,是水果、蔬菜保藏中研究的重要内容。

(二)矿物质

水果、蔬菜中矿物质的含量不多,一般仅占总重的0.2%~2.0%。用燃烧法可以测定食品中矿物质的含量,因此,矿物质又称之为灰分或无机盐。水果、蔬菜中有10多种矿物质,其中最主要的有钙、钾、钠、铁、镁、磷、硫、锌、锰等。这些元素多数是以游离状态存在,少数以硫酸盐、磷酸盐、硅酸盐、硼酸盐和有机酸盐的状态存在,有的则和果胶质等有机物质结合在一起。这些矿物质的80%是钠、钾、钙等金属元素,其中磷酸和硫酸等非金属只不过占20%,因此,水果、蔬菜为碱性食品,对人体的健康是非常重要的。

果蔬中的矿物质不仅是人体需要的重要营养成分,而且在自身的生理生化等代谢活动中起着调节作用,人体若缺乏矿物质就会发生各种疾病。钙和磷是构成骨骼和牙齿的主要成分,当食品中缺乏钙质,就会引起骨骼病症;铁是人体血红蛋白的成分,是人类所需的最重要的微量元素。人体铁的含量摄取不足,将会得缺铁性贫血症。另外，钾和钠能够调整血压，氯是构成胃液中盐酸的成分之一。

(三)维生素

人体要维持正常的发育，仅仅从食物中摄取足够数量的脂肪、糖类、蛋白质及矿物质等必需的营养物质是不够的，还必须摄取维生素。虽然人体对维生素的需要量极少，而且维生素不能供给有机体热能和构成组织，但是，维生素能够调节有机体的新陈代谢。如果体内缺少维生素，人就会产生各种疾病。

果蔬中的维生素种类很多，含量丰富，是人体维生素的重要来源之一。一般分为脂溶性维生素和水溶性维生素两大类。脂溶性维生素主要有维生素A，维生素D，维生素E，维生素K等；水溶性维生素有维生素B，维生素C等。

1. 维生素A(抗干眼病维生素)　在植物体中没有维生素A，但维生素A以β-胡萝卜素的形式存在于有色水果、蔬菜之中。即维生素A有60%以上来自于水果蔬菜中的类胡萝卜素。胡萝卜、西红柿、南瓜、菠菜、柑橘、柿子、枇杷等蔬菜、水果中都含有胡萝卜素。胡萝卜素进入人体后可转变为维生素A。

人体缺乏维生素A常患夜盲症、干眼病及其他眼病，严重者则引起失明。成人维生素A每日推荐为4 000～5 000 IU，如果超过每日推荐量的10～20倍，便会出现食欲缺乏、头疼、视觉模糊、头发脱落等症状，严重者皮肤发黄、骨头发脆，最后损害肝脏而死亡。

在水果、蔬菜贮藏中，温度对胡萝卜素的影响不大，但干燥却会破坏一部分胡萝卜素。

2. 维生素C(抗坏血酸)　维生素C具有防治人体坏血病的作用，也称抗坏血酸。它参与人体的新陈代谢，能促进各种酶的活性，加强人体对蛋白质的利用率，具有软化血管，保护心脏的作用。维生素C缺乏的早期症状是全身无力、口腔损害、牙龈出血，还可能造成牙齿脱落。长期缺乏维生素C可引起惊厥，并降低人体对传染病的抵抗力，严重者造成死亡。

维生素C成人每日需要量为45 mg，若每天摄取量低于10 mg时就会发生坏血病。维生素C易溶于水，呈酸味。有还原型和氧化型两种，氧化型抗坏血酸的效力是还原型的1/2。维生素C广泛存在于水果、蔬菜中。

温度对抗坏血酸的氧化影响很大，这主要是在高温下氧化酶受到抑制和破坏的缘故。在蔬菜速冻的加工中，烫漂时要求水煮沸之后再投入蔬菜，这是因为沸水能破坏氧化酶类，不至使维生素C氧化。若蔬菜在冷水中逐渐加热，当通过90 ℃以下的温度时间愈长，维生素C的破坏就愈严重。为了更好地保存水果、蔬菜的维生素C,冷冻贮藏比常温贮藏要好;冻结干燥比热力干燥要好。

另外,维生素C的分解速度还受pH值、金属离子及紫外线等的影响。它在酸性条件下比较稳定,在中性或碱性介质中反应快。重金属盐类的离子Cu^{2+},Ag^{+},Fe^{2+}等少量存在时能促进氧化过程。正因为如此,加工水果、蔬菜的工具和设备要求尽可能使用不锈钢制作。维生素C对紫外光不稳定,因此,不宜将水果、蔬菜放在有阳光的地方。

3. 维生素B_1(硫胺素) 维生素B_1也叫硫胺素或抗脚气病维生素。维生素B_1为无色晶体,易溶于水,在碱性溶液中最容易被热破坏。

饮食中缺乏硫胺素引起脚气病,这种病使肌肉萎缩,产生多神经炎,成年患者会四肢瘫痪,少年患者生长受阻。

硫胺素主要存在于种子的胚、皮等部位,因此,精制的面粉、大米维生素B_1损失较多。

4. 维生素B_2(核黄素) 维生素B_2是一种橘黄色针状晶体,相当耐热,但极易被阳光破坏。它具有促进机体细胞的氧化作用,能预防口角炎、角膜炎等,严重缺乏者,眼里会长出白内障,引起皮肤病、贫血病以及未老先衰症。主要分布在蔬菜、黄豆、花生中。

(四)碳水化合物

碳水化合物是水果、蔬菜的主要成分,占干重的50%~80%,其种类很多,含量差异很大。大致分为单糖,低聚糖和多糖。糖是水果、蔬菜呼吸时所消耗的主要物质,又是微生物的营养物质,正因为如此,新鲜水果、蔬菜在常温下不易贮藏。

1. 单糖和低聚糖 水果、蔬菜中所含的单糖和低聚糖主要有葡萄糖、果糖、蔗糖。水果、蔬菜种类不同,上述3种糖的含量差别也很大。番茄中主要含葡萄糖,果糖次之,蔗糖很少;胡萝卜中主要为蔗糖,西瓜为果糖,甘蓝为葡萄糖;柑橘蔗糖较多。

葡萄糖和果糖都是单糖,两者分子式相同($C_6H_{12}O_6$),但结构式不同。果糖常与葡萄糖共同存在于植物体中,甜味是葡萄糖的2倍多。葡萄糖在果实、种子、茎叶及根等所有各个部位都存在,特别是在葡萄中含量为20%左右。葡萄糖易被人体吸收利用,成为能量的源泉。

蔗糖是由两个分子的单糖组成的,故称双糖。蔗糖水解之后可产生两个分子的单糖(果糖和葡萄糖):

$$C_{12}H_{22}O_{11} + H_2O \longrightarrow 2C_6H_{12}O_6$$

蔗糖广泛地分布于水果、蔬菜之中,特别是在甘蔗和甜菜中含量最高,甘蔗中含12%～18%，甜菜含16%～18%。

2. 多糖　果蔬中的多糖有淀粉，纤维素和半纤维素，果胶物质。

(1)淀粉。淀粉在植物体内可转化为糖，糖也可转化为淀粉，贮藏温度对淀粉和糖的转化影响很大。如青豌豆采收后储存在高温下，2 d后糖转化为淀粉。因此，在加工速冻甜玉米、速冻豆类过程中，采收后应注意马上加工。不能马上加工的，应放在低温下贮藏。

淀粉广泛存在于植物中，谷物和薯类中含量最高。马铃薯中含14%～25%。水果、蔬菜的成熟度不同，其淀粉含量也不同。如未成熟的香蕉淀粉达25%左右，成熟时仅为1%左右。

(2)纤维素和半纤维素。纤维素和半纤维素是由葡萄糖组成的多糖类，是植物细胞壁的主要成分。水果中纤维素含量为0.2%～4.1%，半纤维素含量为0.7%～2.7%，蔬菜中纤维素含量为0.3%～2.3%，半纤维素含量为0.2%～3.1%。通常蔬菜要比水果和瓜等含量高些。

纤维素和半纤维素作为膳食纤维的主要组成对人体的健康具有重要的作用，是果蔬的骨架物质之一。虽不能被人体直接吸收，但可促进肠道蠕动，帮助消化。

纤维素和半纤维素的存在与果蔬的质地有很大关系。含量越高，品质越差，但贮藏性越强。

(3)果胶物质。水果、蔬菜中的果胶物质分为原果胶、可溶性果胶和果胶酸3种。果胶是构成细胞壁的重要物质，起着将细胞粘在一起的作用。

原果胶存在于未成熟的水果、蔬菜的细胞壁中，不溶于水，质地较硬，水解后生成果胶。它与纤维素和半纤维素结合在一起，因此也称之为果胶纤维。

可溶性果胶存在于水果、蔬菜细胞内的汁液中，溶于水，与细胞汁一起呈溶液状态。

果胶酸是羧基完全游离的多聚半乳糖醛酸长链，不溶于水。果胶酸可与碱土金属结合成为不溶于水的盐类，使水果、蔬菜的硬度增加。利用这一性质，在加工速冻蔬菜、水果及其罐头时，常添加一定量的钙盐，产生果胶酸钙，使加工后的制品不发疲、不软且具有一定的脆度。

果胶物质在水果、蔬菜的贮藏过程中，可以互相转化，这种变化是伴随着成熟而进行的。未成熟的水果、蔬菜细胞间和细胞壁含有大量的原果胶，几乎不存在可溶性果胶，因而组织坚硬。成熟时的原果胶经过水解，与纤维素分离成为溶于水的果胶，并渗入细胞液内，果实组织变软而有弹性。因此对具有后熟能力的水果、蔬菜一般应在成熟之前的适当时期去收获，然后再放入冷藏库内加以贮藏。表5-2是几种果蔬中果胶的含量。

表 5-2 几种果蔬的果胶含量(以干物质计算) %

水果名称	果胶含量	蔬菜名称	果胶含量
苹果	1.00～1.91	南瓜	7.0～17.0
草莓	0.70	马铃薯	0.20～1.50
李子	0.20～1.50	甜菜	3.8
桃	0.56～1.25	胡萝卜	8.0～10.0
梨	0.50～1.40	番茄	2.0～5.0
杏	0.50～1.20	甜瓜	1.7～5.0
山楂	6.40	甘蓝	5.0～7.5

(五)有机酸

水果、蔬菜中含有多种有机酸,通常叫果酸,主要有苹果酸、柠檬酸和酒石酸,此外还含有少量的草酸、苯甲酸、琥珀酸和水杨酸等。这些酸以游离或酸式盐类的状态存在于水果、蔬菜的组织中。

有机酸的含量和种类因水果、蔬菜的品种、成熟度、部位的不同而有所差别。一般水果、蔬菜在未成熟时有机酸含量较高。

有机酸不仅直接影响水果、蔬菜的风味和品质,而且能调节人体内酸、碱的平衡。但是,如果菠菜、苋菜、竹笋等食量过多,蔬菜中的草酸会刺激和腐蚀黏膜,破坏代谢作用,影响人体对钙的吸收。

有机酸和葡萄糖一样,是水果、蔬菜呼吸时所消耗的基质之一,呼吸时有机酸将转化为 CO_2 和 H_2O。若贮藏的温度降低,这种氧化过程的速度便会减慢,因此,冷藏水果、蔬菜是一种较好的方法。

(六)含氮物质

水果、蔬菜的含氮物质主要是蛋白质、氨基酸和具有特定生理功能的生物催化剂——酶。蔬菜的含氮物质比水果高得多,但不如谷类及豆科植物丰富,一般为0.6%～9%,豆类中的蛋白质高达13.6%左右;而水果中含氮物质一般含量为0.2%～1.2%。这些含氮物质多是以蛋白质形态作为贮藏物质而存在的。

蛋白质是生命的基础,没有蛋白质就没有生命。多吃水果、蔬菜,可以提高人体对肉、蛋中蛋白质的消化率。

氨基酸常以游离态或氨基化合物状态存在。果蔬中的游离氨基酸有20多种,其中含量较为丰富的有谷氨酸及酰胺,天冬氨酸及酰胺,缬氨酸,亮氨酸和丙氨酸等。果蔬中的氨基酸种类和数量依果蔬种类、品种和发育阶段不同而有很大变化。

含氮物质的存在和变化，对加工产品的质量产生很大影响。如在加工冷冻马铃薯产品时，去皮后容易黑变，这就是马铃薯中的酪氨酸，在酶的作用下进行氧化的结果。

酶存在于所有水果、蔬菜的细胞中，一切的生物化学作用都必须在酶的参与下才能进行。酶的种类多种多样，一般分为两大类：一是氧化酶：如抗坏血酸氧化酶、过氧化氢酶、过氧化合酶、多酚氧化酶和脱氢酶等；二是水解酶，如果胶分解酶、淀粉酶、蛋白酶等。

在水果、蔬菜的贮藏中，酶是引起品质变坏和营养成分损失的重要因素之一。在一定程度上，抑制了酶的活性，便可达到长时间贮藏水果、蔬菜的目的。

(七)芳香物质

水果、蔬菜各自都具有不同的香味和特殊的气味，这是由它自身所含的芳香物质所决定的。芳香物质是油状的挥发性物质，故又称挥发油或精油。然而有些植物的芳香物质不是以挥发油的状态存在，而是以糖苷和氨基酸状态存在。如芥子油具有特殊的辣味和香味，但它是以黑芥子苷存在于十字花科的蔬菜中，黑芥子苷本身具有苦味，而水解后生成芥子油，苦味便可消失，出现香味。

果蔬中的芳香物质主要有酯类、酮类、醇类、萜类、挥发性有机酸、内酯和含硫化合物等，它们都是果蔬在新陈代谢过程中形成的。现已从果蔬中鉴定出了数百种的芳香物质。

果蔬中的芳香物质种类虽多，但一般含量极少，且因品种、部位和成熟度不同其含量各有不同。通常水果中芳香物质的含量高于蔬菜中的。

芳香物质不仅使水果、蔬菜具有本品种应有的香味和一定的气味，而且大多数芳香物质都具有杀菌作用，有利于水果、蔬菜的贮藏。

温度对芳香物质的挥发和分解影响很大，在低温条件下贮藏有利于芳香物质的保存。

(八)色素

果蔬中的色素种类繁多、结构复杂，分布极广，它或显现或被掩盖，多数情况下几种色素同时存在，决定果蔬的颜色。有的色素物质还具有很高的营养和保健功能。果蔬中的色素主要有叶绿素、类胡萝卜素、花色素和黄酮类色素等。这些色素物质的分布和含量因果蔬种类、生长发育阶段和环境条件等不同而有很大不同和变化。

1. 叶绿素　叶绿素是使水果、蔬菜呈现绿色的色素，是果蔬绿色的来源。它是由叶绿素 a 和叶绿素 b 构成。a 呈青绿色，b 呈黄绿色。

叶绿素不溶于水，对酸不稳定且加热加速分解。在酸性条件下，分子中的镁被氢取代，生成暗绿色至绿褐色的脱镁叶绿素。在碱性条件下，叶绿素生成叶绿酸等，叶绿酸为绿色。若与铜或铁反应则成为铜代叶绿酸（绿色）或铁代叶绿酸（绿色），这种绿色很稳定。因此为保持果蔬的鲜绿，加工热处理时常用碱溶液处理。蔬菜在高温短时间烫漂时，绿色显得更深，若长时间烫煮，则分解为褐色的脱镁叶绿素。因此，加工时不应低温长时间烫漂。

2. 类胡萝卜素　类胡萝卜素是一类使果蔬呈橙黄色至红色的脂溶性色素，黄桃、杏、西红柿和胡萝卜等呈现橙黄色，都是由类胡萝卜素引起的。主要由胡萝卜素（维生素 A 原）、番茄红素及叶黄素等组成。

类胡萝卜素耐高温，对酸碱均比较稳定，但在有氧条件下易被氧化，光照会促进降解。

3. 花色素　花色素以花色素苷的形态存在于植物体内，为水溶性的，溶于细胞液中。它使果实和花呈现红、蓝、紫等各种颜色。花色素主要存在于果蔬的表皮组织中，少数也可深入内部组织，花色素的量随果蔬成熟度的提高而增加。

花色素对光热较敏感，加热和光照可促使其分解破坏。因此，水果、蔬菜应在低温和遮光条件下贮藏。花色素与金属离子反应生成盐类而失去鲜艳颜色，因此加工时不应使用铁、铜、锡制成的器具，而应使用铝或不锈钢制成的器具。

（九）糖苷

糖苷是糖分子与非糖物质相结合形成的化合物，在果蔬中普遍存在，并影响其色、香、味。除赋予果蔬苦味外，还具有一定的防止病原菌侵染的作用。然而，有的糖苷则具有剧毒。

糖苷的种类很多，但含量比较低，尤其在成熟的果蔬中。糖苷一般有苦杏仁苷、黑芥子苷、茄碱苷、皂苷、橘皮苷等。

苦杏仁苷主要存在于桃、李、杏、苹果等果实的果核及种仁中。在酶或热的作用下，生成葡萄糖、苯甲醛和氢氰酸。由于氢氰酸具有剧毒，因此在食用含有苦杏仁苷的果实种子时，需加以处理。

黑芥子苷含于十字花科蔬菜的根、茎、叶与种子中。

茄碱苷又名龙葵苷，存在于马铃薯块茎、番茄和茄子中。是一种有毒的生物碱，对红血球有强烈的溶解作用。在马铃薯中的含量为 0.002%～0.01%，主要分布在皮、芽眼和受光而发绿的部位。若食用茄碱苷达到 0.02%，就会引起中毒。因此，食用马铃薯时应去掉皮、芽眼和发绿的部分。且应放在低温和无光处。

(十)鞣质

鞣质又称单宁,是一种多酚类化合物,易溶于水,具有收敛性涩味。鞣质广泛存在于水果中,但蔬菜中较少。单宁物质的存在与果蔬的抗病性有关。

由于水果、蔬菜的种类不同,其含量差异很大。同一品种的果蔬未成熟时单宁物质含量比成熟时要高。未成熟的水果大多是涩的,柿子尤其明显。涩味是由于鞣质处于可溶性状态时与嘴里黏膜的蛋白质结合而产生的,若将可溶性鞣质变成不溶性鞣质,那么人们就感觉不出涩味。

一般将失去涩味的过程称之为脱涩。有的水果、蔬菜经过冻结贮藏,即可脱涩。如将柿子冻结至－30～－20 ℃,并冻藏需 15 d(早熟品种)或 80 d(晚熟品种),涩味可以消失。

鞣质对水果、蔬菜原料和制品的质量影响很大,在加工中若处理不当,会引起变色和发涩。如水果、蔬菜去皮或切开后,在空气中会产生褐变,即由鞣质所引起的。要防止其变色,应从水果、蔬菜中鞣质的含量、酶的活性和氧气的供给量 3 方面进行考虑。用热水烫漂便可破坏酶的活性;或者去皮后放在盐水中,即可抑制酶的活性,又可减少氧的供给,获得良好的护色效果。

鞣质遇铁等金属离子也会发生变色,加工时需注意。

二、果蔬的特性

果蔬在贮藏运输过程中,其化学成分会发生一系列的变化,由此引起果蔬在存贮性、食用品质和营养价值等方面的改变。

(一)风味物质的变化

1. 糖　在果蔬贮藏过程中,糖分会因生理活动的消耗而逐渐减少。时间越长,果蔬甜味越淡。有些含酸量较高的水果,经贮藏后,口味变甜,这是因为含酸量降低比含糖量降低更快,引起糖酸比增大,但实际含糖量并未提高。

2. 有机酸　在果蔬贮运中,有机酸由于呼吸作用的消耗而逐渐减少,特别是在氧气不足的条件下,消耗的更多。如苹果等水果贮藏后由酸变甜。酸的变化会影响果蔬的酶活动、色素物质变化和抗坏血酸的保存。

3. 单宁　单宁在贮运过程中的变化主要是易发生氧化褐变,生成暗红色的根皮鞣红,影响果蔬的外观色泽,降低果蔬的商品品质。果蔬在采收、贮运中受到机械伤,或在贮藏后期,果蔬衰老时,都会出现不同程度的褐变。因此,在采收前后应尽量避免机械伤,控制衰老,防止褐变,保持品质,延长贮藏寿命。

4. 芳香物质　在果蔬贮运过程中，随着时间的延长，所含芳香物质由于挥发和酶的分解作用而降低，导致果蔬香气降低。但是，散发的芳香物质积累过多，具有催熟的作用，可引起某些生理病害。所以果蔬应在低温下贮藏，减少芳香物质的损失；及时通风换气，脱除果蔬贮藏中释放的香气，延缓果蔬的衰老。

（二）色素物质的变化

色素物质在贮运过程中随着环境条件的改变发生一些变化，从而影响果蔬外观品质。

蔬菜在贮藏中叶绿素逐渐分解，而促进类胡萝卜素、类黄铜色素和花青素的显现，引起蔬菜外观变黄。叶绿素不耐光、不耐热，光照与高温均能促进贮藏中蔬菜内叶绿素的分解。光和氧能引起类胡萝卜的分解，使果蔬褪色。在果蔬贮运中，应采取避光和隔氧措施。花青素不耐光、热、氧化剂与还原剂的作用，在贮藏中，光照能加快其变为褐色。

（三）质地物质的变化

构成果蔬质地的化学成分的变化，则引起贮藏中果蔬质地的变化。

1. 水分　水分作为果蔬中最多的化学成分，在果蔬贮运过程中的变化主要表现为游离水容易蒸发散失。由于水分的损失，新鲜果蔬中的酶活动会趋向于水解方向，从而为果蔬的呼吸作用及腐败微生物的繁殖提供了基质，以致造成果蔬耐贮性降低；失水还会引起果蔬失鲜，变得疲软、萎蔫，食用品质下降。因此，在果蔬贮运过程中，为了保持果蔬的鲜嫩品质，必须关注水分的变化，一方面要保持贮藏环境较大的湿度，防止果蔬水分的蒸发；另一方面还必须采取一系列控制微生物繁殖的措施。

大部分果蔬如苹果、梨、菠萝、萝卜等采后进行涂蜡、涂被剂、塑料薄膜包装等措施，保持果蔬水分。在果蔬贮藏过程中进行地面洒水、喷雾、挂草帘等提高贮藏环境的相对湿度，保持果蔬的含水量，维持果蔬的新鲜状态，延长贮藏寿命。

少部分果蔬，如柑橘、葡萄、大马铃薯等，可适当降低含水量，降低果皮细胞的膨压，减少腐烂，延长寿命。

2. 果胶物质　在果蔬贮运过程中，果胶物质形态变化是导致果蔬硬度变化的主要原因。

果胶物质分解的结果，使果蔬变得软疡状态，耐贮性也随之下降。贮藏中可溶性果胶含量的变化，是鉴定果蔬能否继续贮藏的标志。所以，为保证果蔬的食用品质和适应远运与久藏的要求，采收的果蔬应避免过于成熟，并保持良好的硬度。

霉菌和细菌都能分泌可分解果胶物质的酶，加速果蔬组织的解体，造成腐烂，贮运中必须加以注意。

3. 纤维素和半纤维素　刚采摘果蔬的细胞壁中含纤维素，食用时口感细嫩；贮藏一段时间后，组织逐渐老化，纤维素则发生木质化和角质化，使蔬菜品质下降，不宜咀嚼。

(四)营养物质的变化

贮运中的果蔬由于自身的呼吸消耗、营养物质稳定性等原因的影响，营养物质变化的总趋势是向着营养成分减少、质量发生劣变的方向发展。

如果蔬中的淀粉含量在贮藏期间会由于淀粉酶的活性加强，淀粉逐渐变为麦芽糖和葡萄糖，致使某些果蔬(香蕉、梨等)的甜味增强，改善食用质量。但果蔬的耐贮性也随着淀粉水解的加快而减弱，马铃薯出现甜味，说明其食用质量下降。因此，在果蔬贮运过程中，必须创造低温、高湿条件，抑制淀粉酶的活性，控制淀粉的水解。

三、果蔬的种类

(一)水果的种类

水果按其果树本身的特征可分为以下几类。

1. 落叶果树类水果

仁果类：苹果、梨、山楂等。

核果类：桃、李、杏、梅、樱桃等。

浆果类：葡萄、草莓、猕猴桃、桑葚、木瓜等。

坚果类：核桃、板栗等。

杂果类：柿、枣等。

2. 常绿果树类水果

柑橘类：柑橘、柚、柠檬等。

其他类：枇杷、杨梅、荔枝、龙眼(干制者又名桂圆)、橄榄、芒果等。

3. 多年生草本类水果　香蕉、菠萝等。

(二)蔬菜的种类

按食用部分的不同，蔬菜可分为以下几类。

根菜类：萝卜、胡萝卜、大头菜、甜菜等。

茎菜类：竹笋、芦笋、莴笋(又名莴苣)、葱头、蒜头、藕、姜、荸荠、芋、马铃薯(又名土豆)等。

叶菜类:大白菜、卷心菜(又名甘蓝)、雪里红、菠菜、芹菜、大葱、芫荽等。

花菜类:花菜、紫菜薹、金针菜等。

果菜类:青豌豆(青豆或豌豆)、刀豆(四季豆、菜豆)、豇豆、蚕豆、毛豆、甜玉米、番茄、茄子、西瓜、冬瓜、黄瓜、南瓜、苦瓜等。

食用菌类:蘑菇、草菇、香菇、金针菇、平菇、木耳等。

第二节 果蔬的采收及预冷

果蔬采收是果蔬贮藏、运输、速冻加工的重要环节。采收的方法、时间、成熟度等都将直接影响到速冻果蔬的质量,因此必须引起注意。采收后的果蔬应及时运送到工厂进行预冷,以便生产出高质量的速冻产品。

一、采收期

果蔬营养丰富,组织脆嫩,在采收、装卸、运输过程中极易损伤,易引起微生物感染而腐烂。因此,在贮运果蔬时,一般要求成熟适当,耐贮藏,新鲜度高,避免病虫感染、日晒雨淋和一切损伤。若当天不能进行贮藏加工的应及时预冷,这样才能保证产品的质量。因此,作为速冻加工的果蔬,采收是影响产品质量的关键环节,表5-3和表5-4给出了不同的采收期对梨的产量、品质及耐藏性的影响。

表5-3 不同采收期对梨的产量及品质的影响

(王钟经等,1993)

采收期/(月-日)	单果/g	产量/(kg/d)	硬度/(kg/cm^2)	总糖/%	总酸/%
9-10	171.90	2 265.00	10.15	7.11	0.21
9-20	229.20	3 020.00	8.65	9.406	0.20
9-30	266.710	3 514.00	7.10	10.23	0.16

表5-4 苹果梨采收时期与耐贮性关系

(沈阳农业大学)

采收期/(月-日)	单果/kg	自然耗/%	糜烂率/%
早(9-23)	0.200	7.7	16.5
中(10-03)	0.235	5.9	18.0
晚(10-13)	0.245	5.3	24.4

例如菜豆、青豌豆食用幼嫩组织，采收期推迟，纤维素就会增多；番茄采收期推迟，遇阴雨天气裂果就会增多。

二、采收成熟度

果蔬的成熟度可分为生理成熟度和商业成熟度，前者是植物生命中的一种特定阶段，后者涉及到能够转化为市场需要的采收时机，是市场对植物体所要求的一种状态。各种果蔬采收时的成熟度是以商业成熟度作为依据，也就是以风味品质的优劣作为依据。长期贮藏的果蔬，还要以贮藏结束时的风味品质及损耗状况为标准。

商业成熟与生理成熟几乎没有任何关系，它在发育期和衰老期的任何阶段都可发生。果蔬的种类很多，各个品种的生理特性各不相同，采收后的用途也各不相同，采收成熟度要求很难一致。下面的方法可判断果蔬成熟的程度。

(一)颜色变化

颜色变化包括底色和面色的变化。果实在成熟过程中，其底色是由深变浅，由绿转黄，这是判断成熟度的主要依据；面色逐渐显现，其着色状况是质量的重要标志。如番茄在果顶呈奶油色时采收，适于较长期贮藏，在果顶粉红色时采收可用于当地销售；茄子应在亮而有光泽时采收；黄瓜在深绿色时采收；花椰菜为白色时采收。但面色受光照的影响较大，有些果实在成熟前也会显现，有的果实已成熟仍未显现。如四川红橘果实全部红色，其味仍酸。蜜柑类在果皮尚有青绿色时采收，其味已甜。绿色的苹果如金冠、青香蕉等基本上不着面色，在底色变浅绿色时采收，适宜长期贮藏。目前生产上大多根据颜色的变化来决定采收期，此法简单可靠，容易掌握。

(二)果肉硬度

果肉硬度指果肉抗压力的强度。当果实成熟和完熟时，由于细胞壁间果胶的溶解而变软，果实的硬度也逐渐下降，因此可根据硬度来判断果实的成熟度。苹果、桃、梨、李子等水果的成熟度与硬度的关系十分密切。采收的目的不同，对采收硬度要求也不同。如红元帅系和金冠苹果采收时，适宜的硬度应在 7.7 kg/cm^2 以上，青香蕉为 8.2 kg/cm^2，秦冠、国光为 9.1 kg/cm^2 以上，鸭梨为 7.2～7.7 kg/cm^2，莱阳梨为 7.5～7.9 kg/cm^2。

判断蔬菜硬度有时称为坚实度。坚实度作为蔬菜的采收标准有不同的含义：一是表示蔬菜没有过熟变软，如番茄、辣椒要有一定硬度采摘；二是表示蔬菜发育良好，充分成熟，如甘蓝叶球、花椰菜花球等都应充实坚硬；三是硬度高表示品质下降，如莴苣、芥菜、四季豆、甜玉米等都应在幼嫩时采收，不希望硬度变高。

(三)化学鉴定

根据果蔬糖酸含量变化,可以比较准确地判断果实的成熟度。生产实践中常以可溶性固型物的含量作为判断葡萄、柑橘、甜菜等成熟度的依据,可用糖度测定仪来测定果蔬中的糖分。

淀粉在成熟期间向糖的转化是测定苹果、香蕉和食用幼稚组织的蔬菜的成熟度的一种简单的试验依据。淀粉随果蔬的成熟逐渐减少,测定淀粉含量的方法可以用碘化钾水溶液涂在果实的横切面上,使淀粉呈蓝色反应,观察切面的颜色,成熟度从小到高,淀粉的颜色从深到浅变化,染色面积逐渐变小,当淀粉含量降到一定程度时,便是该品种适宜的采收期。豌豆、四季豆、甜玉米等以食用幼嫩组织为主,应在糖分多、淀粉少的时候采收,否则组织粗硬,品质下降。马铃薯、芋头等应在淀粉多时采收,这样产量高、营养丰富、耐贮藏。

果实在成熟过程中的酸度是迅速下降的。糖酸比或可溶性固形物总量与酸之比同果实的可食性的关系,比单一的糖或酸含量更为密切,见表 5-5。

表 5-5 苹果糖酸比与风味的关系 %

果实风味	含糖量	含酸量	果实风味	含糖量	含酸量
甜	10	0.10～0.25	酸	10	0.45～0.60
甜酸	10	0.25～0.35	强酸	10	0.60～0.85
微酸	10	0.35～0.45			

苹果在糖酸比为 30∶1 时采收,风味浓郁;甜橙应在糖酸比不低于 10∶1 时采收。

(四)果实的形状与大小

在有些情况下,某些品种可以用果实形状来确定成熟度,如西瓜和香瓜,看瓜蒂相对一头的形状,几个品种的香蕉在成熟期横截面上的棱角逐渐钝圆,黄瓜在身体膨大之前采摘等。

大小作为成熟的一个标志的价值是有限的。瓜类大的表示成熟,小的表示未熟。

(五)呼吸作用的行为和乙烯浓度

果实的商业成熟度与呼吸作用有关,为了获得最长的贮藏期,苹果和梨应该在呼吸作用刚刚开始增强之前采收,但也不能太早,否则成熟时质量不好。根据果实在开始成熟时乙烯含量急剧升高的原理,近年来,在美国使用手提乙烯测定仪,通过快速测定乙烯的浓度来决定果实的采收期,如红星苹果乙烯释放量在 0.1～0.5 mg/kg 时采收为宜。

(六)生长期

根据果蔬生长天数来确定采收期,是当前果蔬生产上常用的方法。如苹果一般早熟品种应在盛花后 100 d,中熟品种 100～140 d,晚熟品种 140～175 d 采收。应用果实生长期判断成熟度,有一定的地区差异,如国光苹果采收期在陕西是盛花后 175 d,山东是 160 d,北京是 185 d 以上。

(七)其他方法

人们在长期的生产实践中,还总结出一些判断果蔬成熟度的方法。洋葱、芋头、荸荠、生姜等蔬菜,在地上部分枯黄后开始采收好,耐贮性强;黄瓜、丝瓜、茄子、菜豆等应在种子膨大硬化之前采收好,否则组织变硬、纤维化、品质下降;南瓜、冬瓜在果皮硬化、白粉增多时采收,有利于贮藏;西瓜的卷须变枯萎表示成熟。

三、采收方法

(一)采收工具

常用的采收工具有采果剪、采果梯、采果筐、采果袋、采果箱、运输车等。采收柑橘、柿子、葡萄等都有特制的采果剪,其呈圆头而刀口锋利,避免刺伤果实。采果篮是用细柳条编制或钢板制成的无底半圆柱形筐,篮底用帆布做成。采果袋完全是用布做成的。果筐是用竹篾或柳条编制,要求轻便牢固;果箱有木箱、纸箱两种,一般以盛装果蔬 10～15 kg 为宜。

(二)采收方法

1. 人工采收　用手摘、采、伐,用刀剪、刀割,用锹、镢挖等都属于人工采收。人工采收便于边采、边选、分期分批采收,还便于满足一些种类的特殊要求,如苹果、梨带梗采收,黄瓜顶花带刺采收,葡萄、荔枝应带穗采收。在进行果蔬采收时,可先从下向上,从外向内采,既保持采收质量,又能保护果树。

2. 机械采收

(1)振动法。用机器夹住树干并振动,使果实落到收集账上,再通过传递带装入果箱中,在美国用于李子的采收。

(2)挖掘机。采收如马铃薯、萝卜、胡萝卜等地下根茎类植物多用挖掘机采收,也可用犁翻。挖得要够深,否则会伤及根部。要边收边运,及时送往加工车间。

为了保证果蔬质量,采收时应注意:采收人员最好经过技术培训,采收时轻拿轻放,保护好果实的表面保护结构。采收前应根据果蔬的种类特性,事先准备好适宜的采收工具和包装容器，以免损伤产品。

果蔬的采收时间一般应选择在晴天上午晨露消失后进行，避免在雨天和正午采收。抽蒜薹宜在中午进行，经太阳曝晒，蒜薹细胞膨压降低，质地柔软，抽拉时不易折断。而苹果、梨宜在太阳升起之前或落山以后采收。

四、果蔬的预冷

所谓预冷是指食品从初始温度（30 ℃左右）迅速降至所需要的终点温度（0～15 ℃）的过程，果蔬在进行长期冷却冷藏之前需要预冷，果蔬速冻前也应进行预冷。果蔬预冷的方法有空气预冷、水预冷和真空预冷等，一般预冷到温度为 0～5 ℃为止。

（一）空气预冷

使用空气作为热传递介质的冷却方法被称为“强风预冷”。这个名称在一定程度上可能导致误解，实际上空气不是由正压压迫进入产品包装箱的，而是通过负压抽气。

空气预冷的方法有在室内自然风速的预冷和采用风机的强风预冷。室风预冷多用于水果，如苹果和瓜类；强风预冷适合于小型农场，可以对包装好的产品进行预冷，尤其适用于呼吸作用缓慢的产品。

（二）水预冷

通过冷水与果蔬接触进行热交换，从而达到冷却目的。果蔬可以浸没在冷水中，也可以采取喷淋水冷却。

许多果蔬采用水预冷可以达到很好的冷却效果。类似玉米、苹果、哈密瓜和桃子等体积与表面比率大，并且表面无孔的产品非常适合这种预冷方法。这些产品在预冷过程中不容易流失水分。类似哈密瓜这样大体积高密度的产品可能需要 1 个多小时的预冷时间，预冷时间视包装箱的大小而定。体积小的产品，如樱桃，也可以很好的使用水预冷，但必须注意喷淋水的力度不应对产品造成物理伤害。采用水预冷方法可以在数分钟内预冷大量的樱桃。

（三）真空预冷

在常压下将水加热到 100 ℃开始沸腾，温度降至 0 ℃时结冰。压力降低时水的沸点也降低，在 613.28 Pa 时水的沸点为 0 ℃。依据水随压力降低其沸点也降低的物理性质，将预冷食品置于真空槽中抽真空，当压力达到一定数值时，食品表面的水分开始蒸发。由于水分蒸发所需要的热量由食品本身提供，则食品因失去热量而得到降温冷却。

为了延长果蔬的货架期,减少其干耗和流通中的各种损耗,使消费者获得高鲜度又洁净的食品,则必须在采收后进行一系列的加工处理,如挑选、去蒂根皮叶、清洗、预冷、滤水、包装等,而预冷工艺是必不可少的。

第三节　果蔬的速冻加工

一、果蔬速冻前的预处理

果蔬在采摘、运输、预冷后,在进行速冻加工前,为保证果蔬冻结的均匀一致性和产品质量的稳定性,要做好以下几个方面的预处理:

1. 选剔　去掉有病虫害、机械伤害或品种不纯的原料,有些果蔬要去掉老叶、黄叶,切去根须,修整外观等,使果蔬品质一致,做好速冻前的准备。

2. 分级　同品种的果蔬在大小、颜色、成熟度、营养含量等方面都有一定的差别。按不同的等级标准分别归类,达到等级质量一致,优质优价。

3. 洗涤　原料本身带有一定的泥沙、污物、灰尘和残留农药等,尤其是根菜类表面。叶菜类根部带有较多的泥沙,要注意清洗干净。

4. 去皮　去皮的方法有手工、机械、热烫、碱液、冷冻去皮等。

5. 切分　切分方法有机械和手工两种,按照要求可以切分成块、片、条、丁、丝等形状。切分要根据实用要求而定,要做到薄厚均匀,长短一致,规格统一。切分后尽量不与钢铁接触,避免变色、变味。

6. 漂烫　加热漂烫时以 90～100 ℃为宜。蒸汽漂烫时以常压下 100 ℃水蒸气为宜,见表 5-6。

表 5-6　几种主要蔬菜的漂烫时间(100 ℃水)

(上海速冻蔬菜厂)　min

蔬菜种类	漂烫时间	蔬菜种类	漂烫时间
菜豆	2.0	青菜	2.0
刀豆	2.5	荷兰豆	1.5
菠菜	2.0	芋头	10～12
黄瓜	1.5	胡萝卜	2.0
蘑菇	3.0	蒜	1.0
南瓜	2.5	蚕豆	2.5

7. 冷却沥水　经热处理的原料，其中心温度在 80 ℃以上，应立即进行冷却，使其温度尽快降到 5 ℃以下，以减少营养损失。方法有冰水喷淋、冷水浸泡、风冷等。

8. 防止褐变　果蔬原料采用 0.2%～0.4%亚硫酸盐溶液、0.1%～0.2%柠檬酸溶液、0.1%的抗坏血酸溶液浸泡，都能有效地防止速冻产品的褐变。

二、果蔬的速冻工艺

1. 工艺流程

原料→洗涤→选剔整形→漂烫→加工处理→冷却→包装→装盘→冻结→加冰衣→装箱→冻藏。

2. 技术关键点

(1)原料选择。应选择适宜的种类、成熟度、新鲜度及无病虫害的原料进行速冻，才能达到理想的速冻效果。速冻原料要求新鲜，放置或贮藏时间越短越好。

(2)品种。适宜速冻的蔬菜主要有青豆、青刀豆、芦笋、胡萝卜、蘑菇、菠菜、甜玉米、洋葱、红辣椒、番茄；果品有草莓、桃、樱桃、杨梅、荔枝、龙眼、板栗等。

(3)速冻。原料经过预处理后就要进行速冻，这是速冻加工的重要环节，是保证产品质量的关键。一般冻结速度越快，温度越低越好。原料在冻结前必须冷透，尽量降低速冻原料的中心温度，在冻结过程中，最大冰晶生成带为－5～－1 ℃。在这个温度带内，原料的组织损伤最为严重。所以在冻结时，要求以最短的时间，使原料的中心温度低于最大冰晶生成的温度带，以保证产品质量。这就要求速冻装置要有较好的低温环境，一般在－35 ℃以下。

(4)速冻的方法：

鼓风冷冻法。此法也称为空气冷冻法，是利用高速流动的空气，促使食品快速散热，以达到迅速冷冻的目的。采用隧道式鼓风冷冻机，在一个长方形墙壁有隔热装置的通道中进行冷冻。产品放在传送带或筛盘上以一定的速度通过隧道。冷空气由鼓风机吹过冷凝管道再送到隧道穿流与产品之间，与产品的进入方向相反，此法采用的空气温度一般在－30 ℃以下，风速在 30～100 m/min。

间接接触冷冻法。用制冷剂或低温介质(如盐水)冷却的金属板和食品密切接触，使食品冻结。用于冻结未包装的和用塑料袋、玻璃纸或纸盒包装的食品。金属板有静止的，也有上下移动的，常用的有平板、浅盘、输送带等。如生产中采用可以移动的空心金属平板，冷却剂通过平板的空心内部，使其降温，产品放在上下空平板之间紧密接触，进行热交换降温。由于产品是上下两面同时进行冷冻的，故冻结速度比较快，但是分批间歇操作，劳动强度比较大，日产量相对来说比较低。

直接接触冷冻法。此法是指散态或包装食品与低温介质或超低温制冷剂直接接触下进行的冻结方法。将产品直接浸渍在冷冻液中进行冻结，也可把冷冻剂喷淋产品，又称作浸渍冷冻法。目前，我国普遍采用的冻结方法有两种，一种是食品冷库的低温冻结间，静止冻结，这种方法速度慢，产品质量得不到保证，不宜大量推广。另一种是采用专用冻结装置生产，这种方法冻结速度快，产品质量好，适用于生产各种速冻蔬菜。但不论采用哪种方式冻结，其产品中心温度均应达到－18 ℃以下。

包装。冻结的产品要及时进行包装。包装容器所用的材料种类和形式多种多样，通常有马口铁罐、纸板盒，纸盒内衬以胶膜、玻璃纸、聚酯层、塑料薄膜袋或大型桶装。一般多用无毒、透明、透水性的低的塑料薄膜袋包装速冻产品。包装有先冻后包装和先包装后冻两种，目前国内绝大多数产品是冻结后包装，少数叶菜类是冻结前包装。包装有两种形式：小包装和大包装。小包装一般每袋净重250～1 000 g，大包装采用瓦楞纸箱，净重10～20 kg。包装物上应注明产品名称、生产厂家、净重和出厂日期，小包装还要注明使用方法和贮藏条件。

三、速冻果蔬的质量控制

果蔬经过一系列处理而迅速冻结后在－20～－18 ℃低温环境中贮藏，在此温度下微生物的生长发育几乎完全停止，酶活性大大减弱，水分蒸发少，也有利于冷藏运输。一般在此温度下贮藏1年左右的冻结食品其品质和营养价值都能得到良好的保持，表5-7列出了速冻果蔬在不同温度下的贮藏期限。

表5-7　不同温度下速冻果蔬的贮藏期限　　个月

速冻果蔬种类	－7 ℃	－12 ℃	－18 ℃	－23 ℃
香菇	3～4	8～10	12～14	
甜玉米	4～6	8～10	12～14	
芦笋	4～6	8～12	16～18	
青刀豆	4～6	8～12	16～18	
甘蓝	10 d至1个月	6～8	14～16	＞24
草莓	10 d	8～10	18	12～24
草莓	6 d	3～4	8～10	＞36

速冻果蔬贮藏期间维持相对的低温，有利于保持产品的品质。重结晶是贮藏期间反复解冻和再结晶后出现的一种结晶体积增大的现象。重结晶不利于果蔬的保存。速冻包装好的产品应及时入库。入库前，保持清洁卫生；入库后，按要求

进行产品堆码，在堆码时要注意上层对下层的积压，防止产品破碎。

第四节 常见果蔬的速冻工艺

一、常见水果的速冻工艺

(一)速冻草莓

1. 工艺流程

选料→清洗→装盒、加糖(草莓：糖＝2：1)→速冻(－40～－30 ℃)→包装。

2. 关键点控制

(1)原料的挑选、清洗。选择新鲜、果面红色或浅红色，果实整齐、成熟一致的草莓，剔除不合格的果实。然后倒入水槽中，用自来水缓缓冲洗，以除去果叶及泥沙等杂质。注意洗果时间不能太长，以15～20 min为宜，防止变质变味。捞出后认真检查。

(2)装盒、加糖。清洗后的草莓迅速装入盒或桶中，并加入干糖(干糖中先加入适量的抗坏血酸，混合均匀)，草莓与糖的比例为2：1。拌匀后送入速冻装置进行速冻。

(3)速冻、冷藏。将装盒加糖后的草莓，送入速冻间速冻，－40～－30 ℃条件下速冻20 min使中心温度下降到－18 ℃。草莓速冻多采用流态化冻结法，采用此法冻结的草莓应立即装盒或包装。在－18 ℃冷藏库中保存。冷藏时要使用专用库，不能与肉、鱼或有异味的蔬菜等食品共用同一个冷库。

(二)速冻荔枝

荔枝是亚热带名贵水果，色美、味香且营养丰富，我国主产地为广东和福建。荔枝的采收季节为炎热的夏季，采后极易腐烂变质，是最难贮藏的水果。目前荔枝主要采用15 ℃冷藏结合气调的中短期贮藏和速冻贮藏，但以速冻加工贮藏为多。

1. 工艺流程

荔枝→分选→清洗→热烫与冷却→护色→沥水→预冷→单速冻→检查→包装→冷藏。

2. 操作要点

(1)荔枝品种选择。原则上所有的荔枝品种都可以选用。但为了降低荔枝速冻过程中的裂果率，应选择大田栽培中不易裂果的品种，如怀枝、黑叶、白蜡、桂味等。果实成熟时颜色不够鲜红的品种如妃子笑、三月红等应避免选用。

(2)分选。按照制定的分选标准进行分选。基本技术要求为:除去不符合要求的非加工品种及烂果、褐变果、虫果、小果、连体果、形态怪异果及色差果和低成熟度果;按照大小进行分级;对符合加工要求的荔枝剪去果枝,应特别注意不能伤及果皮。

(3)清洗。用洁净水在空气浮洗机中清洗,要保证荔枝不沉于浮洗机底部。关键控制参数为供给空气的方位及空气的流速与流量、供水的方位及水的流速与流量、刮板的前进速度。

(4)热烫与冷却。采用热水热烫或蒸汽热烫荔枝,用洁净水和后序预冷后的低温水立即冷却热烫后的荔枝。其关键控制参数为:热烫温度和热烫时间;热烫后的冷却降温速度(冷却介质的温度和流速)。

(5)护色。最后在护色槽中对荔枝护色。关键控制参数为:护色液的组成、浓度及护色时间。

(6)预冷。关键控制参数为:预冷介质的温度,预冷要达到的温度。

(7)速冻。通过震动布料机及刮板使预冷的荔枝单层分布于网状输送带上,进入速冻机,采用流态化速冻法,进行单体速冻,使荔枝的几何中心温度降到−18 ℃。关键控制技术参数为:物料的初温、冷空气温度、第一冻结区的冷空气流速、第二冻结区的冷空气流速、速冻时间。

(8)包装。包装必须在−5 ℃以下环境中进行,温度在−4～−1 ℃以上时,速冻荔枝会发生重结晶现象,这样会降低荔枝的品质。包装材料在包装前必须在−10 ℃以下低温间预冷,内包装可用耐低温、透气性差、不透水、无异味、无毒性、厚度为0.06～0.08 mm聚乙烯袋,有条件的可采用真空包装。外包装用瓦楞纸箱,每箱净重10 kg,纸箱外面涂油,内衬清洁蜡纸,箱体用胶带纸封口。

二、常见蔬菜的速冻工艺

(一)速冻青豌豆

1. 工艺流程

原料→洗涤→烫漂→冷却→甩干→速冻→冷藏。

2. 操作要点

(1)原料。选白花品种为宜,它不易变色且含糖量高,淀粉低,质地柔软,风味爽口,但此期很短,应严格掌握,往往推迟采摘1 d,质量相差悬殊,如采收早,水多、粒小、糖低,易碎;过迟,质地粗劣,淀粉多,风味不好。以7～8,8～9,9～10,

11 mm分级，在2.7%盐水中浮选，用冷水冲洗。

(2)烫漂。在100 ℃水中灭酶2～4 min，并及时在冷水中冷却，把不完整粒去除。

(3)甩干。用甩干机，转速2 000 r/min，30 s甩干水分。

(4)速冻。在－30 ℃下速冻，使中心温度达到－18 ℃。

(5)装盒。每盒豆粒有0.4，1，2.5，10 kg等规格。

(6)冷藏。贮于－18 ℃的冷库中。

(二)速冻蘑菇

1. 工艺流程

原料挑选→护色→漂洗→热烫→冷却→沥干→速冻→分级→复选→镀冰衣→包装→检验→冷藏。

2. 操作要点

(1)原料挑选。蘑菇原料要求是新鲜、色白或淡黄，菌盖直径5～12 cm，半球形，边缘内卷，无畸形，允许轻微薄菇，但菌褶不能发黑、发红，无斑点、无鳞片。菇柄切削平整，不带泥根，无空心，无变色。

(2)蘑菇的护色。将刚采摘的蘑菇置于空气中，一段时间后在菇盖表面即出现褐色的采菇指印及机械伤痕。引起这种变色的主要原因是蘑菇所含有的酚类物质在多酚氧化酶催化下氧化的结果，称为酶促褐变。酶促褐变的发生，需要3个条件：适当的酚类底物、酚类氧化酶和氧。控制酶促褐变，主要从控制酶和氧两方面入手，具体方法：将采摘的蘑菇浸入300×10^{-6}的Na_2SO_3溶液或500×10^{-6}的$Na_2S_2O_3$)溶液中浸泡2 min后，立即将菇体浸泡在13 ℃以下的清水中运往工厂。也可在Na_2SO_3或$Na_2S_2O_3$溶液中浸泡2 min后捞出沥干，再装入塑料薄膜袋，扎好袋口并放入木桶或竹篓运往工厂，到厂后立即放入温度为13 ℃以下的清水池中浸泡30 min，脱去蘑菇体上残留的护色液。这一方法能使蘑菇色泽在24 h以内变化不大，这样加工的蘑菇产品能符合质量标准。

(3)热烫。蘑菇热烫的目的主要是破坏多酚氧化酶的活力，抑制酶促褐变，同时赶走蘑菇组织内的空气，使组织收缩，保证固形物的要求，还可增加弹性，减少脆性，便于包装。当利用亚硫酸盐护色时，利用热烫还可起脱硫的作用。为了减轻非酶褐变，常在热烫液中添加适量的柠檬酸，以增加热烫液的还原性，改进菇色。

热烫方法有热水或蒸汽两种，用蒸汽的方法因可溶性成分损失少而风味浓郁，但菇体的色泽较深。用热水热烫时，某些营养成分、风味物质损失较大，但可以在热水中加入抗氧化剂或漂洗剂，改善菇体的外观色泽。热水热烫设备通常是螺旋式连续热烫机，原料由进料口进入筛筒热水中热烫，蒸煮液由筛筒的小孔进出，利用螺旋推进法，将原料在热水中不断地往前推进，直至出料口的斜槽流送至冷却槽中冷却，也可采用夹层锅或不锈钢热烫槽。热烫水温应保持在 96～98 ℃，水与蘑菇的比例应大于 3∶2，热烫时间应根据菇盖大小控制在 4～6 min，以煮透为准。为减轻蘑菇烫煮后的色泽发黄变暗，通常可在热烫水中加 0.1%的柠檬酸以调节煮液酸度，并注意定期更换新的煮液。热烫时间不宜过长，以免蘑菇色泽加深、组织老化、弹性降低、失水失重。菇体细胞骤然遇冷表面产生皱缩现象。为了防止菇色变暗，热烫溶液酸度应经常调整并注意定期更换热烫水。

（4）冷却。热烫后的蘑菇要迅速冷却。为保持蘑菇原有的良好特性，热烫与冷却工序要紧密衔接，首先用 10～20 ℃的冷水喷淋降温，随后再浸入 3～5 ℃的冷却水池中继续冷透，以最快的速度把蘑菇的中心温度降至 10 ℃以下。这种两段冷却法可避免菇体细胞骤然遇冷表面产生皱缩现象。在冷却过程中要注意冷却水池中的水温变化和水质的清洁卫生，冷却水含余氯$(0.4 \sim 0.7) \times 10^{-6}$。

（5）沥干。蘑菇速冻前还要进行沥干。否则蘑菇表面含水分过多，会冻结成团，不利于包装，影响外观。而且，过多的水分还会增加冷冻负荷。沥干可用振动筛、甩干机（离心机）或流化床预冷装置进行。

（6）速冻。蘑菇速冻采用流化床速冻机，该机为单体快速冻结设备，在一个隔热保温箱内安装筛网状输送机、蒸发器和冷风机。原料放置在水平筛网上，在高速低温气流的带动下，原料层产生“悬浮”现象，使原料呈流体一样不断蠕动前进并冻结。由于强冷气流从筛孔底向上吹，把物体托浮起来，彼此分离，单体原料周围被冷风包裹而完成冻结。冻结温度为－35～－30 ℃，冷气流速 4～6 m/s，冻结时间为 12～18 min，使蘑菇中心温度达－18 ℃以下。冻结完毕，冻品由出料口滑槽连续不断地流出机外，落到皮带输送机上，送入－5 ℃的低温车间，接入下一道工序。这样不停机地连续生产，通常每隔 7 h 要停机，用冷却水除霜一次。

（7）分级。速冻后的蘑菇应进行分级，按菌盖大小可分为大大级、大级、中级、小级 4 级。分级可采用滚筒式分级机或机械振筒式分级机。

（8）复选。复选是保证蘑菇成品品质的重要一环。将分级后的蘑菇置于不锈钢或无毒塑料台板上进行挑拣。剔除不符合质量标准的锈斑、畸形、空心、脱柄、开伞、变色菇、薄菇等不合格的劣质菇。

（9）镀冰衣。为了保证速冻蘑菇的品种，防止产品在冷藏过程中干耗及氧化变色，蘑菇在分级、复选后尚须镀冰衣。镀冰衣有一定技术性，既要使产品包上一层薄冰，又不能使产品解冻或结块。具体做法是把 5 kg 蘑菇倒进有孔塑料筐或不锈钢丝篮中，再浸入 1～3 ℃的清洁水中 2～3 s，拿出后左右振动，摇匀沥干，并再操作一次。冷却水要求清洁干净，含余氯(0.4～0.7)×10^{-6}。

(10)包装。包装必须保证在－5 ℃以下低温环境中进行，温度在－4～－1 ℃以上时速冻蘑菇会发生重结晶现象，极大地降低速冻蘑菇的品质。包装间在包装前1 h必须开紫外线灯灭菌，所有包装用工器具，工作人员的工作服、帽、鞋、手均要定时消毒。内包装可用耐低温、透气性低、不透水、无异味、无毒性、厚度为0.06～0.08 mm聚乙烯薄膜袋。外包装纸箱，每箱净重10 kg，纸箱表面必须涂油，防潮性良好，内衬清洁蜡纸，外用胶带纸封口。所有包装材料在包装前须在－10 ℃以下低温间预冷。速冻蘑菇包装前应按规格检查，人工封袋时应注意排除空气，防止氧化。用热合式封口机封袋，有条件的可用真空包装机装袋。装箱后整箱进行复磅。合格者在纸箱上打印品名、规格、重量、生产日期、贮藏条件和期限、批号和生产厂家。用封口条封箱后，立即入冷藏库贮存。

(11)冷藏。将检验后符合质量标准的速冻蘑菇迅速放入冷藏库冷藏。冷藏温度－20～－18 ℃，温度波动范围应尽可能小，一般控制在1 ℃以内，速冻蘑菇宜放入专门存放速冻蔬菜的专用库。在此温度下冷藏期限8~10个月。

(三)速冻玉米

1. 工艺流程

玉米果穗→人工去皮→洗净并剔除杂质→蒸煮→急剧冷却→沥干水分→速冻→包装→冷藏。

2. 操作要点

(1)采收糯玉米果穗。一般在糯玉米授粉后22～27 d时采收为宜，此时玉米籽粒基本达到最大，胚乳呈糊状，粒顶将要发硬，用手掐可掐出少许浆状水。为减少营养成分的损失，一般要求采收后立即加工处理，不能在常温下过夜。

(2)人工去皮。去除病虫害和秃尖部分，剪去花丝残余，去穗柄，要求保留靠籽粒的一层嫩皮，也可根据需要将玉米穗切整齐。

(3)清洗。用清水将玉米冲洗干净并去除杂质。

(4)蒸煮。根据收获玉米的老嫩，在105 ℃温度下，嫩穗蒸10 min，老穗蒸15 min，以熟透为宜。

(5)急剧冷却。用温度4～8 ℃的净水，使糯玉米的中心温度急剧冷却到25 ℃以下，目的是防止果穗籽粒脱水。之后沥干玉米上的水分。

(6)速冻。采用速冻可减少玉米营养成分的损失。方法是用速冻机在－30 ℃进行速冻，速冻愈快，质量愈好。速冻的方法有两种，一是干法速冻，即将处理好的玉米棒直接速冻；一是湿法速冻，即将玉米棒放入含有6.5%的糖和2%的盐的溶液中浸泡后再速冻。湿法速冻比干法速冻的产品味道好，色泽鲜。

(7)包装冷藏。速冻好的玉米用塑料袋包装后送入－18 ℃的冷藏库冷藏。

本章小结

果蔬类食品属于活性食品，采收后组织衰老迅速，若通过低温贮藏，可推迟其后熟作用，保持其新鲜品质。果蔬的冷却冷藏，是目前国际上公认的最有效的贮藏保鲜方法之一。要想长期贮藏果蔬类食品，则必须对其进行速冻加工。

复习题

1. 简述水果蔬菜的化学组成。
2. 某些果蔬吃起来发涩，为什么？如何去除？
3. 简述果蔬的分类。
4. 简述水果的速冻工艺。
5. 简述蔬菜的速冻工艺。

第六章　调理食品速冻加工技术

速冻调理食品是冷冻食品加工业的重要组成部分，也是现代化食品加工业的重要标志之一。我国经济的快速发展、人民生活水平的不断提高以及家务劳动的社会化趋向等，都为我国速冻调理食品加工业的大发展提供了市场需求。目前，速冻调理食品已在我国食品加工业中占有重要席位，其加工技术日益受到人们的重视。

第一节　速冻调理食品概述

速冻调理食品是速冻食品四大类之一，是继速冻畜禽产品、速冻水产品、速冻果菜产品之后又一个速冻食品的主要大类。近年来，畜禽、水产、果菜和调理四大类速冻食品发展较快，产业门类齐全，品种多。据统计，目前国际市场上有速冻食品 3 500 多种，其中调理食品就有近 2 000 种，每年增长速度超过 10%。国内速冻调理食品最初以发展主食类产品开始起步，如饺子、馄饨、包子、花卷等，近几年速冻调理食品突破传统的中式点心为主，已逐步扩大了冷冻菜肴、米饭、面条的开发生产，以新型家庭取代餐（HMR）形式出现。速冻调理食品发展较快的国家有美国、日本、澳大利亚等，日本是亚洲地区冷冻食品消耗量最大的国家，速冻调理食品的消费占全部冷冻食品消费量的 50%以上，发展迅猛。

一、速冻调理食品的概念

速冻调理食品是指以农产、畜禽、水产品等为主要原料，经前处理及配制加工后，采用速冻工艺，并在冻结状态下（产品中心温度在 −18 ℃以下）贮藏、运输和销售的包装食品。速冻调理食品可分为生制冻结和熟制冻结。

二、速冻调理食品的分类

速冻调理食品分类大多是以食品名称标明某种速冻调理食品的名称，如炸鱼排、牛肉饺子、烧卖、包子等，相互间类种混合，尚未形成科学的分类。这可能与速冻调理食品是逐个进入销售市场而延续下来的缘故。不同的地方有不同的分类方法。按目前市场上常见的速冻调理食品所使用的主原料及工艺特点的不同大致可分为以下几类。

1. 速冻面点食品类 以面粉为主要原料,经过预制、调味、成型的速冻产品统称为面点类制品。这类产品根据制作工艺的不同可分两大类:发酵类和非发酵类两种。发酵类包括馒头、包子、花卷等,非发酵类主要是水饺。水饺类按馅料的不同有猪肉水饺、牛肉水饺、鸡肉水饺、韭菜水饺、雪菜水饺、芹菜水饺、三鲜水饺、笋肉水饺等。包点类又可分为馒头、包子和花卷 3 个系列。馒头有刀切馒头、蛋奶馒头、咖啡馒头、牛奶馒头、椰味馒头等品种。包子的品种很多:按口味性质可分为肉包、菜包、甜包等;按外形特征可分小笼包、叉烧包、水晶包、玉兔包、寿桃包、鸳鸯包等;按馅料不同可分为鸡肉包、鲜肉包、豆沙包、奶黄包、香芋包等;还有的根据地域传统分为天津狗不理、广州酒家等。花卷的生产量和销售量均不大,普通花卷、葱花卷、鸡蛋卷等都是常见的花卷品种。

2. 速冻米类制品 以糯米、大米、玉米等为主要原料,经过调味、加工、成型的速冻产品统称为米类制品。常见的米类制品有汤圆类、八宝饭、粽子、玉米棒等,其中汤圆占的比例较大,常见的汤圆有花生汤圆、芝麻汤圆、豆沙汤圆、鲜肉汤圆、莲蓉汤圆、香芋汤圆、椰味汤圆等。

3. 速冻鱼肉食品类 以鱼、虾、等水产品为原料,经过切块或加工,并通过速冻装置快速冻结的小包装水产类食品,如鱼糜、鱼丸、鱼片、虾仁等。人们通常将鱼、虾、等水产品加工成鱼浆,而后经过预制、调味、成型的速冻产品,这一类统称为鱼肉类制品。这类产品根据外形的不同一般又分为 3 个系列:丸类系列、火锅料系列和火锅饺系列。丸类系列有鲜虾丸、鲤鱼丸、章鱼丸、鱼丸、海螺丸、贡丸、牛肉丸、发菜丸等;火锅料系列有龙虾棒、蟹肉棒、豆竹轮、鱼卵卷、亲亲肠等;火锅饺系列有虾饺、鳗鱼饺、蟹肉饺、燕肉饺等。

4. 速冻调理配菜类食品 将各种菜肴结合冷冻技术,选择适合于速冻的种类,进行速冻保藏,以方便的形式销售这一类型的速冻食品。

5. 油炸香酥类制品 油炸香酥类制品的归类比较笼统,一般指油炸后熟食的速冻产品。其种类很多,常见的有虾饼、鱼排、芋丸、芋饼、春卷、狮子头、芝麻球等,有几十个品种。

三、速冻调理食品的特点

速冻调理食品是采用科学方法加工而成的现代美食,在速冻调理食品的工业化生产中,实现了定量、定性和标准化,突破了个人技艺、祖传配方等缺陷,推动了现代饮食的发展。速冻调理食品的优越性体现在:可以减轻家务劳动,节约厨房空间,减少浪费,同时可将各种不易制作的或者各种异域情调的食品带给消费者,给人们提供大量有吸引力的、富有营养的食品。速冻调理食品食用简便是其区别于其他冷冻食品的判断依据，调理食品在食用时不要进行调味，或煮或蒸或烤或炸或煎，熟透就可以食用。但是速冻调理食品生产对卫生要求严格，在生产工序中要严格执行涉及到的卫生标准。总之，速冻调理食品发展迅速，表现在：

(1)速冻调理食品花色品种日益繁多，占 3 500 多种冷冻食品的 1/2 以上，在日本约占 2/3 以上。

(2)消费量逐年增加。

(3)消费个人和群众的普及面在不断扩大。

第二节 面点类食品的速冻加工

面粉是生产面制食品的重要原料。在我国，目前以面粉为原料生产的速冻面制食品，包括馒头、包子、花卷等发酵类食品和以水饺、馄饨为主的非发酵类食品，发展迅猛，每年均以超过 10%的速度递增。

一、非发酵类面点食品的速冻加工

我国的非发酵类速冻面制食品，主要以中华民族的特色传统食品——水饺为主。速冻水饺约占速冻调理食品的 1/3，约占速冻面食品的 60%，几乎所有生产速冻调理食品的厂家都生产水饺。速冻水饺已成为速冻食品企业的主要产品。水饺可以根据生产工艺不同分为机器饺和手工饺，机器饺的形状有多种，例如纹边仿蟹形、四角形、三角形；手工饺一般以元宝形和纺锤形居多；根据馅料的不同有猪肉水饺、鸡肉水饺、牛肉水饺、三鲜水饺、韭菜水饺、芹菜水饺、雪菜水饺、胡萝卜水饺、酸菜水饺等；根据饺子所用的面粉而言有白面（小米面粉）、玉米面、高粱面等。水饺的最大特点是可以当主食食用，特别在时间日益宝贵的今天，速冻水饺成了消费量最大的速冻调理食品。

速冻水饺的食用方法较简单，同普通水饺一样有煮制和蒸制两种，煮制时将水饺直接放入煮沸的滚水中，在煮的过程中添加两三次冷水，至漂浮 2～3 min 即可。起锅时最好用煮汤调入适量的食盐、味精、香葱，把煮好的水饺放入调味汤中，可以保持水饺饱满的外形，食用时表皮光滑、爽口。如果是蒸饺，食用更为简单，直接蒸熟即可。

(一)速冻水饺生产的基本工艺流程

速冻水饺生产的基本工艺流程如下：

肉类→肉类+冰块、粉类(食盐、味精、白糖等)→充分搅拌┐
　　　　　　　　　　　　　　　　　　　　　　　　　├→稍微搅拌→馅料┐
菜类→洗菜→切菜→脱水→油类→搅拌　　　　　　　　┘　　　　　　　　│
　　　　　　　　　　　　　　　面粉→搅拌→压延→皮料　　　　　　　　┘
→成型→速冻→包装→入库。

(二)艺操作要点

1. 原料的预处理　饺子是含馅的食品,饺子馅的原料可以是蔬菜、肉和食用菌类,原料处理的好坏与产品质量关系密切。原料的预处理由蔬菜类的处理、肉类的处理、混合搅拌 3 方面组成。

(1)蔬菜的预处理。洗菜工序是饺子馅加工的第一道工序,洗菜工序看似简单,但是实践证明很多卫生问题都出现在这个简单的洗菜工艺中。比如常见的沙子、头发丝、塑料片等异物杂物,小工序不注意就会出现大的质量问题。洗菜工序控制的好坏,将直接影响后续工序,特别是对产品卫生质量更为重要。因此洗菜时除了新鲜蔬菜要去根、坏叶、老叶,削掉霉烂部分外,更主要的是要用流动水冲洗,一般至少冲洗 3～5 次,复洗时要用流动水,以便清洗干净。

切菜主要采用切菜机。切菜的目的是将颗粒大、个体长的蔬菜切成符合馅料需要的细碎状。从产品使用口感方面讲,菜切的粗一些好,一般人们较喜欢使用的蔬菜长度在 6 mm 以上,但蔬菜的长度太长不仅制作的馅料无法成型,且手工包制时饺子皮也容易破口;如果是采用机器包制,馅料太粗,容易造成堵塞,在成型过程中就表现为不出馅或出馅不均匀,所形成的水饺就会呈扁平馅少或馅太多而破裂,严重影响水饺的感官质量;如果菜切的太细,虽有利于成型,但食用口感不好,会有很烂的感觉,或者说没有咬劲,消费者不能接受。一般机器加工的饺子适合的菜类颗粒为 3～5 mm,手工包制时颗粒可以略微大一点。因此,对切菜工艺的考核点主要掌握在颗粒的大小。

脱水也是菜类处理工序中必不可少的工艺,脱水程度控制得如何,与馅类的加工质量关系很大,也是菜类处理工序中必不可少的工艺,尤其是对水分含量较高的蔬菜,如地瓜、洋葱、包菜、雪菜、白菜、冬瓜、新鲜野菜等,各种菜的脱水率还要根据季节、天气和存放时间的不同而有所区别,春夏两季的蔬菜水分要比秋冬两季的蔬菜略高,雨水时期采摘的蔬菜水分较高。实际生产中很容易被忽略的因素就是采摘后存放时间的长短,存放时间长了,会自然干耗脱水,一般春季干旱时期各种蔬菜的脱水率可以控制在 15%～17%。一个简单的判断方法就是采用手挤压法,即将脱水后的菜抓在手里,用力捏,如果稍微有一些水从手指缝中流出来,说明脱水率已控制良好。

有时一些蔬菜需要漂烫,漂烫时将水烧开,把处理干净的蔬菜倒入锅内,将菜完全被水淹没,菜入锅开始计时,30 s左右立即将菜从锅中取出,用凉水快速冷却,要求凉水换3遍以防止菜叶变黄。严禁长时间把菜在热水中热烫,最多不超过50 s。烫菜数量应视生产量而定,要做到随烫随用,不可多烫,放置时间过长使烫过的菜"回生"或用不完冻后再解冻使用都会影响水饺制品的品质。

(2)肉类的预处理。水饺生产中要用到大量的肉馅,对肉馅要求既不能太细,也不能太粗,肉筋一定要切断。在水饺馅料的制作过程中,肉类的处理至关重要,肉类处理的设备采用绞肉机和刨肉机。肉类处理的原则归纳起来6个字:硬刨、硬绞、解冻。水饺生产过程中最怕出现肉筋,肉筋的出现会使水饺的一端或两端捏合不紧,甚至几个水饺连串。捏口不紧,煮熟后开口,影响外观。为此,要求在肉类处理时充分切断肉筋,对尚未解冻的肉类进行硬刨,刨成6～8 mm厚、6～8 cm宽、15～20 cm长的薄片,再经过10 mm孔径的绞肉机硬绞成碎粒,这样处理后的肉基本上没有明显的肉筋,且黏性好。如果肉中含水量较高,可以适当脱水,脱水率控制在20%～25%为佳。硬绞出的肉糜一般不宜马上用作制馅,但如果马上用于制作馅料,会因为没有充分解冻而无法搅拌出肉类的黏性,所制得的馅料在成型过程容易出水,由此带来的后果是不易成型和馅料失味,因此在硬刨硬绞后要充分解冻,如果在冬天还得用风扇吹,否则达不到好的效果。

(3)混合配馅料。如果认为有水饺配方就可生产水饺,那是非常错误的。同样的一个配方,不同的投料顺序会得到不同的效果。各种原料可归纳为4个部分:肉类、粉类、菜类、油类。投料顺序一般为:

肉类+粉类(食盐、味精、白糖等)→充分搅拌 ↘
菜类+油类(一般为花生油和芝麻油)→先拌和 ↗ 再稍微搅拌

拌馅采用拌馅机,拌馅搅拌时按一个方向,不能倒转,否则容易出水,肉类要和食盐、味精、白糖、胡椒粉、酱油、虾油以及各种香精香料等先进行搅拌,主要是为了能使各种味道充分地吸收到肉类中。同时肉类只有和盐分搅拌才能产生黏性,盐分能溶解肉类中的盐溶性蛋白而产生黏性,水饺馅料有了一定的黏性后生产时才会有连续性,不会出现出馅不均匀,不会在成型过程中脱水。但是也不能搅拌太久,否则肉类的颗粒性被破坏,食用时就会产生口感很烂的感觉,食用效果不好。判断搅拌时间是否适宜可以参考两个方面:首先看肉色,肉颗粒表面有一点发白即可,不能搅拌到整个颗粒发白甚至都搅糊了,外观没有明显的肥膘。肉色没有变化也不行。其次还可以查看肉料的整体性,肉料在拌馅机中沿一个方向转动,如果肉料形成一个整体而没有分散开来,且表面非常光滑并有一定的光泽度,说明搅拌还不够,肉料还没有产生黏性;如果肉料已没有任何光泽度,不再呈现一个整体,体积缩小很多,几乎是粘在转轴上,用手去捏时感觉柔软,且会粘手,说明搅拌时间太长了。

菜类和油类需要先拌和,植物油的添加尽可能将油均匀撒在菜上。这点往往被人们忽略或不被重视,其实这是一个相当重要和关键的工艺。因为肉料含有3%～5%的盐分,而菜类含水量非常高,两者混合在一起很容易使菜类吸收盐分而脱水,由此产生的后果是馅料在成型时容易出水,另外一个可能隐藏的后果是水饺在冻藏过程中容易缩水,馅料容易变干,食用时汤汁减少、干燥。如果先把菜类和油类进行拌和,油类会充分地分散在菜的表面,把菜叶充分包起来,这样无论在成型还是在冻藏过程中,菜类中的水分都不容易分离出来,即油珠对菜中的水分起了保护作用。而当水饺食用前水煮时,油珠因为受热会完全分散开来,消除了对菜类水分的保护作用,菜中的水分又充分分离出来,这样煮出来的水饺食用起来多汤多汁,口感最佳。前面两个工艺处理好了,两部分原料混合在一起只要再稍稍拌匀即可,检验的标准只要看菜类分散均匀了没有。制备好的馅料要在30 min内发往包制生产线使用。

2. 面团的调制和饺子面皮的辊压成型 同其他面制食品一样速冻水饺对原料面粉的要求也很严格,不是所有的面粉都可以用来生产水饺,用于生产水饺的面粉最主要的质量要求是湿面筋含量,另外不同厂家对面粉的白度也有不同的要求。一般要求面粉的湿面筋含量在28%～30%,面筋是形成面皮筋度的最主要因素,制作的面皮如果没有好的筋度或筋性,在成型时水饺容易破裂,增加废品率,增大成本。淀粉和面筋是面粉的主要成分,另外还有水分、蛋白质以及灰分。

和面通常采用和面机和面。搅拌是制作面皮的最主要工序,这道工序掌握的好坏不但直接影响到成型,还影响到水饺是否耐煮,是否有弹性,冷冻保藏期间是否会开裂。

为了增加制得的面皮的弹性,要充分利用面粉中的蛋白质,要使这部分的少量蛋白质充分溶解出来,为此在搅拌面粉时添加少量的食盐,食盐添加量一般为面粉量的2%,添加时要把食盐先溶解于水中,加水量通常为面粉量的38%～40%,在搅拌过程中,用水要分2～3次添加,搅拌时间与和面机的转速有关,转速快的搅拌时间可以短些,转速慢的搅拌时间要长。搅拌时间是否适宜,可以用一种比较简单的感观方法来判定:搅拌好的面皮有很好的筋性,用手拿取一小撮,用食指和拇指捏住小面团的两端,轻轻地向上下和两边拉延,使面团慢慢变薄,如果面团能够拉伸得很薄,透明,不会断裂,说明该面团已经搅拌得刚好。如果拉伸不开,容易断裂或表面很粗糙、会粘手,说明该面团搅拌得还不够,用于成型时,水饺很短,而且表皮不光滑,有粗糙颗粒感,容易从中间断开,破饺率高。当然,面皮也不能搅拌得太久，如果面皮搅拌到发热变软，面筋也会因面皮轻微发酵而降低筋度。

面团调制后要压延，压延的目的是把皮料中的空气赶走，使皮料更加光滑美观，成型时更易于割皮。如果面皮的辊压成型工序控制条件不合适，制得的饺子水煮后，可能会导致饺子皮气泡或饺子破肚率增高等质量问题。目前工业制得的饺子皮的厚度均匀，而手工加工的饺子皮具有中间厚、周围薄的特点，因此手工加工的饺子口感好，且不容易煮烂。如果没有压延，皮料会结成较大块的面团，分割不容易。调制好的面团经过 4～5 道压延，就可以得到厚度符合要求的饺子面皮，整张面皮厚度约为 2 mm，经过第一道辊压后面皮厚度约为 15 mm，第二道辊压面皮厚度约为 7 mm，第三道辊压厚度约为 4 mm，第四道辊压面皮厚度约为 2 mm。第四道辊压时用的面扑为玉米淀粉和糯米粉混合得到的面扑（玉米淀粉：糯米淀粉＝1：1）。第三道压延工序所用的面扑均与和面时所用的面粉相同。

3. 饺子的成型（包制）　有了馅料和皮料，接下来就可以成型了。如果是手工包制，一定要对生产工人的包制手法进行统一培训，以保证产品外形的一致。同时该工序是工人直接接触食品阶段，因此除了进入车间进行常规的消毒以外，同时还应该加强车间和生产用具的消毒，手工包制车间人员多，为了保证食品的安全，要定期对车间、通道出口的空气进行卫生指标的检验。

图 6-1　JGL120-5B(JGL135)型饺子机

水饺机的类型有很多种，图 6-1 为哈尔滨金美乐商业机械有限公司生产的 JGL120-5B(JGL135)型饺子机。

水饺机的类型不同，成型出的水饺的外观和质量自然也就不一样，但成型时有几个要点要注意。

(1)要调节好皮速，皮速快了会使成型出的水饺产生痕纹，皮很厚；如果皮速慢了，所成型出的水饺容易在后角断开，也就是通常所说的缺角。因此，调节皮速是水饺成型时首先要做的关键工作。调节的技巧是关上机头，关闭馅料口或不添加馅料，先空皮形成一些水饺，此时可能会因为皮料空心管中没有空气，出现瘪管，空皮饺形成不出来，这时可以在机头前的皮料管上用尖器迅速地捅一个小洞，让空气进入，这样皮料管会重新鼓起，得到合适的外观和稳定的重量时，皮速才算调好。

(2)要调节好机头的撒粉量，水饺成型时由于皮料经过绞纹龙绞旋后，面皮会发热发黏，经过模头压模时，水饺会随着模头向上滚动，滚到刮刀时产生破饺，因此在机头上方放适量的撒粉是必要的，撒粉的目的就是缓和面皮的黏性。撒粉量不是越多越好，如果撒粉太多，经过速冻包装时，水饺表面的撒粉容易潮解，而使得水饺表面发黏，影响外观。平时对水饺机的保养和维护是保证水饺成型质量的重要因素，特别是对机头的保养，水饺机头在出厂时都喷涂有一种不沾面皮的铁芙蓉，对这种涂料不能用硬器刮，只能用布料擦拭。

(3)水饺在包制时要求严密、形状整齐，不得有露馅、缺角、瘪肚、烂头、变形、带皱褶、带小辫子、带花边饺子、连在一起不成单个、饺子两端大小不一等异常现象。

(4)机器包制后的饺子，要轻拿轻放，手工整形以保持饺子良好的形状。在整形时要剔除一些如瘪肚、缺角、开裂、异形等不合格饺子。如果在整形时，用力过猛或手拿方式不合理，排列过紧、相互挤压等都会使成型良好的饺子发扁、变形不饱满，甚至出现汁液流出、粘连、饺皮裂口等现象。整形好的饺子要及时送速冻机进行冻结。

4. 速冻　对于速冻调理食品来说，要把原有的色、香、味、形保持得较好，速冻工序至关重要。原则上要求低温短时快速，使水饺以最快的速度通过最大冰晶生成带，中心温度要在短时间达到－18 ℃。在销售过程中出现产品容易发黑、容易解冻的根源是生产时的速冻工序没有控制好，主要是以下几个方面：冻结温度还没到－30 ℃以下就把水饺放入速冻机，这样就不会在短时间内通过最大冰晶生成带，不是速冻而是缓冻；温度在整个冻结过程中达不到－30 ℃，有的小厂根本没有速冻设备，甚至急冻间都没有，只能在冰柜里冻结，这种条件冻结出来的水饺很容易解冻，而且中心馅料往往达不到速冻食品的要求，容易变质；隧道前段冻结温度不能过低或风速太大，否则会造成水饺进入后因温差太大，而导致表面迅速冻结变硬，内部冻结时体积增大，表皮不能提供更多的退让空间而出现裂纹。另外一种可能是生产出的水饺没有及时放入速冻机，在生产车间置放的时间太长，馅料中的盐分水汁已经渗透到了皮料中，使皮料变软、变扁、变塌，这样的水饺经过速冻后最容易发黑，外观也不好。可以通过试验确定速冻饺子在速冻隧道中的停留时间，以确保产品质量。

必要时可在速冻水饺表面喷洒维生素C水溶液，可以对水饺表面的冰膜起到保护作用，防止饺子龟裂，形成冰晶微细，减少面粉老化现象。

5. 包装贮藏　速冻食品在称量包装时要考虑到冻品在冻藏过程中的失重问题，因此要根据冻藏时间的长短而适当地增加分量。冷库库温的稳定是保持速冻水饺品质的最重要因素，库温如果出现波动，水饺表面容易出现冰霜，反复波动的次数多了，就会使整袋水饺出现冰碴，水饺表面出现裂纹，严重影响外观，甚至发生部分解冻而相互黏结。

(三)影响速冻水饺质量的因素

影响速冻水饺质量的因素很多，综述如下。

1. *面粉品质的影响* 饺子由皮和馅组成，饺子皮的主要原料是面粉，直接影响着制品的外观和口感，合适的面粉是保证速冻水饺品质的前提保证。

(1)面粉中蛋白质品质的影响。水饺对面粉蛋白质品质要求较高，主要食品对蛋白质含量的要求从低到高依次为糕点、饼干、馒头、面条、饺子、面包，可见饺子仅次于面包，一般为12%～14%。面粉中的蛋白质主要分为清蛋白、球蛋白、醇溶蛋白、谷蛋白，其中醇溶蛋白、谷蛋白是组成面筋的主要成分，面筋含量的多少及质量的好坏与饺子品质密切相关，蛋白质形成面筋后，应该具有一定的延伸性和弹性，只有这样才可以在水饺冻结过程中减轻由于水分冻结、体积膨胀造成的对水饺表皮的压力。片面追求面筋数量而忽视了蛋白质质量是影响水饺冻裂率的一个重要因素。因此，作为优质速冻水饺的专用面粉，它的蛋白质质量要好，面筋质量要高，面团的稳定时间要合适。我国国家标准对饺子专用面粉中的面筋含量要求为28%～32%，面团的稳定时间≥3.5 min(饺子粉SB/T 10138—93)，同时要求弱化度在120BU以下。但面筋超过32%以后，水饺品质的效果变化不明显，而且从工业化生产讲，筋力太高的面粉弹性好，加工过后缩成原状的趋势强，导致对工艺很多的不便，和面时水分少时面团较硬难以加工，水分多时面团易粘在机器的输送带上，因此面筋含量要适宜。

(2)灰分的影响。灰分是衡量小麦面粉加工精度的主要品质指标，不同的加工精度，面粉的粉色差异较大、粉色差的面粉制成的速冻食品的颜色会越来越差，用于速冻食品的面粉灰分要低于0.45%，且越低越好。同时灰分主要构成成分是纤维素，一般和面过程中，纤维素在面筋网络中形成节点，破坏了面筋网络的强度；并且由于纤维素吸水较快且较多，在面筋网络中形成水分聚集点，导致水饺冻结过程中破裂率提高。

(3)粗细度的影响。面粉粗细度一方面影响面粉色泽，另一方面影响面粉中游离水的含量和吸水率，这对速冻食品的稳定性有相当重要的影响。若游离水含量太多产生冰晶对面筋网络的构造会产生破坏作用，降低速冻食品的贮藏性。一般以全通CB30，留存CB36不超过10%为宜(SB/T 10138—93)。

(4)淀粉的影响。淀粉在小麦面粉中所占的比例较大，一般占70%～80%。

淀粉的糊化和老化对食品的质构有显著影响，因此对速冻水饺的品质影响也很大。用于速冻水饺的面粉要求它的淀粉特性具有较低的糊化温度，较高的热黏度，较低的冷黏度。较低的糊化温度可以使水饺皮在低温下糊化并吸收大量的水，较高的热黏度可以使水饺在蒸煮时对表面淀粉有很强的粘附性，使表面淀粉流失减少，较低的冷黏度可以使水饺煮熟降温后减少饺子间的粘连。对于生产速冻食品的面粉来说，淀粉的低温冻融稳定性要好，淀粉或面粉的冻融稳定性与速冻食品、冷冻面团的品质关系密切，速冻水饺也不例外，否则速冻水饺容易冻裂。破损淀粉的含量对水饺的品质也产生很大影响，蒸煮损失与破损淀粉有很大的相关性，破损淀粉含量越少，蒸煮损失越少。直链淀粉具有优良的成膜性和膜强度，支链淀粉具有优良的黏结性。

2. 工艺的影响

（1）面团的调制工艺。面粉的加水量、和面程度要适度，加水量要根据季节、环境温度及面粉本身质量适当控制，气温低时可多加一些水，这样做有利于饺子的成型。当面团较硬时，和面的力大，不利于水饺成型，此时可多加些水或加入一些淀粉，将面团和软一些。

（2）放置时间。如果水饺成型后放置时间过长，不能及时送入速冻机速冻，饺子馅内的水分会渗透到饺子皮内或流出饺外，影响水饺色泽，会造成水饺色泽变差，因此包好的饺子应立即送入速冻机速冻。

（3）速冻工艺。水饺要经过速冻，才能获得高质量。冻结速度越快，组织内玻璃态程度就越高，速冻可以使水饺体系尽可能地处于玻璃态，形成大冰晶的可能就越小。而慢冻时，由于细胞外液的浓度较低，首先在细胞外水分冻结产生冰晶，造成细胞外溶液浓度增大，而细胞内的水分以液态存在，由于蒸气压差作用，使细胞内水向细胞外移动，形成较大的冰晶，细胞受冰晶挤压产生变形或破裂。同时随速冻时间增加肉馅中蛋白质的保水能力下降，胞内水分转移作用加强，产生更大、更强的冰晶，而刺伤细胞，破坏组织结构。另外，由于冻结速度慢，汁液与饺皮接触时间也长，致使饺皮色泽发暗；而速冻时，肉馅不致因流失汁液而浸入饺皮。所以，冻结温度是决定制品冻结速度的主要因素，温度低效果好，但到一定温度后影响变得就不显著了。

3. 添加剂的应用　同其他面制食品一样，选择合适的添加剂可以提高水饺的品质，有效地降低生产成本。应用在速冻水饺中的添加剂必须具备以下特点：

（1）能够完善面筋网络形成，提高面筋质量。面筋网络改善有利于增强水饺皮自身的强度，抵抗由于水分结冰体积膨胀所造成的压力，减少饺子的冻裂率。

（2）提高面皮保水性。利用保水性较好的添加剂可以降低表面水分在加工、物流过程中的水分散失，避免由于表面水分流失所造成的表面干裂。

(3)较好的亲水性。较好的亲水性可以使面皮中的水分以细小颗粒状态均匀分布在饺子皮中，降低水分在冻结时对面皮的压力减少冻裂率。

添加剂的选择对水饺的品质影响很大，例如乳化剂的添加可以明显降低裂纹几率，减少蒸煮损失，这是因为乳化剂能与面粉中的淀粉、蛋白质、特别是小麦面粉中的麦谷蛋白发生较强的作用，强化面筋网络，使面团弹性增强，阻止搅拌等工艺过程造成对面筋网络的破坏。还可阻止直链淀粉的可溶性淀粉的老化。淀粉添加量越高水饺白度越好。外加淀粉改变了原面粉中蛋白质与淀粉的比例，从而改善了面筋网络的结构致密度，改变了对光的折射率，提高了饺子的色泽。但添加量太大，面筋被稀释，面筋质量下降，水饺的冻裂率增大。另外，淀粉对饺子的耐煮性及口感、风味也有负面影响，所以淀粉添加量要根据面粉和生产情况选择恰当的比例。

4. 水饺馅的影响　水饺馅的品种也会对冻裂率造成一定的影响。馅中脂肪含量较高的品种冻裂率相对较低，因为脂肪在冻结时体积缩小；蔬菜中因为水分含量较高，所以蔬菜馅水饺冻裂率相对会较高。如果是肉馅，用的原料肉不应是反复冻融的，否则会影响保水性，影响水饺的成型。同时饺馅内肥瘦肉之比也要合适，肥膘过多，人吃后会感到饺馅过于油腻，饺子易出现瘪肚现象，让人感到饺馅过少，肥膘过少，口感欠佳。水饺馅的加水量对水饺品质也会产生影响，外加水越多，速冻后肉馅膨胀系数可能性增加，从而使裂纹几率增加。饺馅要搅拌充分，否则会出现水分外溢、馅汁分离现象，而且速冻后的水饺颜色加深、发暗，缺乏光泽，煮熟后易出现走油、露馅、穿底等不良现象。但是如果水太少，会造成口感风味劣化。一般情况下饺子馅在满足口感风味的要求下尽量少加水。水饺馅大小要均匀，不能过大，否则不利于水饺的成型且熟制时容易出现生馅及烂皮现象。

5. 影响速冻水饺卫生指标的因素　主要有两个方面：一方面是原材料的卫生指标不合格；另一方面是产品在生产过程中被污染。必须对原材料进行严格的检验把关，对不合格产品进行严格的杀菌处理。生产中的污染主要来自人为带入和环境因素。因此要求操作人员的手、衣、鞋进行严格的消毒处理，车间、工具等都应定期消毒，控制空气中的落下菌，严格依照食品卫生法进行生产操作。

6. 其他因素的影响　饺子皮与馅的比例对水饺的成型影响也较大，馅心的比例一般控制在 60%～70%，这样水饺才饱满；皮馅比不合理等原因也会对水饺的冻裂率有一定影响。馅太多，容易把饺子皮涨破；水饺在成型时尽可能使水饺上附着的面粉少一些，否则也会影响成品水饺的色泽及外观；同时，水饺在运输的过程中，要保持温度的恒定，防止温度的波动。

总之，影响速冻水饺品质的因素较多，在生产过程中必须严格控制好每一个环节，这样才能保证产品的质量，满足消费者的需求。

二、发酵类面点食品的速冻加工

发酵类面制品包括馒头、包子、花卷等。目前市场上最常见的是馒头。馒头根据调配的口味不同可分为蛋奶馒头、咖啡馒头、牛奶馒头、椰味馒头等；根据生产工艺不同可分为刀切馒头、挤切馒头、珍珍馒头。刀切馒头在南方较多，呈扁长弧形，个体大小不一，小的重约 20 g，大的重约 100 g，甚至更大，随着近几年速冻食品的发展和普及，刀切馒头已逐渐成为销售量最大的速冻食品，龙凤、日清、广州酒家等品牌已为人们所熟悉；挤切馒头也称山东馒头，呈圆形，在北方较多，工业化生产山东馒头的厂家较少；珍珍馒头的主要特点是双层双色，市面上常见的是白色和咖啡色交替 4 层或更多，其味道类似咖啡馒头，生产工艺较咖啡馒头复杂。蛋奶馒头、咖啡馒头、牛奶馒头、椰味馒头等的生产工艺基本一样，都是刀切馒头，因为销售需求的扩大，生产厂家的增加，市场竞争日益激烈，各厂家为降低成本，很多已从手工操作转向了机械化生产。

速冻包子是含馅食品，其最主要的优点是家庭或餐厅再加工简单，消费者食用非常方便。速冻包子是目前速冻食品企业发酵类面食品中产量最大、品种最多的产品。包子的分类也有很多种：按口味性质可分为肉包、菜包、甜包；按外形特征可分小笼包、叉烧包、水晶包、玉兔包、寿桃包、鸳鸯包等；按馅料不同可分为鸡肉包、鲜肉包、豆沙包、奶黄包、香芋包等；还有的根据地域传统分为天津狗不理、广州酒家、开封小笼包、上海南翔小笼包等；按照成型方法分为机器加工包子和手工包制包子。人们对速冻包子的要求比较高，要求皮薄馅多，皮质有弹性，馅料有水分，外形美观，味道好又有特色，耐蒸、耐咬，颜色白又不能添加增白剂，还要求营养丰富。机器生产的包子外观一致，大小均匀，但馅料较干，不耐蒸、不耐咬，皮质较差，而手工做的包子皮薄馅多且馅料有汤汁，耐蒸、耐咬，但大小相差较大，外观也比较粗糙，卫生条件也较差，因此现在市场上机器包子和手工包子都占有一定的市场。随着经济的发展，生活节奏的加快，卫生观念的提高，机器工业化生产的包子将逐渐成为速冻包子的主流。速冻包子最主要的特点就是食用方便，消费者买回家复热后即可食用，而且速冻包子不像其他速冻食品那样害怕解冻，它即使解冻也不影响它的食用。

花卷也是发酵类面点的一种，常见的有调味花卷和普通花卷。花卷一般呈两边滚弧形，类似望远镜，也有的在该弧的中间横向再压痕呈四片花瓣形，也有的是直接滚成圆柱形。生产时没有添加调味料的称为普通花卷,添加少量香葱及食盐的称葱花卷,添加少量蛋清的称蛋花卷。花卷生产工艺较麻烦,食用并无特色,同馒头相差不大,因此生产者不多。

包点类直接放在蒸笼中蒸熟即可,但在蒸包时应注意不要把包点直接放入压力已经很高的密闭锅或蒸笼中,因为这样容易造成表层已熟但内层未熟,有时会出现表皮皱缩,颜色发黑、发暗、发硬,亦称蒸死,不能食用;蒸包的火力不要太大,水蒸气如果太多容易使包点烂皮,表层起泡,影响食用;另外包点类不能反复蒸,否则包点会失去弹性,没有咬感,口感很烂,有水汁;此外包点类也不要反复冷冻,否则包点的表层会结霜,严重的会产生冰碴,破坏应有的弹性,而且馅料也会变干,影响食用口感。下面以包子生产为例详细阐述发酵面制食品的生产工艺。

(一)速冻包子的生产工艺流程

速冻包子生产包括制馅、制皮、成型 3 个工序,其生产工艺流程如下:

馅料处理→搅拌→备馅↘
　　　　　　　　　　　　成型→醒发→蒸炊→冷却→速冻→包装→入库。
　　面料→搅拌→皮料↗

(二)操作要点

1. 制馅　包子在制馅方面与水饺基本相同(可参看水饺馅的制备),区别是包子馅对蔬菜和肉的颗粒尺寸比饺子馅要大些,各种调味料的调制顺序同饺子馅的要求一样。将包子馅调好后,还要加工成包子,蒸炊后,经过有关人员品尝,合格后方可将包子馅投放生产线。

2. 制皮　包子制皮所使用的面粉与水饺不同,主要区别在面筋的含量,包子要求面筋含量为 26%~28%,蛋白质含量为 11.5%~13%,制的面团的评价值为 46~50,一般使用中筋面粉。包子皮料的搅拌也有别于水饺皮:首先在和面机的选择上有区别,因为包子皮放有发酵粉,特别是在温度较高的天气条件下,皮料容易发酵,因此要求和面机的转速要快,不会发热;其次皮料的配料上也有很大区别,除了发酵粉外,包子皮多添加有白糖和猪油,添加猪油的作用是提高包子表面的光泽度,另外添加了猪油的包子在冷却时表面不易发干发裂;包子皮在搅拌时下料顺序也要引起重视,发酵粉首先要和面粉先行搅拌,使发酵粉充分均匀地分布于面粉中,盐和白糖要先溶解于水或冰水中再加入,在包子皮的搅拌已八成完成的时候才能添加猪油,搅拌的最后检验标准与水饺皮相似。

压延工序对包子皮来说非常重要，如果没有压延或压延时间不够，包子皮中的空气没有驱赶干净，留有空气的包子皮经醒发蒸炊后表皮有明显的气泡，冷却后气泡皱缩形成疤纹，严重影响外观。一个简单的检验压延时间是否合适的办法就是听声音，如果皮料在压延没有气泡破裂的声音，说明已基本驱赶净面皮中的空气。

3. 成型　包类的成型采用有手工和机械两种方式，机械成型要求馅料较干，面皮略硬，因此与手工包子相比，有不耐蒸、不耐咬、皮质较差等特点。手工包子皮薄馅多有汤汁，耐蒸、耐咬，但个体大小差异大，外观较粗糙，卫生条件也不容易控制，手工包子对环境的卫生条件及工人的熟练程度要求严格，因此手工包子与机加工包子都有一定的市场份额。机制包子最主要的控制因素是成型速度，成型环境最好能维持恒温，环境温度的波动不能太大。

4. 醒发　醒发是包子生产过程中最重要和最难以控制的工序。接种一定量活性干酵母的包子面皮在较大温度范围内都可以发酵，一般是温度越高发酵越快，但发酵的关键在于面团的发酵质量，同样面团的发酵过程也受到相对湿度的影响，湿度高，表面水分太多，会造成表层糊化、起泡，甚至塌陷；湿度太小，发酵过程会出现干裂，蒸炊后，裂口较多，增加次品率。

现代的工业化生产一般多采用干酵母发酵法，发酵速度快，发酵条件严格，其中决定发酵效果的两个因素是温度和湿度，实践证明 40 ℃的温度和 71%的相对湿度较为理想，但在实际生产过程还要根据天气情况和成型速度对发酵时间作适当的调整，一般为 30～40 min，包子的发酵是一种有生命运动的过程，各个环境因素没有控制好，就可能造成发酵的失败。

在操作发酵这道工序过程中归结起来应注意以下几个问题：首先是温度和湿度的控制，温度和湿度存在统一和对立，它们之间并不是可以随机组合，基本上呈类反比关系，温度越高湿度会相对较低，特别在气温较低、空气又很干燥的条件下，一方面要求温度要高，另一方面又要求湿度要大，两者的矛盾相对就比较突出，发酵箱往往没有办法调节到所需要的对应关系量，此时常常需要采用往蒸箱地面泼热水的方法来提高温度和湿度。其次是发酵终点的判断，因为发酵是酵母在达到一定温度(37 ℃)时开始的膨胀运动，受到环境因素的影响较大，因此根据客观的具体情况作出一些判断也很重要，判断的方法可以用触压法。快到发酵终点时，用手去轻压，如果有以下两个特点说明发酵效果就好：其一是表皮会粘手，手压下去拉回来时会有拉丝的感觉；其二是手压下去放手后，表皮的凹口会自动弹起，并恢复原状。此外是发酵过程的稳定性，包子皮在发酵的过程中不能对其作大的振动，特别是发酵后期，一旦振动了，发酵当时看不出有什么异样，但蒸炊后就会出现“死包”，即表皮皱缩变硬，个体缩小，不能食用。

醒发是在醒发箱里完成的，因此好的醒发箱也很关键，醒发设备显示的温度和相对湿度要和箱体中心实际数据一致。

5. 蒸炊　蒸炊就是对已发酵好的包子进行蒸熟的过程。蒸炊的时间和包子的大小、进箱的蒸气压力、蒸箱的密闭性都有关系。一般包类的蒸炊压力不宜太大，0.04～0.06 MPa 的压力蒸炊 10～15 min 就可以了。但如果生产叉烧包则例外，叉烧包要求裂口呈四瓣花状，因此在蒸炊叉烧包时，进箱的蒸气压力要达到 0.1 MPa 以上。在蒸炊包子时经常会出现几个问题：一是表面起泡，出现表面起泡的原因有几个方面，可能由于面皮没有压延好使皮内留有空气，蒸箱内水汽太多也会使蒸出的包子表面起泡。此外如果发酵过度也会使表面出现不光滑甚至起泡。二是塌陷问题，特别是个体较大的包子如果没有控制好有关条件很容易出现塌陷现象，其原因可能是进箱气压太大，在蒸炊的瞬间就出现塌陷，还有发酵过度也会出现塌陷的可能。三是死包问题，或者说是烫伤，其现象是包类蒸炊后出现皱缩，颜色发黑、发暗，个体变硬，不能食用。出现这类问题的原因主要有两个：一个是蒸箱和架车或放包子的盆子积有较多的水珠，蒸炊时受热的水珠滴到下层的包子表面使其被烫伤；另一个是面粉的筋性不好，面筋不够强，易断，蒸炊时在一定压力下出现断裂而使整个包类皱缩。同时要注意包子类也不要反复冷冻，食用时也无须解冻。

6. 冷却　包子类食品速冻前必须冷却，速冻前的冷却工序是保证包子类品质的重要因素。冷却时要用风扇吹凉，其目的是吹干包子表面的水珠。如果没有进行冷却这个工序，而是直接进行速冻，会使包子表面马上形成一层冰层或冰花，包子的光泽度会被破坏，致使表面不光滑。另外，如果包子还是热的就进行速冻，会出现表面已经冻硬而中心不容易冻硬，使得包子容易变质，特别是肉类包，馅料很容易变味发酸。

7. 速冻　经过冷却的包子迅速进入速冻机，30 min 完成冻结过程，使中心温度达到－18 ℃。

8. 包装入库　包子类速冻后要求快速冻藏，因为包类特别容易解冻，解冻后马上就会变形，影响产品质量。

第三节　米制品类食品的速冻加工

米制品类速冻调理食品主要是指以各种糯米、粳米或糯玉米为主原料，经过调味、包馅心等，再出机器或手工加工成各种形状并速冻而成的产品。市面上常见的有汤圆、八宝饭、粽子、玉米棒等，其中又以汤圆和粽子为主。

汤圆是我国人民欢度节日的传统食品。最初是由家庭、茶楼酒肆等现包现煮食用。近年来，随着速冻技术的迅速发展，速冻食品在我国市场迅速兴起，汤圆才作为一种速冻食品，进入社会化大生产的行列。速冻汤圆作为一种速冻中式食品，既满足了现代人对方便、卫生、营养的要求，又适合国内消费者的口味，因此市场潜力很大。目前，国内已有“三全”、“思念”等上百个速冻汤圆品牌。形成百花齐放，几家突出的现象。汤圆多呈圆形，包心，大小从 3 g 到 30 g 不等。汤圆的最大特点是绵软香甜、口感细腻、食用方便，是点心小吃的佳品。尤其在传统的元宵节，几乎家家户户都吃汤圆，又出于汤圆的“圆”字常常代表团圆，因此春节期间也是消费汤圆的大旺季。汤圆一般以甜味为多，大多根据汤圆的馅料命名，有芝麻汤圆、花生汤圆、豆沙汤圆、香芋汤圆、椰味汤圆等，咸味的汤圆不多，常见的只有鲜肉汤圆。

一、速冻汤圆的加工

(一)生产工艺流程

速冻汤圆的生产工艺流程如下：

馅料处理→制馅↘
　　　　　　　　成型→速冻→包装→入库。
皮料处理→制皮↗

(二)操作要点

1. *馅料的原料处理*　馅料的原料主要有芝麻、花生、莲子、豆沙、白糖以及鲜肉汤圆用到的猪肉等。在以上几种原料中芝麻的处理最麻烦，芝麻汤圆要用到黑芝麻和白芝麻两种，通常黑芝麻含有较多的细沙杂质，对黑芝麻的清洗要有足够的耐心。

一般黑芝麻的清洗操作流程是：把芝麻放入 10 倍重量的清水中上下搅拌几分钟，让芝麻充分浸水，然后静置 30 min，由于芝麻的饱满程度的不同，芝麻或漂浮、悬浮，或沉浮于水中。完全漂浮于水面的芝麻没有肉质，只是空壳，不能食用，这部分芝麻连同浮于水面的草叶、草根等杂质先捞出弃掉；然后用密网把悬浮于水中的优质芝麻慢慢捞出另放备炒；沉底部分不易同杂质分开，需要再次搅拌，并将盛桶倾斜静置，稳定后杂质会朝低端处沉积，高端处为干净芝麻。这样反复几次，基本可以把芝麻洗净。另外要引起注意的是洗好的芝麻不能盛放太多太久，洗好的芝麻特别容易发热，对其质量有影响。

炒芝麻、花生或别的原料时，火候掌握的好坏关系到炒后的香味和脆性，要求芝麻或花生熟透、香脆且没有焦味、苦味，颗粒鼓胀。炒熟的芝麻或花生要趁热绞碎，冷却后再绞的效果不好，不易绞碎。甜味汤圆馅切忌混有除糖以外的任何味道，因此不能使用五香花生或略带咸味的调味花生，最好使用生花生现炒现用。

2. 皮料的原料处理　汤圆皮料主要是由糯米粉组成，因此对皮料的原料处理也就是对糯米的处理。糯米处理可分水清洗、浸泡、磨浆、脱水共 4 个过程。

水洗的主要目的是除去杂质。

浸泡要求一半米一半水搅拌后浸泡，浸泡时间根据不同的气温有所不同，夏天浸泡 4 h，冬天要浸泡 8 h 或更多，甚至晚上开始浸泡第二天磨浆，浸泡时间达 12 h 以上。浸泡的目的是将硬质的糯米软化，便于磨浆。磨浆时要注意出料阀的控制，好的浆料呈天然白色，细腻，滑润，并且充分吸水鼓胀，呈泡沫状，如果浸泡时间不够，磨出的浆料则成稀液状，不会鼓胀。

磨浆是将浸泡过的糯米磨成细浆的过程，在磨浆下料时还要注意边加米边加水，使浸泡米始终在含水状态下进入磨浆机，否则磨出的米浆不够细腻，很粗糙，将直接影响成品的质量。水磨后的浆液进入浓浆池之前应设计过筛工艺，一般采用 80～100 目的筛网以确保细度。

脱水指将均匀浆进行脱水成固体的工序，脱水的作用是将浆料中多余的水分脱去，一般脱水后的糯米浆为原料糯米的 160%～180%，根据这个得率在实际生产中调试并掌握脱水机适当的转速和脱水时间。

如果不是现用还要对脱水后的糯米浆进行干燥处理，以达到糯米粉的标准。

3. 制馅　随着消费者对汤圆质量要求越来越高，从事汤圆生产的研究开发人员对汤圆的研究也越来越深入，好的汤圆馅料可以总结为几个特点：成型时柔软不稀，冻结时体积不增大，水煮食用时流动性好呈流水状，味道香甜细腻。以上所说的特点都是针对甜味馅而言，咸味的如鲜肉汤圆较简单，同水饺包子的馅料制法一样。

汤圆馅料要达到成型时柔软不稀易成型，水煮食用时又要呈流动性好的液态，添加适当的食品添加剂就显得特别重要。实践证明，在馅料中添加 1%左右的冷冻果酱粉效果良好，果酱粉通常由黄原胶和麦芽糊精等原料人工合成制得，其亲油性大于亲水性，调配馅料时果酱粉充分溶解于所添加的油分里形成糊状。同时溶于油中的果酱浆有良好的黏稠性，与芝麻酱或花生酱（磨碎的芝麻或花生）及白糖混合后提高了混合馅料的柔软性和延展性，符合成型要求。而馅料经加热水煮后油珠受热重新游离，糊性降低，稀释性提高，馅料则呈现有较好流动性的稀液，食用时口感细腻，并且感觉馅料很多，自然溢出，并且可以感觉到馅多。

选择好适当的果酱粉还不能保证制作出的馅料质量上乘，多种原料的调配顺序至关重要。在汤圆馅料的制备过程中，原料不同其制作工艺也不完全相同。

以芝麻汤圆为例，说明馅料调配的工艺要点：一是先将芝麻酱和白糖粉充分搅拌，因为芝麻在绞碎时会由于流出芝麻油而使芝麻酱呈细条状，而不是粉状，在搅拌时要把细条状的芝麻酱分散开来，直至呈粉末状分布于白糖粉中，否则芝麻味不均匀，影响质量。二是色拉油和甘油要先与果酱粉搅拌溶解，边搅拌果酱粉边加色拉油和甘油，使果酱粉充分溶解在油中，形成糊状液，在这个工序要特别注意，搅拌要连续不能中断，否则果酱粉会结团不易分开。然后把以上两种混合料再混合搅拌均匀，得到效果良好的芝麻馅。馅料在用于成型之前最好在 0 ℃左右的低温条件置放几个小时，这样更有利于成型。

汤圆馅料在整个配制过程中几乎不添加水分，如果太干可以再适当添加色拉油，但考虑到成本，添加少量的水分也可以。如果馅料的水分太多，在速冻（特别是速冻条件较差的）时汤圆容易冻裂。汤圆冻裂的问题一直困扰着很多厂家，一般认为汤圆冻裂的原因是皮质问题，但也有研究认为，馅料的好坏也影响汤圆是否会裂。因为在速冻过程中，皮料首先冻硬，馅料比较慢才会冻硬，如果馅料水分太多，在水变成冰时，体积膨胀，造成整体馅料体积膨胀，从而使皮被胀破。另外，由于冷库及销售过程中的温度波动，冰的体积将进一步增大，因此在实际中发现汤圆在贮藏或销售过程中还会进一步开裂，因此馅料中水分的控制很重要。选择油料时用色拉油的原因是因为色拉油没有味道，适用于不能有异味的甜馅中，另外，低度的色拉油在低温时会凝固，有利于成型。添加少量甘油的目的是增加乳化稳定作用，也有利于提高增稠效果。

对于豆沙馅的制作工艺比其他汤圆馅料略为复杂，在选料上也有较大区别，基本上不添加甘油和增稠剂。其工艺为：

煮糖水→冷却→加小麦淀粉→煮沸→加红豆粉→加色拉油→冷却。

豆沙馅成品的要求是光泽好、表面光滑、口感细腻。

4. 制皮　传统的手工汤圆制成后很快就食用，但工业化生产的速冻汤圆要经过速冻及长时间的冻藏和销售，汤圆皮是否会冻裂以及破裂的程度会直接影响各厂家汤圆的质量和声誉，因此用来防止汤圆裂皮的各种食品添加剂便应运而生，汤圆生产的工艺也越来越科学。综合各厂家的普遍做法，添加一定量的熟皮和少量的增稠剂是共同的技术措施，即煮芡法，不同的是熟皮的添加量以及增稠剂的品种选择有所差异。

熟皮是指蒸熟后的糯米浆。将糯米浆掰成小块平铺在带有小孔的蒸盘上蒸炊 15 min 即得熟皮，蒸盘带小孔的作用是排除在蒸炊过程中积留在蒸盘上的大量水液，这部分水液会降低熟皮的黏度，甚至影响到汤圆皮的软硬度，必须除去。熟皮呈淡黄色，具有较强的黏性，组织细密。熟皮用于汤圆皮中的目的是提高汤圆皮的组织细密性，提高汤圆皮的延展性，提高抗冻能力，有利于防止汤圆皮被冻裂。由于熟皮具有极强的黏性，在使用时要注意先将熟皮冷却并捏成小圆子，以细碎的形式分批次往正在搅拌的糯米浆中添加，如果一整团加入，熟皮会粘附缠绕在搅拌器上，搅拌不均匀，起不到应有的效果，熟皮添加量一般为汤圆皮总量的6%～8%。

糯米浆属于米制品类，如果其延展性不好则容易断裂。因此在速冻汤圆的生产中使用适当的食品添加剂显得尤其重要。有利于提高黏弹性的增稠剂是比较常用的添加剂。

5. 成型　在工业化速冻汤圆的生产中手工成型的相对较少，机器成型的居多。汤圆成型过程中有几个常见的问题要引起注意：最常出现的问题是汤圆漏底，馅料露出。出现这个问题有机器调节不当或皮料馅料制作效果不好两种原因。走馅速度太快（馅料太多）或走皮速度太慢（皮量太少）会使成型的汤圆破底，调节馅速（馅量）或皮速（皮量）即可，另外安定板（或称支撑台）调节得太高，使得汤圆还未包馅完成就被打击柄打出造成漏底，把安定板调低即可。如果机器调节正常还出现漏底，一个原因可能是馅料太硬，在包馅过程中把皮冲破，解决的办法是将馅料在绞肉机中（2 mm 孔径）再统一遍，绞后的馅料既软又细，易成型；另一个原因可能是皮料制作不好，搅拌不够，还未形成较好的延展性，易断，特别在安定板上旋转时，很容易磨裂，造成漏底，此时要求对皮料进行再搅拌，提高延展性。

成型出的汤圆不圆，甚至变形也是在汤圆生产中经常出现的问题。出现这个问题同样有机器方面和皮料方面的原因。其中机器方面最大可能是打击柄调得太高或安定板调得太高，打击柄调得太高会出现汤圆个体上有打击柄打出的压痕，如果皮料稍软就会使汤圆上下歪曲变形；如果安定板调得太高，会出现汤圆太扁，底端偏大，不圆。以上这两种情况只要对打击柄和安定板作些小调节即可。制作的皮料如果太软也会使成型出来的汤圆比较扁塌、不圆。

6. 速冻　在所有速冻调理食品当中，汤圆对速冻的条件要求最高，也最讲究。成型后的汤圆在常温中置放的时间不能超过 30 min，在温度低湿度小的冬季，汤圆表皮易干燥，冻后容易裂；在温度高湿度大的夏季，汤圆容易变软变形，容易扁塌。速冻的温度至少要达到－30 ℃，高于这个温度冻硬的汤圆表面会沉积冰霜或冰碴，出现大量的细纹，另外，温度偏高的条件下速冻出的汤圆不白，色偏黄，影响外观；速冻的时间也要合理掌握，不能超过 30 min，否则汤圆会冻裂。速冻汤圆的中心温度可以用专用的数字温度仪表测定。

7. 包装入库　汤圆的包装要求速度快，汤圆是易解冻的产品之一，解冻后表面会发熟，容易相互黏结，特别是没有采用固定内皿套装而是混合包装的汤圆，在包装时务必要求速度快。贮藏汤圆的冷库要求库温相对稳定，否则汤圆表面易产生冰霜或冰碴，甚至整个包装袋都会有大量的冰碴，汤圆开裂，色泽变黄。

(三)影响速冻汤圆质量的因素

1. 糯米粉品质的影响 汤圆由皮和馅组成，汤圆皮的主要原料是糯米粉，直接影响着汤圆的外观和口感，合适的糯米粉是保证速冻汤圆品质的前提保证。

制作汤圆的糯米粉质要求粉质细腻，有研究表明糯米粉的粒度应达到：160 孔/cm^2筛通过率大于 90%，240 孔/cm^2筛通过率大于 80%，糯米粉粒度影响其糊化度、黏度及产品的复水性，粉质细则糊化度高，黏度大，复水性好，品质表现为细腻、黏弹性好，易煮熟，浑汤少。

糯米粉主要成分是淀粉和蛋白质，两者含量分别约为 91%和 9%，其中的淀粉主要是支链淀粉，糯米粉的黏性则主要靠支链淀粉提供，不同的糯米粉，其糊的流变特性也不一样，最终会影响产品的黏度、硬度、组织结构等品质。黏性越高，制作的汤圆品质越好，糯米粉的黏度低，产品的加工性能也越差。例如经环氧丙烷处理过的糯米粉，其冻融次数明显提高，冻融稳定性的改善十分明显，更有利于在速冻食品中应用。

2. 工艺的影响

(1)糯米团的调制工艺。在选好糯米粉的基础上应根据具体要求来选择面团调制的不同方法。传统速冻汤圆的面皮调制方法主要有煮芡法和热烫法两种。煮芡法费时费力；热烫法虽然简单，但是制得的面皮组织粗糙、松散、易破裂。而且经过烫面后，糯米粉中的部分淀粉糊化而提供了黏度，有利于汤圆的加工，但也给汤圆带来了明显的负面影响。因为糊化后的淀粉在低温条件下会回生(即冷冻回生)，其营养价值、口感等都会有明显的劣变。因此，大部分生产厂家已经抛弃了传统的烫面工艺而采用直接冷水和面，但是冷水和面也存在着糯米粉黏度不足的缺陷。在调制时加水量对汤圆的品质影响也较大，由于糯米粉本身的吸水性、保水性较差，在加工过程中加水量的小幅变化就可能影响汤圆的品质。加水量大，粉团较软，在团制的过程中容易偏心，容易塌架，同时导致冻裂率上升；加水量小，则粉团松散，米粉间的亲和力不足，在汤圆团制过程中不易成型，汤圆表面干散，不细腻，在冻结过程中水分散失过快而导致干燥，出现裂纹。在制作时最好不要洒入生粉，龟裂发生较多，这可能是生粉吸收汤圆表面水分，使汤圆表皮水分不均匀造成的。

汤圆制品由于长时间的冻藏，表面会由于失水而开裂，而植物油具有保水作用。因此在生产速冻汤圆的面皮时，添加少量无色无味的植物油，与其中的乳化剂单甘酯作用后，保水效果比较好，可避免速冻汤圆长期贮藏后，表面失水而开裂的现象。制作好的汤圆应该立即进行速冻，成型后的汤圆在常温中置放时间不能太长，时间太长，容易变形、开裂、塌陷，对汤圆的感官产生较大的负面影响。

(2)速冻工艺。汤圆也要经过速冻，才能获得高质量。冻结速度越快，组织内玻璃态程度就越高，速冻可以使汤圆体系尽可能地处于玻璃态，形成大冰晶的可能就越小。而慢冻时，由于细胞外液的浓度较低，因此首先在细胞外水分冻结产生冰晶，造成细胞外溶液浓度增大，而细胞内的水分以液态存在，由于蒸气压差作用，使细胞内水向细胞外移动，形成较大的冰晶，细胞受冰晶挤压产生变形或破裂。另外温度偏高的条件下速冻出的汤圆表面皮色偏黄，影响外观。冻结温度是决定制品冻结速度的主要因素，温度低效果好，但冻结温度过低会增加产品的成本和设备的投资。

3. *添加剂的应用* 选择合适的添加剂可以提高速冻汤圆的品质，有效地降低生产成本。速冻汤圆添加剂的应用主要有两方面：馅料和皮料。

根据速冻汤圆馅的要求，在汤圆馅料中添加的主要是一些增稠性的添加剂，例如生产实践中常添加1%左右的冷冻果酱或适量速冻油。果酱粉通常由黄原胶和麦芽糊精等原料人工制得，具有良好的黏稠性，添加后符合馅的成型要求和水煮后食用的要求。

目前，速冻汤圆皮中使用的添加剂主要有增稠剂、乳化剂、保水剂等。一般来说，糯米团的延展性不好，容易断裂，因此在速冻汤圆的生产中需要使用适当的食品添加剂，增稠剂属多糖类，其通过主链间氢键等非共价作用力能形成具有一定黏弹性的连续的三维凝胶网状结构，当把它们添加入糯米粉中，这种网状结构起着类似面筋网络结构的功能。添加适量的增稠剂可以增强粉团黏结性和致密淀粉空间结构，一般要使用在冷水中溶解性好的增稠剂，研究表明羧甲基纤维素钠(CMC-Na)有利于提高汤圆抗冻裂能力。变性淀粉良好的黏性和吸水能力还可以避免糯米粉品质波动所带来的产品性质不稳定的缺陷，变性淀粉具有的保水能力和低温稳定性，对速冻汤圆加工过程和贮藏、物流过程中由于水分散失和品温波动导致的破损率，有比较明显的改善作用。

在速冻汤圆制品的生产过程中，除了有增稠剂还要用到乳化剂等其他食品添加剂。乳化剂用于速冻汤圆的生产过程中能起到一定的乳化稳定效果，可以有效地改善糯米团中水分的分布，减少游离水，保证在冻结过程冰晶细小，使内部结构细腻，无孔洞，形状保持完好，减少汤圆的冻裂率。复合磷酸盐的保水性、黏结性，可以改善产品的流变性能，用于速冻汤圆制品中，可以改善速冻汤圆制品的组织结构和口感。因为其吸水、保湿从而避免了产品表面干燥，可以减少速冻汤圆在冷冻过程中表面水分散失，使产品的组织细腻，表皮光滑，降低冻裂率。

单一的使用某种添加剂效果可能不明显，通常利用复配后各种添加剂的协同增效作用来改善提高速冻汤圆的品质。

4. *汤圆馅的影响* 速冻汤圆的馅料多种多样，制作要求非常严格，也是影响速冻汤圆品质的一个重要因素。速冻汤圆馅料要达到成型时柔软不稀、易成型，水煮食用时又要呈流动性好的流体。同水饺馅一样，汤圆馅料的水分含量不能太高，否则容易冻裂，制作好的馅料最好经冷却以后才能用于速冻汤圆的生产。研究表明，不经冷却的馅料会不同程度的影响汤圆的感官品质，导致速冻过程中的汤圆开裂。一般认为馅料温度冷却至4～6 ℃为宜。

5. *其他因素的影响* 一般要求速冻汤圆的贮藏温度是－18 ℃，这样可将汤圆水分降低至最低程度。温度的波动，会使汤圆表面不同程度的融化，再冻结就会造成水分的分布不均，从而导致产品变形、开裂，影响速冻汤圆的品质。因此速冻汤圆在运输和贮藏过程中，要保持温度的恒定，防止温度的波动。速冻食品并不能将微生物彻底杀死也不能使酶失活，生产、贮藏、运输过程中都要保证卫生条件，以防微生物超标。

总之，影响速冻汤圆品质的因素较多，在生产过程中必须严格控制好每一个环节，这样才能保证产品的质量，满足消费者的需求。

二、速冻粽子的加工

粽子是我国人民传统的节令小吃。最有名的是我国江南的粽子。按其制作方法分，江南粽子有苏式粽子和广式粽子两种。如果按原料来分，苏式粽子可以分为赤肉粽子、鲜肉粽子、豆沙粽子、火腿粽子以及白米粽子等；而广式粽子又分为猪油豆沙粽子、叉烧蛋黄粽子以及烧鸭粽子等。如果按包法，可分为枕头粽子、小脚粽子、三角粽子、四角粽子等。速冻粽子食用时用慢火煮开即可。

下面以最常见的鲜肉粽子为例，说明速冻粽子的制作和速冻工艺。

(一)生产工艺流程及配方

速冻粽子的工艺流程如下：

原辅料的配方与处理→包粽子→水煮→速冻→包装→入库冻藏。

辅料的配方：糯米100 g，夹心猪肉600 g，白糖40 g，酱油80 g，食盐10 g，料酒15 g，葱、姜适量。

(二)操作要点

1. *原料处理* 将糯米淘洗干净后沥干水分，加入酱油和盐，搅拌均匀。使米粒充分吸收调料 2～3 h。再将夹心猪肉洗净切成 30 g 重的小方块，加入其他佐料，搅拌均匀后让肉浸渍在调料中 2～3 h 备用。棕叶在前一天就预先浸泡在 pH 值为 3.5～4.5 浸泡液中浸泡，进行返青处理，加工好的湿竹叶，不能较长时间存放，要尽快投入生产使用。

2. 包粽子　取光面向外的两张棕叶相叠，在中间折成斗状。然后在斗形中放入 25 g 的糯米，中间放入一块猪肉，再盖上 25 g 的糯米，然后将斗形上部的棕叶折拢，裹成长型枕头状或三角状，再用线绳扎牢。

3. 水煮　将包好的粽子用旺火猛煮 3 h 后，以文火再煮 3～4 h，使米无夹生即可。

4. 速冻　新煮的粽子应通过冷风冷却至 15～20 ℃后装袋封口，由于粽子是经过蒸煮的熟糯米制品，因此对冻结速度的要求与其他食品有一定区别，降温速度不能过快，冻结时间要根据产品规格不同进行适当的调整。

第四节　鱼肉制品类食品的速冻加工

以各种鱼糜（鱼膏）或肉糜为主要原料，配以淀粉和各种调味料，经高速搅拌、成型、速冻而成的一类速冻食品统称为鱼肉类制品。

鱼肉类制品的特点是口感鲜美，富有弹性，脆性好，深受广大消费者欢迎。鱼肉类制品的另一个明显特点销售季节性强，基本上是在冬季春节期间销售旺盛，一般每年大约从 11 月份开始，销售量呈上升趋势，到了第二年 3 月份后，销售量明显下降，4～10 月份天气较热的月份里，销售量很少。但鱼肉类制品与其他速冻调理食品相比，呈现较高的利润，远远高于水饺、包类和汤圆。

鱼肉类制品种类丰富，品种繁多。大致可以分为三大系列：丸类系列、火锅料系列和火锅饺系列。市场上常见的丸类系列有花枝丸、鲜虾丸、蝗鱼丸、章鱼丸、鱼丸、贡丸、牛肉丸、发菜丸等；火锅料系列有龙虾棒、蟹肉棒、豆竹轮、鱼卵卷、亲亲肠等；火锅饺系列有鲤鱼饺、虾饺、蟹肉饺、燕肉饺等。

鱼肉类制品的食用方法以“煮”食为主，也可以蒸、炊、煎、炸，或直接放在火锅料中充当佐料。多种食用方法，各有千秋，口味各异，任消费者选择。在寒冷的冬季，消费鱼肉类制品已逐渐地成为一种习惯和时尚。几乎每个生产速冻调理食品的厂家都生产鱼肉类制品，市场上品牌也很多，几乎遍布全国各地。

鱼肉类速冻食品主要都是在鱼浆的基础上制造的。市面上出售的鱼浆一般也都是以其弹性的好坏分为几个等级，如 AA 级、A 级、B 级、C 级、D 级，也有分为 SA 级、FA 级、AA 级、A 级、B 级的，不论何种分等级法都是以弹性作为最重要的指标。

如何在选购原料时区分鱼浆等级，这里介绍一种简单的折裂试验方法：取定量鱼浆解冻，加2.7%的食盐和10%的淀粉擂溃制成鱼糕，在85～90 ℃温度煮40 min，放冷一夜（12 h），切成3 mm厚的薄片，然后将薄片进行双折叠或四折叠，观察其有无龟裂以及龟裂的程度。

AA级：四层折叠不产生龟裂。

A级：双层折叠不产生龟裂。

B级：双层折叠时曲径的一半产生龟裂。

C级：双层折叠时曲径的全部产生龟裂。

D级：弹性脆弱，用指压会崩溃。

本节只介绍冷冻鱼浆和仿蟹肉的生产，其他鱼肉类制品的速冻加工与此类似。

一、冷冻鱼浆的生产

（一）生产工艺流程

冷冻鱼浆的生产工艺流程如下：

原料鱼去头及内脏→采肉→漂洗→精滤→除水→调配→包装→冷冻→鱼浆解冻→其他辅料→擂溃→成型→加热→冷却→包装→冷冻。

（二）操作要点

1. *原料选择*　所有的鱼肉类制品的弹性和脆性是衡量其产品质量的最重要指标。制品的弹性和脆性与鱼肉的凝胶形成能力紧密相关。鱼肉的凝胶能力是指在鱼肉中添加2%～3%的食盐，经研磨擂溃，鱼肉的肌原纤维中的盐溶性蛋白质溶解并吸收水分形成网状结构，经加热后迅速失去可塑性，形成富有弹性的凝胶的能力。不同品种的鱼具有不同的凝胶能力，因此生产时对原料的选择至关重要，一般白色肉的鱼较易形成凝胶，如沙丁鱼、带鱼、蜡鱼、金线鱼等，而红色肉的鱼形成凝胶能力较差，如黄姑鱼、青鲨、鱿鱼、章鱼等。

制作冷冻鱼浆或鱼浆制品的原料要求新鲜。鱼浆制品之所以能形成细腻、富有弹性的空间状结构，是由于鱼肌肉中的肌动球蛋白具有盐溶性，在一定盐浓度条件下能溶解形成溶胶并经加热后形成凝胶，此凝胶即为我们从产品上能观察到的空间网状结构型支架。鱼是极易腐败的原料，一旦原料鱼不新鲜，其盐溶性蛋白的含量就会下降，甚至丧失。另外，制作鱼浆制品的原料鱼不能采用冷冻鱼，一般鱼在冷冻后，其盐溶性蛋白会失活，丧失成胶能力，采用这种原料鱼生产的制品结构粗糙，不易成型。因此，原料鱼要求尽快加工，如需暂时贮藏备用，也宜立即冷却，然后置于0～3 ℃冷库中低温保存。

一般原料鱼的处理首先是进行筛选分级，以利于切片机及采肉机操作。手工进行去头及内脏，应先将头部沿侧面向后方切去，然后自脊椎向肛门方向，将腹侧及内脏切除。此时内脏及脂肪组织基本清除，然后沿脊椎方向，压住尾部，内尾向头切取鱼片。鱼片应除净黑色腹膜及内脏，以确保鱼浆品质及洁白度。一般而言，手工处理的效率较高。鱼体切割后应及时洗去血液及内脏，以免附着在鱼片上，影响漂洗操作，清洗通常采用多孔圆筒洗涤机。

2. 采肉　采肉可采用滚筒式采肉机，见图 6-2。

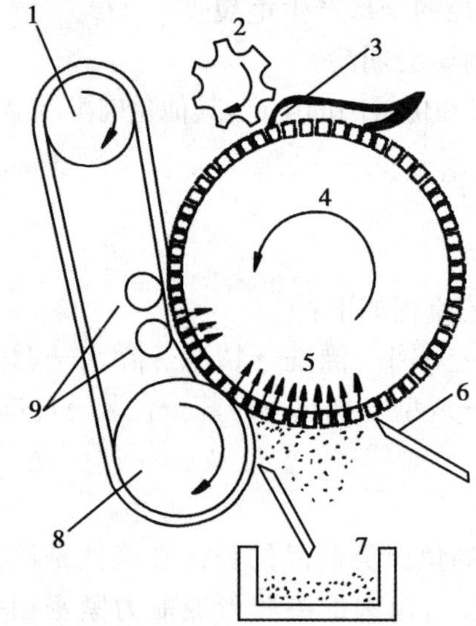

1. 可调压力轮　2. 切碎轮　3. 去头及内脏鱼原料　4. 多孔鼓筒
5. 碎鱼肉　6. 刮刀　7. 皮及骨　8. 主带动轮　9. 加压轮

图 6-2　滚筒式采肉机

当鱼片放置于同步运转的输送带与多个圆筒之间时，肉与皮骨即被分离，所得碎肉中，多少带有皮骨，可在精滤操作时除去。采肉得到的碎鱼肉，除含大量的肌浆蛋白外，还含有酶、三甲胺、三甲胺氧化物、尿素、氮等，这些物质不但具有腥味，还妨碍鱼浆凝胶的形成。

3. 漂洗　如果选用鱼糜或鱼糕作原料，要选用经过漂洗的鱼糜。鱼肉中有盐溶性蛋白和水溶性蛋白，具有凝胶形成能力的是盐溶性蛋白，水溶性蛋白不但不能提高凝胶形成能力，反而会降低。这主要由于水溶性蛋白在凝胶形成过程中会和盐溶性蛋白缠绕在一起，影响了盐溶性蛋白的溶出，又妨碍盐溶性蛋白吸收水分，减少网状结构的吸水量，降低了凝胶能力；同时还由于水溶性蛋白比较容易凝固沉淀，在凝胶形成过程中便提前凝集在盐溶性蛋白之中，从而使得盐溶性蛋白未凝固就沉淀，降低了凝胶能力。

漂洗多采用三槽式逆流漂洗。

4. 精滤　漂洗后的鱼浆经圆筛将多余水分沥干后，还要进行精滤，以除去小刺、鳞片及筋渣等。精滤可采用精滤机。操作时螺旋主轴及滤筒需要用冰水降温，以防鱼浆发生热变性。

5. 脱水　精滤后的鱼浆。一般含水量仍在90%左右，需采用压榨式离心脱水等措施，将含水量降到85%以下。鱼浆精滤后若不立即供加工而予以冷冻时，则从第3～6周起，鱼肉蛋白质逐渐失去盐溶性，导致后续工序无法获得高黏性的溶胶，使制品劣化。因此，欲以冷藏方式贮藏的鱼浆应在冷冻前先拌入冷冻保护剂。可使用的冷冻保护剂种类很多，有砂糖、山梨糖醇、谷氨酸钠、柠檬酸钠及改性淀粉等。目前基于成本因素，以添加8%砂糖或砂糖及山梨糖醇各4%为佳，另再添加0.20%～0.35%聚磷酸盐，以确保鱼浆的pH值及持水性。也有再添加2.5%食盐并进行擂溃的"加盐冷冻色浆"，解冻后立即可由人工成型加工，较适合家庭使用。无盐冷冻鱼浆解冻后，则需另外加盐并进行擂溃才能加工。

6. 擂溃　擂溃可采用高速打浆机，见图6-3。

图6-3　高速打浆机

将原料鱼浆搅拌的有弹性和脆性。因冷冻鱼浆在较高温度状态下易丧失其功能性，故其解冻方法多采用−5～3 ℃空气或流水长时间解冻。待温度回升到−1 ℃时，即可进行擂溃，而不必完全解冻。在原料处理环节中主要应注意鱼浆的解冻。生产用的鱼浆不能完全解冻，也不能不解冻。鱼肉蛋白在温度超过20 ℃就会开始变性，蛋白质变性后的鱼浆渐渐失去亲水性，以致加热水煮后不能形成包水的网状结构，包水性减弱，弹性形成差，影响产品质量，但也不能完全不解冻，否则太硬会给生产时刨片工作增加困难。因此一般要根据天气情况提前将鱼浆取出解冻，解冻3层左右为宜，有条件的最好放在10 ℃的高温库中自然恒温解冻，效果最好。

擂溃的目的在于使鱼肌肉蛋白在添加食盐量为鱼肉量的2.5%～3.0%的条件下得以充分溶化成溶胶，以便加热后形成鱼浆加工制品所特有的凝胶网状结构。擂溃操作除使肌肉蛋白溶化外，同时还使其他辅料均匀混合。辅料的添加顺序对弹性的形成好坏有很大的影响，其他辅料的添加一般在添加食盐后，待肌肉蛋白充分溶化后，否则将发生吸水不足形成固体颗粒，使制品出现粗糙感。非水溶性油类最好先添加乳化剂，于最后阶段加入拌和，使其分布均匀，并发挥其增加光泽及防止干燥的功能。擂溃的设备以旋转圆刀斩拌机为主，也可用旋带搅拌机及真空切碎机。整个擂溃的最终温度不能超过 10 ℃。

例如在花枝丸的生产中，擂溃是花枝丸生产工艺中最重要的工序，整个打浆工序分 4 个步骤进行，即空擂→盐擂→加调料高速擂溃→加肥肉、淀粉慢速擂溃。

空擂是指不添加任何辅助原料，只对鱼浆进行擂溃，不要求高速，擂溃的目的是继续破坏鱼浆中的纤维组织，促进盐溶性蛋白在加盐后能更快更完全地溶出，空擂时间在 2～3 min，不需太长。

盐擂是指对鱼浆添加食盐后进行的擂溃，要求高速，目的是使盐溶性蛋白质充分溶出，在此期间为防止浆料升温，需要先添加部分冰水或直接添加碎冰，搅拌至产生一定的熟性，看不到鱼糜颗粒，盐擂时间 3～5 min。实际操作中还要根据鱼浆的解冻情况、温度升高情况、打浆机的性能情况作适当调整，总的要求盐擂到浆料产生黏性，没有鱼糜颗粒存在为止。

高速擂溃是该工序中最重要的步骤，鱼浆经过空擂和盐擂后已初步形成了黏性，这时添加其余全部调味料和全部冰水或碎冰，溶解的盐溶性蛋白与水混合发生水化作用，变成黏性很强的溶胶，黏着力增强。为提高花枝丸的弹性，往往还要使用一些食品添加剂，多聚磷酸盐是最常用的一种，其名称也叫多利磷、利宝磷、富利磷、保脆磷等。多聚磷酸盐的添加量在 0.1%～0.3%，在擂溃之后加入，能阻止鱼浆在低温时鲜度降低，使鱼浆的弹性被强化，还能使水分和脂肪的分散更加均匀，并很好地结合在一起，提高成品的膨润性和保水性，同时多聚磷酸盐对铁、铜等有色金属有螯合作用，防止成品在贮藏过程中变色。此外多磷酸盐还有调节浆料 pH 值的作用，使 pH 值维持在 6.5～7.2，形成最佳弹性。高速擂溃要求转速至少在 2 000 r/min 以上，打到浆料发白、细腻，体积增加 2～3 倍以上，擂溃时间约 15 min。

7. 成型　鱼浆经擂溃拌和后成为具有可塑性材料，可按预期的形状成型，除手工成型外，若采用机械自动成型，则必须先将鱼浆加压，使其在成型模口中挤出，加压通常采用螺杆或齿轮泵，但此法不适于成胶速度快的鱼浆原料。成型应在擂溃后立即进行，否则在鱼溶胶形成凝胶后再搅拌挤压，凝胶的网状结构必将受到破坏，制品的弹性必将减弱。因此擂溃的鱼浆量应充分配合成型操作的能力，以免积压太多，放置时间过长，使其丧失成胶能力。成型后的半成品以及待成型的鱼溶胶，应保持低温，这样除可减少胶凝剂用量外，还可抑制微生物滋生。成型机及其模具在每批作业完成后，应先以 2%食盐水清除余浆，然后再以清水充分冲洗，以待下次使用。成型后的制品应尽快加热。

8. 加热水煮　各种传统鱼浆制品的制造方法，从原料鱼至擂溃以及最后的冷冻均相同，只是调配、成型及加热方法有所不同。例如加热水煮也是花枝丸生产过程中一道重要工序，不同规模的厂家水煮的设备和方式可能不尽相同，但水煮的目的都一样。规模小的采用夹层蒸气锅(图 6-4)和蒸煮槽，规模大的采用全自动流水线水煮设备，水煮首先使浆料中蛋白质凝固变性，形成弹性；其次通过高温水煮还可以杀死各种致病菌，使之符合卫生要求以及便于保藏。形成弹性的最适温度为 70～90 ℃，高于 90 ℃或低于 70 ℃都会对弹性的形成产生不利的影响，在水煮过程中要使水温快速通过 30～70 ℃这个对弹性形成具有较大负面影响的温度段。如果使用夹层锅或蒸煮槽，当水呈轻微沸腾时的温度在 90～95 ℃，此时可以将半成品花枝丸倒入煮锅中，倒入后马上开大气阀，迅速升温，使水温在最短的时间内达到 70 ℃以上。待花枝丸基本定型，轻压不会变形后，需要对煮锅中的花枝丸进行翻动，防止粘锅。在煮的过程中维持温度在 90～95 ℃，若温度过高则关小气阀或适当添加部分冷水，冷水添加量不能使锅内的水温低于 90 ℃。水煮的时间会因花枝丸的个体大小和淀粉添加量的不同而有所不同，个体大的和淀粉量多的煮的时间要长些。根据以下几点现象来判断花枝丸是否煮熟：完全浮于水面；表面光滑、洁白，个体体积增大；中心温度达到 80～85 ℃；试吃已熟透，横切观察表面至中心色泽一致。

图 6-4　夹层蒸气锅

9. 冰冷、速冻、包装入库　很多生产厂家常常忽略冰冷这道工序，其实将煮好的产品先进行足够的冷却也相当重要。例如花枝丸的弹性是在加热水煮过程中充分吸收水分膨胀形成包水网状结构而形成的，花枝丸从内部到表面都大量分布着水珠或水滴，如果马上进行速冻，势必影响花枝丸通过最大冰晶生成带的速度，使这部分水珠或水滴形成大冰晶，同时体积增加较多，对已形成的网状结构产生很大的破坏性，削弱网力，使弹性变差；另外由于产生的冰晶较大，从而使组织变得粗糙，食用口感变差，脆度降低，影响产品质量。一般先进行预冷，常用冰水或冷水冷却，使花枝丸慢慢预冷，加热膨胀后的网状结构慢慢收缩，网力不被破坏，花枝丸内部的水珠或水滴或气泡的体积也都会逐步缩小，并分布均匀，在这样的状况下进行速冻，有利于快速通过最大冰晶生成带，使生成的冰晶最细化，有利于稳定已形成的网状结构，保持稳定的弹性，保证产品质量。鱼肉类制品要求有先进的速冻设备，速冻效果的好坏对产品的色泽和弹性都会产生很大的影响。

二、仿蟹肉生产

(一)生产工艺流程

仿蟹肉生产的工艺流程见图 6-5。

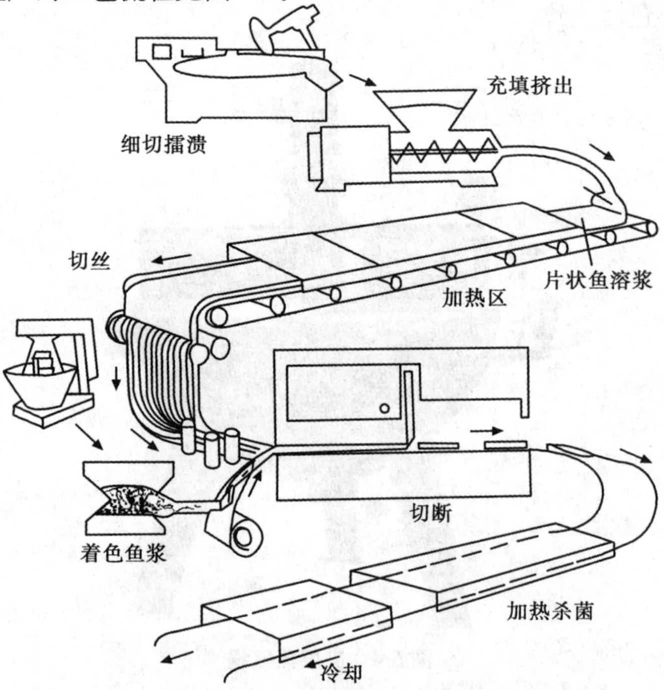

图 6-5　仿蟹肉制造流程

（二）操作要点

生产仿蟹肉的主原料，多采用冷冻鱼浆。在预冷室将其解冻成半冻状态，即可擂溃，待品温升达－10～－5 ℃时，即可添加食盐及一部分淀粉，并经充分擂溃，使肌肉蛋白质完全融化，应保持品温在 0～4 ℃，如有必要可以添加碎冰，以降低温度，然后再添加风味剂，例如味精、砂糖、甘氨酸、黄酒等，此时鱼浆的品温可升至 4～7 ℃。最后，再将剩余马铃薯淀粉加水与 5%～10%卵清一并加入再予以拌匀，其品温不宜超过 7～10 ℃。另备鱼浆少许，同法擂溃，并添加适量食用色素，供仿蟹肉外层涂用。

调好的鱼糨糊经扁嘴型喷嘴，借鱼浆泵喷成 1.2～1.5 mm 的薄片，由薄片钢板输送带送入加热区。此时鱼糨糊温度应保持在 10 ℃以下。薄片状鱼糨糊可用煤气火焰或蒸气加热，使温度升至 40 ℃，并保持 20 min 进行促胶处理。处理后的薄片即为相当硬度的凝胶，水分含量为 76%～78%。在此阶段，制品温度及输送带速度必须精确控制。成胶完成后的薄片，可用串联圆刀切割成面条状，并借滚轮的收缩作用，使之卷集在一起，然后，以预先于中央部分已涂有宽 10 mm 红色鱼浆的塑胶膜卷包，此塑胶膜宽 95 mm。成型的条状鱼浆凝胶与塑胶膜同步经过封口机及切段机，切成一定长度后进行真空包装，真空包装后在 90 ℃热水中加热 30 min，然后继续杀菌。最后取出急速冷却，并在 0～5 ℃冰水中保持 1 h，擦干后用纸箱包装并冷冻。

第五节　菜肴类食品的速冻加工

速冻菜肴是速冻调理食品中最为丰富的一大类产品，速冻调理菜肴营养丰富，加工工艺要求极为严格。速冻调理菜肴根据菜的起源和饮食习惯可以分为两大类：速冻调理中式菜肴和速冻调理西式菜肴，依据其调理状态可以分为 3 种：冷冻前未加热处理过的速冻调理食品；冷冻前已加热处理过的速冻调理食品；不需加热即可食用的速冻调理食品。

在上市的冷冻菜肴中有以地方特色菜开发的品种，如“龙凤家常菜”系列，只需微波炉加热 3 min 的产品，上海等华东地区有茄汁排骨、咖喱牛肉、豆豉鸡翅、八宝辣酱等，四川等西南地区有粉蒸肉、盐烧白、东坡肘子、夹沙肉等，这些产品均以当地特色而开发，符合当地饮食习惯。

但是冷冻菜肴目前处于起步阶段，产品生产过程仍以红烧、蒸煮、煲类、汤为主，调理加工方式比较少。原料方面还是以肉类、黄豆制品、非叶类蔬菜等为主。现在市场供应的八宝辣酱、东坡肘子、水煮牛肉、粉蒸肉、羊肉煲、罗宋汤、牛尾汤等比较具有代表性。本节对几种速冻菜肴加工技术进行介绍。

一、速冻调理榨菜肉丝

传统的榨菜肉丝是用锅先将肉丝油炒后加入榨菜再炒。这种烹调法在大量生产的情况下很难获得一致的品质。另外由于肉丝榨菜所需的加热温度或时间不同,因此在工业化生产中应将这两种原料分开处理和加热调理,然后再以适当的比例予以混合。

(一)加工工艺流程

速冻调理榨菜肉丝的加工工艺流程分为以下3个步骤:

(1)里脊肉→清洗→切丝→油炸→振动脱油→冷却。

(2)榨菜→水洗→修整→切丝→流水脱盐→离心脱水→油炸→振动脱油→冷却。

(3)将上述两步得到的肉丝和榨菜丝以一定的比例混合→包装→速冻→冷藏。

(二)操作要点

1. 对肉丝的处理 肉丝以100 ℃热油炸60～90 s的品质最好。但产品在食用时还要解冻加热,加热时间以60 s较适合。传统的油炒法的传热方式主要为传导传热,热量传递取决于食品与炒锅的接触程度,其缺点在于均匀性较差(各个肉丝的热传导很难一致),特别在大量生产时更是如此。而油作为液态的对流传热,可显著提高其均匀性。

2. 对榨菜的处理 榨菜在加热处理前要先用水洗(去除附着在榨菜表面的辣椒粉),然后修整(去除榨菜表面的粗纤维)、切丝、脱盐、沥干。脱盐以溢流水的方法较快,榨菜丝的含盐量与脱盐时间的关系见图6-6。

从图6-6可以看出,榨菜丝脱盐所需的时间为15(此时榨菜丝的含盐量为2.68%)～30 min(此时榨菜丝的含盐量为1.42%),视榨菜丝与肉丝的混合比例而定。

榨菜丝的加热条件以120 ℃油炸2 min的品质最好。沸水煮的榨菜丝在质构和风味方面都不如油炸的。

3. 肉丝和榨菜丝的混合 将上述处理好的肉丝和榨菜丝以适当的比例混匀,然后包装、速冻,在−18 ℃条件下冷藏。

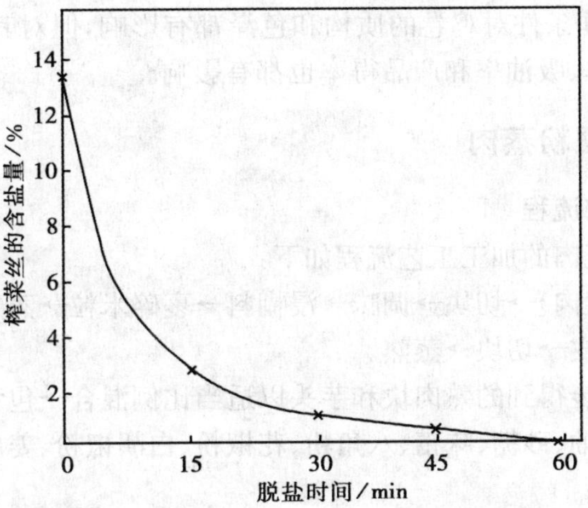

榨菜丝的大小为 5.4 cm×0.4 cm×0.3 cm,
溢流水的速度为 380 mL/min。

图 6-6 榨菜丝的含盐量与脱盐时间的关系

二、速冻调理鸡卷

(一)加工工艺流程

速冻调理鸡卷的工艺流程如下：

绞细的原料肉→调味→混入蔬菜→包卷→油炸→包装→冻结→冻藏。

(二)操作要点

1. 调味混合 原料肉与调味料混匀后加入其他配料,调味料为食盐、酱油、砂糖、味精、胡椒、五香粉、米酒等,其他配料为洋葱、胡萝卜、鸡蛋。原料肉与配料混匀后加入一些玉米淀粉,一方面可以保水而增加制品的肉汁感,另一方面在油炸过程中淀粉糊化而增加馅料的黏着性。按上述配料比例混合并调味,包卷后油炸。风味方面以猪肉最好,鸡肉次之,鱼浆最差。质构方面以猪肉较有咬感,鸡肉和鱼浆较差。

2. 包卷 传统的鸡卷以豆皮为包卷材料,必须用手工包卷,不适合大量生产。若采用可食性肠衣为包卷材料,则可模拟灌制香肠的方式进行工业化生产。以豆皮为包卷材料比可食性肠衣好。在质构方面,豆皮经高温油炸后非常酥脆,而可食性肠衣变得坚韧且不易咬碎。在风味方面,以豆皮为包卷材料的含水量较少,含油量多,故风味较浓;而以可食性肠衣包卷的较湿且较涩。

3. 预炸　预炸条件对鸡卷的质构和色泽都有影响，但对其风味的影响最大。预炸条件对脱水率、吸油率和产品得率也都有影响。

三、速冻调理粉蒸肉

（一）加工工艺流程

速冻调理粉蒸肉的加工工艺流程如下：

(1)原料肉(肩肉)→切块→调味→浸糊料→裹碎米粒→蒸熟。

(2)芋头→去皮→切块→蒸熟。

(3)将上述两步得到的熟肉块和芋头以适当比例混合→包装→冻结→冻藏。

采用食盐、酱油、砂糖、味精、八角粉、花椒粉、白胡椒粉、姜屑、青葱屑等调味。

（二）操作要点及注意事项

肉块大小以及肉块与芋头的比例对粉蒸肉品质的影响主要体现在外观上和食用方便性上。肉块大小以 30 mm×40 mm×10 mm 为好，芋头大小以 30 mm×20 mm×20 mm 为好，肉块与芋头的比例以 2∶1 较适合。

一般以糯米粒为裹料的材料为好，较易蒸熟。这是因为糯米含支链淀粉较多，糊化温度较低的缘故。而且粉蒸肉蒸熟后的重量损失较少，较具肉汁感。

在风味方面，糯米粒大小对粉蒸肉无显著影响，而在质构和外观方面，以经 3 mm 网孔磨细者最好。

以玉米淀粉为糊料的粉蒸肉，无论有否糊化其外衣皆剥裂，外观不好，而以蛋白液或全蛋液为糊料的粉蒸肉，其外衣平整。

四、速冻调理干扁四季豆

传统的干扁四季豆将四季豆炸得很干，色泽已变成褐黄色，且有烧焦味。速冻调理的干扁四季豆的油炸程度较低，色泽仍保持四季豆的天然绿色，质构相当细嫩，且有适当的咬感，不像传统的那么老韧。

（一）加工工艺流程

速冻调理干扁四季豆的加工方法如下：

(1)四季豆→去除蒂头→洗净→前处理(直接油炸或杀酶干燥后油炸)。

(2)配制调味佐料。

(3)将上述两步得到的四季豆和佐料以适当的比例混合→包装→冻结→冻藏。

(二)操作要点及注意事项

1. 对四季豆的前处理　四季豆可直接油炸或部分干燥后再油炸。不同前处理对干扁四季豆品质的影响不同。若直接油炸，以 160 ℃，4 min 的油炸条件为宜。先部分干燥的加工方法比较复杂，需先在(98±2)℃的热水中杀酶 3 min，再以 50 ℃的热风干燥至水分含量为 90%，尔后在 150 ℃的油中炸 2.5 min。油炸后的四季豆的水分控制在 75%左右，则质构较好且含油量低。

2. 调味料的配制　调味佐料的配方采用绞肉、虾米、榨菜、糖、盐、醋、酱油、姜屑、葱屑等配制。调制时先将油加热至 150 ℃，然后放入姜屑爆炒 2 min，再放入虾米爆炒 1 min，随后加入绞肉炒 4 min，此后加入榨菜炒 1 min，最后再加入其他调味佐料炒 0.5～1 min 即可。

3. 调混　油炸后的四季豆与调味佐料以一定的比例混合。为了使每袋产品都有均匀的混合比例，四季豆与调味佐料宜分别装袋，而不要全部混匀后再装袋。装袋后快速冻结。

五、速冻涮羊肉片

(一)加工工艺流程

速冻涮羊肉片的加工工艺流程如下：

选料→原辅料配方及处理→速冻和切片→配调料→包装冷藏。

(二)操作要点及注意事项

1. 选料　以阉割过的绵公羊的后腿肉作原料为佳。

2. 原辅料配方及处理　原辅料配方为绵公羊肉 5 000 g，芝麻酱、酱油、料酒、米醋、虾油、辣油、麻油、香菜、大葱、雪里蕻、糖蒜适量。将羊肉切成 30 mm 厚，130 mm 宽的长方片，用浸湿的薄布包上羊肉片。

3. 速冻和切片　在－30 ℃下速冻 20～30 min 后取出，在水中冲洗一下，揭去薄布，即可用切片机切成薄片。

4. 配调料　涮羊肉的调料可根据上述配方配制好装袋封口。

5. 包装冷藏　将涮羊肉片和调料袋一起装袋封口后在－18 ℃下冷藏。

六、速冻酱排骨

(一)加工工艺流程

最为著名的酱排骨是无锡酱排骨，其制作及速冻工艺流程如下：

原辅料配方及处理→上硝盐→漂洗烧煮→速冻。

(二)操作要点及注意事项

1. 原辅料配方及处理　原辅料配方为猪排骨 50 kg,上等酱油 6 kg,绍兴黄酒 1.2 kg,盐 1 kg,白糖 2.5 kg,硝水 1 kg,八角、茴香、丁香、桂皮、姜、葱适量。选取鲜猪前夹心的排骨为原料,削去肥肉,切成重约 100 g 的长方块。

2. 上硝盐　硝的用量为万分之二。将硝水与盐拌匀后,倒入放有长方肉块的缸内,稍浸渍一会儿就取出,晾摊一昼夜,滴尽血水。

3. 漂洗烧煮　将排骨用清水冲洗干净后,放入沸水中用旺火烧 2～3 min 再在冷水中漂洗。在锅底的竹制篾垫上放入排骨,先加八角、茴香、丁香、桂皮等辅料,再加酱油、绍兴黄酒、白糖、姜、葱等煮 2 h 后即可出锅冷却。锅内的汤汁再加些糖,熬成老汤,装袋封口。

4. 速冻　在－30 ℃下速冻 20～30 min 后取出与老汤袋一起装盒密封,在－18 ℃下冷藏。

七、速冻火腿肉

火腿在我国的肉制品中享有盛誉,也是著名的传统食品。根据风味分为三大类:即浙江金华火腿(南腿)、华北火腿(北腿)和云南榕峰火腿(云腿),其中以金华火腿最为著名。火腿的腌制时间以冬至到立春之间为最佳,因为此时气温低而稳定,成品质量好,俗称正冬腿。

(一)速冻火腿片的加工工艺流程

以速冻金华火腿片的加工工艺为例,其制作及速冻工艺流程如下:

原辅料配方及处理→上盐→洗腿和晒腿→自然发酵→切片包装→速冻。

(二)速冻火腿片的操作要点及注意事项

1. 原辅料配方及处理　配方为猪腿 50 kg,海盐 5 kg。选取腿形完整、肉质新鲜、带薄皮的鲜猪后腿为原料。海盐要经晒、炒并过筛。

2. 上盐　腌制火腿共要上盐 4 次,共需腌制 25 h 左右。

3. 洗腿和晒腿　将腌透的腿肉用刷子在清水中洗去表面污物和盐液,直至腿身完全干净为止,然后用麻绳挂起在阳光下晒 45 h,直至晒到腿肉表面发香、发亮、出油为止。

4. 自然发酵　将晒好的腿肉移入室内挂在通风良好、无阳光直射的架子上,自然发酵6个月即可。

5. 切片包装 进行人工切片，并真空包装。

6. 速冻 在－30 ℃下速冻5～15 min后取出，在－18 ℃下冷藏。

八、速冻鱼香肉丝

（一）加工工艺流程

速冻鱼香肉丝的加工工艺流程为：

原辅料配方→切丝处理→调料制作→速冻。

（二）操作要点及注意事项

1. 原辅料配方 猪腿肉150 g，冬菇、冬笋、红辣椒各25 g，油、盐、料酒、醋、白糖、水淀粉、辣油、酱油、蛋清、葱、姜、高汤适量。

2. 切丝处理 将肉、冬菇、冬笋、红辣椒切成细丝，用蛋清和少许盐上浆后装盒。

3. 调料制作 将盐、料酒、醋、白糖、水淀粉、酱油用高汤调成调料汁。再用辣油煸炒葱、姜、辣椒后倒入调料汁，装袋封口即成配菜调味袋。

4. 速冻 将原料盒在－30 ℃下速冻5 min后取出，放入配菜调味袋后于－18 ℃下冷藏销售。

九、速冻宫保鸡丁

（一）加工工艺流程

宫保鸡丁是著名的川菜，其配菜制作及速冻工艺流程如下：

原辅料配方→切丁处理→调料制作→速冻。

（二）操作要点及注意事项

1. 原辅料配方 净鸡肉200 g，水发玉兰片75 g，清油、香油、辣豆瓣酱、盐、料酒、白糖、水淀粉、味精、酱油、蛋清、葱、姜、高汤适量。

2. 切丁处理 净鸡肉、玉兰片切成10 mm见方的丁块，用蛋清和少许盐上浆后装盒。

3. 调料制作 将味精、料酒、香油、白糖、水淀粉、酱油用高汤调成料汁。用油煸炒葱、姜、辣豆瓣酱后倒入调成料汁中，装袋封口即成配菜调味袋。

4. 速冻 将原料盒在－30 ℃下速冻5 min后取出，放入配菜调味袋后在－18 ℃下冷藏和销售。

十、速冻狮子头

红烧狮子头是江南的一道名菜，以形似狮子头而闻名。速冻狮子头食用前可用微波炉快速解冻。

（一）加工工艺流程

速冻狮子头的配菜制作及加工工艺流程如下：

原辅料配方及处理→油炸及浇料→速冻。

（二）操作要点及注意事项

1. *原辅料配方及处理* 配方：猪肉 500 g，虾干 10 g，鸡蛋 3 个，冬笋、冬菇、油、水淀粉、酱油、盐、味精、料酒、香油、白糖、葱、姜、面粉、高汤适量。将 70%的肉及冬笋、冬菇切成小丁，其余 30%的肉绞成末。将肉丁、肉末、冬菇丁、笋丁、虾干用水淀粉用力搅成馅，搅拌过程中放入鸡蛋、料酒、少许酱油、盐、味精、葱末、姜末，待搅拌得有黏性时，做 100 g 一个的大肉丸子。

2. *油炸及浇料* 将肉丸子油炸成金黄色后捞出，再用酱油、高汤、葱、姜丝上蒸笼蒸熟后加入料酒、酱油、盐、味精、糖，再用水、淀粉勾芡即成浇料。

3. *速冻* 冷却后的油炸狮子头与装袋的浇料一起装盒，在－35 ℃下速冻 25 min左右取出，在－18 ℃下冷藏和销售。

从以上速冻调理菜肴的加工技术可以看出，为了实现速冻调理菜肴的大规模工业化生产，必须对菜肴的传统烹调方法进行改进。其一，应将不同性质的原料，或原料与调味佐料分别处理，再混合包装后冻结。其二，应改传统的锅炒为油炸，改善其传热性能，使产品受热均匀。其三，要利用先进的食品科学技术来优化加工的工艺条件，并抛弃传统烹调方法中的不合理部分。

第六节 油炸类食品的速冻加工

油炸香酥制品类在速冻调理食品中占比重相对较小，季节性特别强，但利润较高，生产工艺较简单，颇受消费者喜欢。其分类方法有多种：按形状的不同可分为饼类、条类和球类。饼类如芋饼、虾饼、鱼饼（鱼排）、鸡排、蟹饼等，条类（或称根类或棒类）有春卷、寿司、鸡肉棒、鱼香派等；球类中常见的有芋丸、虾球、芝麻球、狮子头等。按制作工艺的不同可分为无馅直接刷浆裹粉类，例如芋饼、虾饼、鱼排、鸡排、蟹饼、鸡肉棒、鱼香派、虾球、狮子头等；有馅成型裹粉类，例如芋丸；有馅成型不裹粉类，例如春卷系列；其他类(寿司、芝麻球)。有的也可以按裹粉的不同分为外裹面包屑类、外裹花生碎类、外裹糯米粒类等。

油炸香酥制品归纳起来有3个主要特点：生产工艺较简单，设备投资较少，消费季节集中。油炸香酥制品大都集中在冬末春初季节消费，消费量会突然增大。香脆油酥的独特口感也是油炸品的重要特色。

油炸香酥制品类调理食品食用时无需解冻，直接放入温火油锅中油炸至漂浮油面1～2 min，表面呈金黄色，趁热食用时口味最佳，冷却后制品食用脆度会减弱甚至没有脆性，质地发软，口感变差。同其他油炸食品一样，油炸香酥制品类速冻调理食品在油炸过程中油温的掌握和控制非常关键，如果是生油最好要先升温，使油中的水分蒸发掉，留有水分的油料直接用于油炸时油温会不均匀，炸出的食品表面容易起泡，表面裹有的粉料也容易脱落，同时炸出的食品生味较重，影响食用口感。有条件的可以用温度计准确地测量油温至180 ℃时下锅油炸，没有测量条件的可以用感观判断法：把食品放入油锅时，食品周围会产生少量的水泡。如果产生大量水泡，把整个食品都淹没了，说明油温太高，容易产生表面已热中间未熟或中间热透表面已炸焦的结果；如果没有任何水泡，好像扔到冷水中似的，说明油温不够，这样炸出的食品容易脱粉，吸油太多容易炸裂或炸断，影响食用效果。油温掌握好后，再注意控制好时间就可以了，油炸的过程中应对制品适当地翻动，待浮上油面时表明即将炸熟但不够酥。油炸的过程中一旦食品浮上油面就开始膨胀，表面的裹粉也开始变得金黄，一般漂浮1～2 min后的效果最好。

在油炸香酥制品中裹粉类产品和春卷类产品的生产工艺有非常大的不同。

一、裹粉类油炸香酥制品

除了芋头类(芋丸、芋饼)和芝麻球等比较单独的种类，大部分油炸品都是无馅裹浆裹粉类产品，如鱼排、虾饼、香鸡棒、狮子头等。这些产品基本上由原料处理(蔬菜处理和肉类处理)、浆料制作和成型速冻几个工序组成。

(一)裹粉类产品的加工工艺流程

裹粉类产品的加工工艺流程如下：

菜类处理↘
肉类处理→高速打浆→搅拌均匀→成型裹粉→排盒速冻→包装入库

(二)操作要点及注意事项

1. 菜类处理　蔬菜类处理一般采用斩拌机、多功能切菜机和脱水机就可以，用于油炸香酥类制品的蔬菜原料主要是根菜类和果菜类，如胡萝卜、白地瓜、马蹄、生姜、蒜头等，添加蔬菜的目的是作为填充菜来降低成本。处理这类蔬菜的过程中要注意控制细度和水分，特别是生姜和蒜头等味道比较浓重的调味类，尤其要切细至糜。作为主要填充物的蔬菜类在脱水时要增加脱水时间，因为这类蔬菜的水分比较高，即使在加入蔬菜时的搅拌速度不很快，也容易出水不易成型，因此这类蔬菜脱水要干些，至少脱水后用手捏不能有液汁流出。

2. 肉类处理　肉类的处理至关重要，这里的肉类泛指荤类，包括畜肉类、禽肉类和鱼浆类。油炸制品的肉类大都经高速斩拌而成，黏弹性是评判产品内在质量的关键要素，因此肉类处理的原则是硬刨、硬绞、绞后解冻。肉类处理的好坏对高速打浆时能否打出理想的效果有很重要的作用。归纳起来要注意 3 点：其一，在处理过程中维持肉品处于低温状态，在肉品的解冻上要讲究方法，气温较低的季节可以把肉品放在自然条件下缓慢解冻，而气温较高的季节则不能采用自然解冻法，要采用机械强行解冻以保证维持低温。其二，绞后的肉糜颗粒要小，一般控制在 2 mm 以下，尤其是鱼浆类，务必要绞细。其三，掌握判断依据，最理想的肉类处理结果是测量刚从绞肉机绞出的糜料的温度要低于−5 ℃，从模孔出来的糜料要“线条”清楚，不能黏糊糊地糊在一起，甚至没法绞出来。把握以上 3 点，就可以为后续的质量奠定好基础。

3. 浆料制作　浆料制作是裹粉类油炸品生产的最重要环节，这个环节处理的好坏，直接关系到产品是否有黏弹性，组织结构是否细密。保证这类产品质量的关键是设备，这类产品对设备的要求仅次于鱼肉类制品，只是对成型设备没有很高的要求。这类产品对设备的要求主要集中在打浆机的选型是否得当。在选择打浆机的时候，要注意考虑以下 4 个要素：一是速度，一般这类产品都要求用高速打浆机，最高转速至少要达到1 000 r/min，而比较高档次的产品，如虾饼、鱼饼的打浆转速甚至要达到 2 000 r/min 以上。二是保温效果，这类生产浆料在打浆结束时的温度一般不能超过 20 ℃。因此一般要求打浆机有双层设计，中间可以加冰块或冰水，以减缓浆料的升温，这种打浆机使用比较普遍。高档的打浆机多采用真空打浆以保持浆料处于低温状态。三是操作的方便性，因为这类浆料的温度都比较低，进料口和出料口都要求比较大，进料和出料的时间尽可能短和实行机械化，有利于维持料温又可以降低工人的劳动负荷，减少在低温条件下的工作时间。四是设备的安全性，由于打浆机的转速比较快，生产安全尤其显得重要，机台的稳定性要好，操作时不能摆动或摇晃，整个机台的部件组成要非常牢固，不能有任何安全隐患。打浆时的投料顺序非常关键，先对糜料进行较低速搅拌 2～3 min，添加食盐后由慢到快直至高速搅拌 5～8 min。打浆机的转速最少要达到1 000 r/min。加食盐的目的是溶解糜料中的盐溶性蛋白质，盐溶性蛋白质在高速搅拌的条件下会形成网状结构，这部分网状结构会通过包水形成黏弹性。如果不是先添加食盐而是先添加其他配料如肥肉、白糖、蔬菜等，会影响盐溶性蛋白质的充分溶解，影响网状结构的扩大，最终影响黏弹性的形成，使形成的产品缺乏咬感，或者说口感比较"烂"。添加食盐高速搅拌至浆料发白、粘手，基本上都粘附在料桶边壁上时，可以添加除蔬菜之外的所有调味料，并经过中速搅拌使料味均匀地分布于浆料中，最后才添加蔬菜类，而且只要经过低速搅拌 1～2 min 即可。

4. 成型裹粉　油炸类产品的形状多种多样，如椭圆形、扁圆形、球形、三角形等都比较常见。目前多数厂家都是以手工或半手工制作油炸类产品。以虾饼为例。首先要设定好虾饼的大小，包括直径、厚度、重量以及每个包装盒要装几粒虾饼，再根据设计出的虾饼的大小设计模板，模板材料可以用不锈钢也可以用硬塑、塑料王等，在模板上直接钻孔，比如钻 2 排，每排 6 粒。成型时把模板平放在平整的桌面上，用刷刀挑出浆料压在模板面上，用刷刀压着浆料来回在模板上用力刷，填满模孔后用刀边贴着模板面刮平，再往模面上撒点水，轻轻地把模板挑起，虾饼就会自然地平躺在桌面上，然后用铲刀把虾饼轻轻地铲入到油炸粉中，并在油炸粉中来回裹上粉，最后放入指定的包装盒内，经过速冻后包装入库。另一种采用半手工制作的方法是不用模板，而是利用类似包子机但只有出馅管的半自动成型机，浆料从下料斗中经过馅管流到机头，机头模头依据所设定的频率来回收缩并把流过的浆料切割成既定的大小，然后用手工把这些浆料团压平以得到所需要的模型。

(三)汉堡鱼排的加工工艺流程

以汉堡鱼排为例来说明裹粉类油炸香酥制品。

汉堡鱼排的加工工艺流程如下：

鱼块处理→斩拌打浆→成型→上细面包粉→上浆→上粗面包粉→检测→油炸→速冻→包装入库。

(四)汉堡鱼排的操作要点

1. 鱼块处理　鱼块处理包括去净内脏、血污及其他杂质，切成 4 cm 左右的条状，拉掉骨内血筋等杂物，进行漂洗干净，沥干备用。

2. 斩拌打浆　打浆时温度不能超过 20 ℃，打浆至浆料发白、粘手即可。

3. 上细面包粉　鱼排经过热水的目的是均匀解冻，容易裹上细面包粉。

4. 上浆　浆的口味根据地方不同而调整，浆稀稠根据裹面包粉多少而调整，且可用流量杯来测量，奶粉的作用在于增加香味，可用奶油香精代替。

现举一例，上海口味的浆的配方见表 6-1。

表 6-1　汉堡鱼排浆料的配方　g

成分	盐	糖	面粉	奶粉	淀粉	胡椒粉	大蒜粉	生姜粉	味精	水
含量	200	60	400	460	200	20	50	50	200	3 500

5. 裹粗面包粉　上浆后不裹粗面包粉的称为挂糊产品，可直接进入油炸。上浆后裹面包粉的产品称为裹屑产品，要求表面裹粉充分，否则，油炸后易呈黑焦状。粗面包粉也称日本面包糠，粗面包粉的种类可根据客户要求选择如红色、淡黄色、黄色、白色等。面包粉裹上的量一般是鱼排重的 30%。

6. 金属检测　是指鱼排经过金属探测仪，将混有金属的鱼排剔除。

7. 油炸成型　油炸的作用在于固定成型，使面包粉不易掉下，一般油炸至半熟即可，鱼排油炸时，厚片宜采用低温长时间如 160 ℃，4 min，薄片宜采用高温短时间如 180 ℃，2 min。也可不用油炸而直接进平板冻结，由消费者食用时油炸。

8. 平板冻结　采用半成品进平板冻结或单冻机冻结。

9. 成品包装　包装时应严格把关，察看每一块鱼排的两面，将裹粉不充分的次品检出，成品包装可以根据客户要求分为大包装、超市小包装等。装箱后立即放人冷库（−18 ℃）保藏。

10. 卫生要求　细菌总数要求 1×10^5 个/g 以下，致病菌不得检出。

二、裹粉芋头类油炸香酥制品

裹粉芋头类油炸香酥制品的特点是有馅成型裹粉，裹粉类芋头类油炸制品有芋饼、芋丸、芋片等多种产品。

(一)加工工艺流程

芋头类油炸品的工艺流程如下：

原料处理（清洗、刨片、蒸熟、冷却、急冻）→浆料制作（芋丸生产还得制作馅料）→成型裹粉→速冻包装入库。

(二)操作要点及注意事项

1. 原料处理 原料处理过程特别要注意清洗、蒸熟和速冻3个工序。

由于芋头是生长在地下的蔬菜，其表面自然容易沾着泥土，尤其是有凹凸不平的地方，泥土往往不容易清洗，而要用尖器把泥土挖出；另外芋头表面凹凸的地方也往往是变质腐烂的地方，在原料处理时出厂要把腐烂部分挖除，还得依据实际情况把该部位的周围区域一并挖除，因为这部分常常蒸不熟，甚至在绞皮时不能绞碎，影响食用效果；同时在芋头的前处理过程中要注意尽量不要用手直接接触芋头，因为芋头表面有一种会使皮肤发痒的生物酶，操作工人要戴手套进行清洗操作。如果不小心接触到芋头并且感到皮肤发痒，可以用温盐水泡洗以消除搔痒。芋头原料的选择对产品的质量有很重要的作用。

用于浆料制作的芋头都是已经蒸熟了的，芋头只有在蒸熟之后才有黏性。原料芋头的好坏，一个关键的判断依据就是黏性，没有黏性的芋头往往是露出土面或已经冷冻过的芋头，水分太多，无论蒸炊多久都不能蒸熟。这类芋头不管用于生产芋饼还是芋丸都不行，生产过程中因缺乏黏性变得不结实，会出现裂痕，油炸后容易崩散，不成块，食用口感偏“烂”，没有咬劲，芋头味不浓，风味不突出。

速冻对于全手工法生产芋饼和芋丸来说特别重要，没有速冻的芋头的黏性比速冻后的芋头的黏性要大得多。黏性太大，芋饼生产时没有办法刷模和起模，芋浆会黏住模板和模孔，既费力气又会使得芋饼表面不光滑，“起毛”严重，甚至出现芋饼有空隙，断边缺角等不良现象。手工芋丸生产时更是难以成型，芋浆会紧紧黏着在手上，操作非常困难。如果芋头在蒸炊后经过速冻处理，所有这些问题都可以避免或减轻。

2. 浆料制作 浆料制作的关键是选好相关的粉料。实践证明，糯米粉的效果最为理想，添加一定量的糯米粉有3个非常明显的作用：一是可以吸附部分浆料中的水分，不管是芋饼还是芋丸，原料芋头在搅拌时都会出水，而使得浆料太稀，尤其是添加白糖后更使得浆料变稀，无法成型，糯米粉具有很强的吸水性，添加之后可以缓解浆料太稀的问题。二是添加糯米粉能极大地提高产品的品质，尤其是在口感方面，因为糯米浆具有良好的延展性，添加糯米粉的芋饼或芋丸食用时有“拉丝”的感觉，咬感好。三是添加糯米粉的芋饼或芋丸有利于提高产品的组织结构，使成品的组织更加严密、结实、不易断裂。

在芋浆的制作过程中还要引起注意的是，一次制作的浆料不能太多，待制作好的浆料快成型结束时再制作下一桶浆料，否则会因为置放太久而使芋浆中的冰屑完全解冻，致使浆料太稀，影响成型。常用制作芋浆料的擂溃机多为石头材料制成。

3. 成型裹粉　参照前面裹粉类油炸香酥制品的叙述。

三、春卷类油炸香酥制品

春卷源于我国北宋时代，是一种风味独特的民间小吃，目前在国内外广为流行。春卷油炸后其馅风味不尽相同，但其皮很酥、非常脆，能使消费者百吃不厌，回味无穷。春卷类是速冻调理食品中新兴的一大类油炸类产品，它依据馅料口味的不同可分为素菜卷、海蛎卷、干贝卷、虾仁卷、鳗鱼卷、香菇卷、虾仁春卷、甜春卷、豆沙春卷等。涉及原料有胡萝卜、青刀豆、甘蓝、蘑菇、香干、粉丝、洋葱、笋、鲜虾仁、豆沙、调味料及面粉等。

它的生产由制馅、制皮、成型几个工序组成，其生产的主要设备与水饺生产的设备相似。

(一)加工工艺流程

春卷类产品的工艺流程如下：

皮料制作↘
馅料制作↗ 成型、装盒→速冻→检验、包装→入库。

(二)操作要点及注意事项

1. 面粉的选择　用于制作春卷皮的面粉不同于水饺皮和包子皮，它的总体要求比较低，筋度一般能达到29％就可以，对白度的要求也不高，不需要用特白粉，更不需要添加增白剂。它要求用粗筋粉，面筋比较粗，比较黄，黏度大，如精粉类都可以(中筋精粉、高筋精粉、快食面专用粉等)，而精制粉、粉心粉、面包粉以及筋度特别低的用于生产饼干糕点类的专用粉等都不适合用于春卷皮的制作。

2. 制皮　面浆的制作：面浆的配料基本上只由面粉、水和少量的食盐组成，辅料最好先经胶体磨均质，以面粉为100 kg为例，食盐可以添加0.8～1 kg，水为90～100 kg。配制时食盐先溶解于水，水要分数次添加，边加边搅拌，搅拌至添加的水分被面浆完全吸收。搅拌过程中应引起注意的是搅拌务必要沿着同一个方向，速度不能太快，否则面筋很容易被打断，无法制作春卷皮，一般使用立式搅拌机。

如果用手工打浆，效果会更好。手工拌制时，拉面时最好按同一个方向从料盆周边往中心拉，周而复始，一边拉一边加水，直到面浆表面光泽度好，不粘手，置放不动时没有水珠渗出，筋性强时为止。用手拿取少量面浆，让面浆自由下垂，面浆不会出现断痕，而是呈现表面很光滑的纺锤形状。不论是手工还是机械制面浆，面浆制好后不能马上用于制作春卷皮，而要静置15～30 min进行醒面，一般醒面温度为20～22 ℃。

春卷类的皮料制作方法有机械法和手工法两种，二者的主要区别是：机械制皮机制作的春卷皮相对手工制作的春卷皮来说质地比较好，但是机械制皮机较昂贵，生产量不大的厂家用机械制皮机不划算。用春卷制皮机制皮，春卷制皮机要调好温度。

3. 制馅　春卷类的馅料的制作同水饺类的馅料的制作方法一样，可以参考水饺类的馅料的制作方法。

4. 成型装盒　春卷的成型较简单，展开春卷皮，底朝上，面朝下，取适当的馅料(一般皮馅比为1∶2)放在靠操作人员一边的春卷皮的边上，并把馅料整理成与盒子宽度一致的长条状，先把靠馅料一边的春卷皮紧紧压住馅料往另一边卷一圈，这时左右两手把两边的皮往馅筒方向折叠，再继续往另一边卷，直到还剩20～30 mm长的时候停下，往余下的春卷皮的边沿上涂抹一层面粉浆(或称面糊)，再继续往里卷，把带面浆的另一边皮粘在卷好的皮上，放到盒子里，一条春卷就算成型完毕。成型全过程中不可使馅料外露，卷包紧实，馅料分布均匀。成型的春卷直接装入模具，模具使用前认真检查，确保每个模具均是合格品；装模具时注意装平整，确保春卷不外露、不破损、不变形。

5. 速冻　成型后的春卷经传送带送入－30 ℃以下速冻机速冻30 min；春卷中心温度达到－18 ℃以下。这里要注意的是，春卷在速冻过程中的失重较严重，依速冻时间长短的不同，失重率会达到1%～2%不等，因此在成型过程中要注意适当增加分量，以确保速冻后符合净重要求，保证消费者的利益。

6. 检验　是否有破损及异物混入，并过金属探测器。

7. 包装　速冻出来的春卷经过检验合格后进行包装。

8. 入库　装箱的春卷及时入－20 ℃以下低温冷库中贮藏，仓库进行标志以便追溯。

表6-2是目前我国出口速冻春卷的规格。

表6-2　出口速冻春卷的规格

品　名	条重/g	箱包装规格/g×条×盒)
春卷	100	100×8×9
	40	40×30×10

续表 6-2

品　名	条重/g	箱包装规格/g×条×盒）
春卷	17	17×72×10
	15	15×80×10
		15×16×24
迷你春卷	12	12×96×10
咖喱角	12.5	12.5×12×24
		12.5×102×10
珍宝春卷	40	40×36×10

本章小结

本章简单介绍了速冻调理食品的分类及特点，重点介绍了面点类食品、米制品类食品鱼肉制品类食品、菜肴类食品以及油炸类食品的速冻加工技术。在学习过程中要重点掌握产品的生产工艺及影响产品质量的因素。速冻食品加工工艺与设备的不断发展、改进使得冷冻食品更趋于高档化、多样化，而人们对速冻食品的品质要求也越来越严格，因此更需要重视速冻食品的科学研究，例如食品在冻结加工、冷藏、运输等过程中可能产生的各种变化等都需要进行更深入的研究，这样才能不断推进速冻食品加工技术的发展，为人类带来更多、更好的速冻食品。

复习题

1. 简述速冻调理食品的分类及特点。
2. 简述速冻面制食品的分类并举出每个类别的品种。
3. 速冻水饺的工艺流程及影响速冻水饺质量的因素有哪些?
4. 速冻米制食品有哪些品种?举例说明。
5. 速冻汤圆的工艺流程及影响速冻水饺质量的因素有哪些?
6. 速冻鱼浆的生产过程中应该注意哪些问题?
7. 简要叙述几种速冻调理中式菜肴的加工技术。
8. 简要叙述油炸香酥制品类的分类及其工艺流程。
9. 我国速冻调理食品的发展前景如何?

第七章 食品速冻装置

速冻装置就是用来完成食品速冻加工的机器与设备的总称。从结构上看大致包括制冷系统、传动系统、输送系统、控制系统等。用于食品快速冻结的装置有很多种，目前常用的有以空气为冷却介质的隧道式、螺旋式等速冻装置，有以金属为冷却介质的平板式、钢带式等间接接触速冻装置，还有以液氮、液态氟利昂为冷却介质的喷淋或浸渍式直接接触速冻装置，表 7-1 给出了目前速冻食品生产中常用的速冻装置的类型。

表 7-1 速冻装置的类型

空气速冻装置	间接接触速冻装置	直接接触速冻装置
隧道式速冻装置	平板式速冻装置	载冷剂接触速冻装置
传送带式速冻隧道	卧式平板式速冻装置	低温液体速冻装置
吊篮式连续速冻隧道	立式平板式速冻装置	液氮速冻装置
推盘式连续速冻隧道	回转式速冻装置	液态 CO_2 速冻装置
螺旋式速冻装置	钢带式速冻装置	
流态化速冻装置		
斜槽式流态化速冻装置		
一段带式流态化速冻装置		
两段带式流态化速冻装置		
往复振动式流态化速冻装置		
搁架式速冻装置		

第一节 空气速冻装置

在速冻过程中，冷空气以自然对流或强制对流的方式与食品换热。由于空气的导热性差，与食品间的换热系数小，故所需的冻结时间较长。但是，空气资源丰富，无任何毒副作用，其热力性质早已为人们熟知，所以，用空气作介质进行冻结仍是目前应用最广泛的一种食品速冻方法。

一、隧道式速冻装置

隧道式速冻装置共同的特点是:冷空气在隧道中循环,食品通过隧道时被冻结。根据食品通过隧道的方式,可分为传送带式、吊篮式、推盘式速冻隧道等几种。

(一)传送带式速冻隧道

简单地讲,传送带式速冻装置由蒸发器、风机、传送带及包围在它们外面的隔热壳体构成。该装置有多种型式,如单网带式、双网带式等,图 7-1 为郑州亨利制冷设备有限公司生产的直线式单网带速冻装置照片,图 7-2 为直线式双网带速冻装置照片。

图 7-1 FLA2515A 型直线式单网带速冻装置

图 7-2 FLB2608 型直线式双网带速冻装置

传送带式速冻隧道可用于冻结汤圆、水饺、粽子、包子、馒头等米面食品，也可以冻结块状鱼(整鱼或鱼片)、剔骨肉、肉制品、果酱、水果、蔬菜等。特别适合于包装产品，而且最好用冻结盘操作，冻结盘内也可以放散装食品。

该装置的特点是投资费用较低，通用性强；自动化程度较高。

(二)吊篮式连续冻结隧道

该速冻装置的结构见图 7-3。家禽经宰杀并晾干后，用塑料袋包装，装入吊篮中，然后吊篮上链，由进料口 9 被传送链输送到速冻间内。在速冻间内首先用冷风吹约 10 min，使家禽表面快速冷却，达到色泽定型的效果。然后吊篮被传输到喷淋间 2 内，用－24 ℃左右的乙醇溶液(浓度 40%～50%)喷淋 5～6 min，家禽表面层快速冻结。离开喷淋间后，吊篮进入速冻间，在连续运行过程中，从不同的角度受到风吹，使家禽各处温度均匀下降。最后吊篮随传送带到达卸料口 8，冻结过程结束。

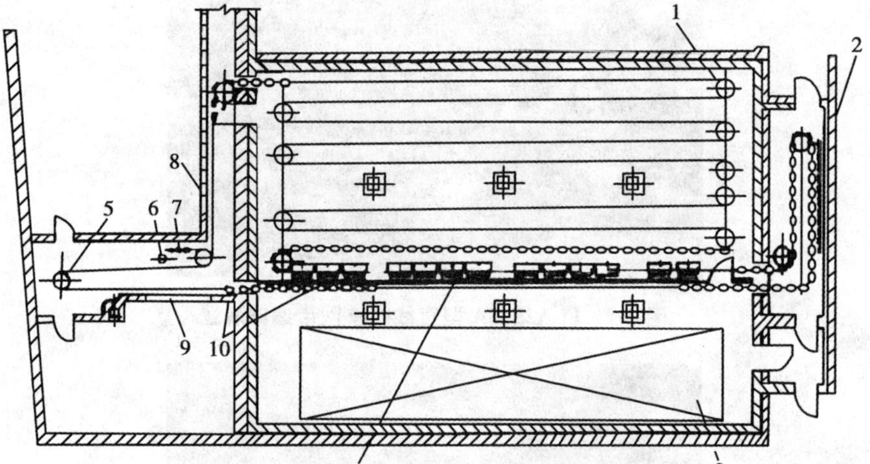

1. 横向轮　2. 乙醇喷淋系统　3. 蒸发器　4. 轴流风机　5. 张紧轮
6. 驱动电机　7. 减速装置　8. 卸料口　9. 进料口　10. 链盘

图 7-3　吊篮式连续速冻隧道

吊篮式连续速冻隧道目前主要用于冻结家禽等食品。

吊篮式连续速冻隧道的特点是机械化程度高，减轻了劳动强度，提高了生产效率；冻结速度快，冻品各部位降温均匀，色泽好，质量高。

吊篮式连续速冻装置的主要缺点是结构不紧凑，占地面积较大，风机耗能高，经济指标差。

(三)推盘式连续速冻隧道

这种速冻装置主要由隔热隧道室、冷风机、液压传动机构、货盘推进和提升设备构成,见图 7-4a。

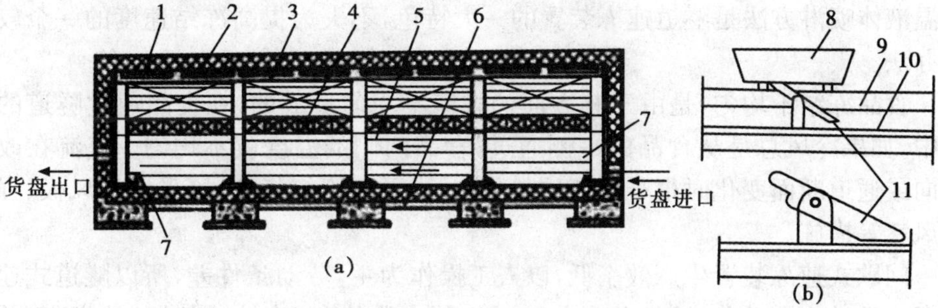

1. 绝热层　2. 冲霜淋水管　3. 翅片蒸发排管　4. 鼓风机　5. 给水箱　6. 水泥空心板
7. 货盘提升装置　8. 货盘　9. 滑轨　10. 推动轨　11. 推头

图 7-4　推盘式连续速冻隧道示意图

食品装入货盘后,在货盘入口由液压推盘机构推入隧道,每次同时进盘两只,货盘到达第一层轨道的末端后,被提升装置升到第二层轨道,如此往复经过 3 层,在此过程中,食品被冷风机强烈吹风冷却,不断地降温冻结,最后经出口推出,每次出盘也是两只。

货盘推进设备的推头装置如图 7-4b 所示。货盘底部焊有两条扁钢,承放在两道扁铁组成的滑轨上,每对滑轨有两个推动装置。在液压系统的作用下,推头顶住盘底的扁钢,将货盘向前推进。当推头后退复位时,被货盘后端的扁钢压下,滑过后,由于偏心作用,推头自动抬起、复位并进入推进状态。通过推头的反复动作,货盘便向前移动。另外,还有两个提升装置,将货盘分层提升。

推盘式连续速冻隧道主要用于冻结果蔬、虾、肉类副食品和小包装食品等。

这种装置的特点是:连续生产,冻结速度较快;构造简单、造价低;设备紧凑,隧道空间利用较充分。

隧道式速冻装置虽然有许多型式,但基本结构都是相似的,主要区别在于食品的传送方式。但无论其传送方式如何变化,最终应能够保证两点:一是尽量加快食品降温速度,并保证冻结的均匀性;二是使装置实现自动化、连续化操作,减小劳动强度。

在隧道式速冻装置中，增大风速，可缩短冻结时间，加快食品冻结速度。但当风速达到一定值时，继续增大风速，冻结速度的变化却非常小。另外，风速增高还会增大干耗，所以，风速的选择应适当。上述讲到的吊篮式速冻隧道，增设了乙醇喷淋装置，这可大大加快食品降温速度。在经济性等因素合理的条件下，类似的低温液体喷淋方法是隧道速冻装置的一大特色，不失为提高冻结速度的一个较好的办法。

食品冻结不均匀，是由于其表面的气流不均匀造成的，在食品通过隧道的过程中，如果冷风总是从食品的一侧通过，食品两侧的温度就不均匀。气流在改变流向或通道断面变化时很难保证均匀分布，为了组织好气流，可采用导风板、强制通风室等措施。

间歇式速冻装置生产效率低，以人工操作为主，劳动条件差，所以隧道式速冻装置应设计为自动化、连续化操作，这样，热交换均匀，冻结时间短、效率高，并可大大节省劳动力。

二、螺旋式速冻装置

为了克服传送带式隧道速冻装置占地面积大的缺点，可将传送带做成多层，由此出现了螺旋式速冻装置，它是20世纪70年代初发展起来的，如图7-5为郑州亨利制冷设备有限公司生产的单螺旋速冻装置照片，图7-6为单螺旋速冻装置结构示意图。

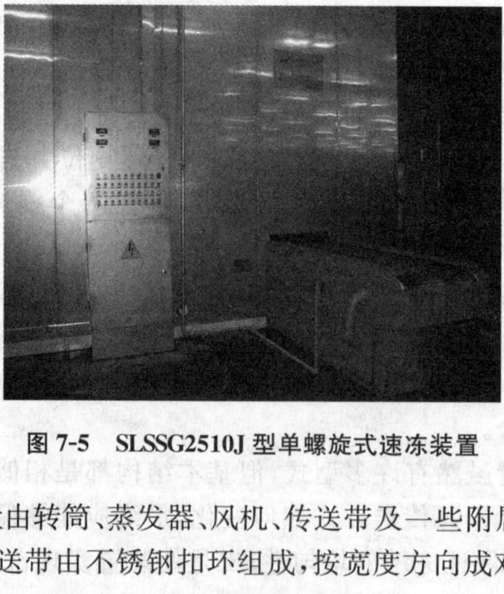

图7-5 SLSSG2510J 型单螺旋式速冻装置

螺旋式速冻装置由转筒、蒸发器、风机、传送带及一些附属设备等组成。其主体部分为一转筒，传送带由不锈钢扣环组成，按宽度方向成对的接合，在横、竖方

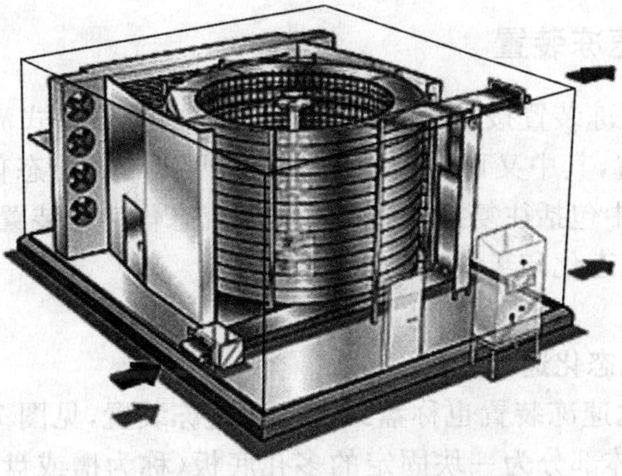

图 7-6 单螺旋式速冻装置结构示意图

向上都具有挠性。当运行时,拉伸带子的一端就压缩另一边,从而形成一个围绕着转筒的曲面。借助摩擦力及传动机构的动力,传送带随着转筒一起运动,由于传送带上的张力很小,故驱动功率不大,传送带的寿命也很长。传送带的螺旋升角约 2°,由于转筒的直径较大,所以传送带近于水平,食品不会下滑。传送带缠绕的圈数由冻结时间和产量确定。

被冻结的食品可直接放在传送带上,也可采用冻结盘,食品随传送带进入速冻装置后,由下盘旋而上,冷风则由上向下吹,与食品逆向对流换热,提高了冻结速度,与空气横向流动相比,冻结时间可缩短 30%左右。食品在传送过程中逐渐冻结,冻好的食品从出料口排出。

螺旋式速冻装置适用于冻结单体不大的食品,如饺子、烧麦、对虾,经加工整理的果蔬,还可用于冻结各种熟制品,如鱼饼、鱼丸等。

螺旋式速冻装置有以下优点:

(1)紧凑性好。由于采用螺旋式传送,整个速冻装置的占地面积较小,其占地面积仅为一般水平输送带面积的 25%。

(2)在整个冻结过程中,产品与传送带相对位置保持不变。冻结易碎食品所保持的完整程度较其他型式的速冻装置好,这一特点也允许同时冻结不能混合的产品。

(3)可以通过调整传送带的速度来改变食品的冻结时间。

(4)进料、冻结等在一条生产线上连续作业,自动化程度高。

(5)冻结速度快,干耗小,冻结质量高。

该装置的缺点是在小批量、间歇式生产时耗电量大,成本较高。

三、流态化速冻装置

食品流态化速冻装置按其机械传送方式可分为:斜槽式流态化速冻装置;带式流态化速冻装置,其中又可分为一段带式和两段带式流态化速冻装置;振动流态化速冻装置,其中包括往复振动和直线振动流态化速冻装置两种。如果按流态化形式可分为全流态化和半流态化速冻装置。

(一)斜槽式流态化速冻装置

斜槽式流态化速冻装置也称盘式流态化速冻装置,见图7-7。这种冻结装置没有传送带,其主体部分为一块固定的多孔底板(称为槽或盘),槽的进口稍高于出口,以便食品可借助风力自动向前移动。冻结的食品由滑槽连续排出,作业是连续化的。

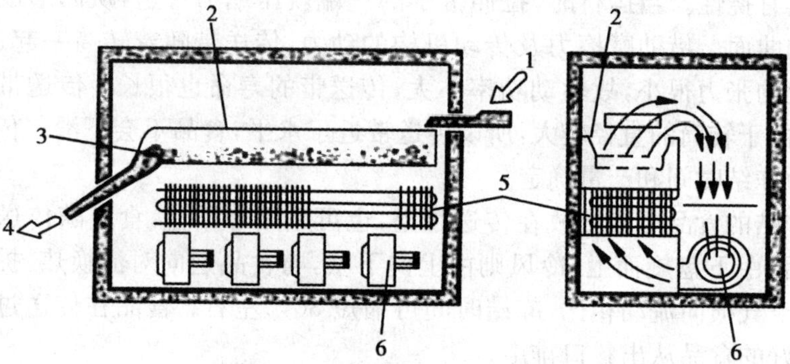

1. 进料口 2. 斜槽 3. 排出堰 4. 出料口 5. 蒸发器 6. 风机

图7-7 斜槽式流态化速冻装置

在斜槽式流态化速冻装置中,产品层的厚度可达到120～150 mm,虽然厚度增加可使冻结量提高,但风机的能量消耗也将过多。产品层的厚度、冻结时间和冻结产量,均可通过改变进料速度和排出堰的高度来调节。

该装置的蒸发温度在−40 ℃以下,垂直向上的风速为6～8 m/s,冻品间风速为1.5～5 m/s,冻结时间一般为5～10 min。

斜槽式流态化速冻装置的主要特点是构造简单、成本低;冻结速度快,冻品降温均匀,质量好。

(二)一段带式流态化速冻装置

与斜槽式速冻装置不同,在该装置中,产品是靠传送带输送,而不是借助气动来通过冻结空间的,见图 7-8。

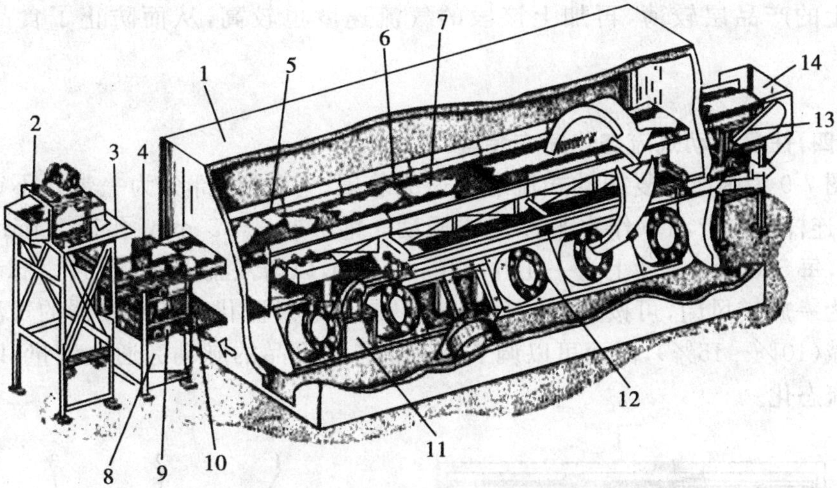

1. 隔热层 2. 脱水振荡器 3. 计量漏斗 4. 变速进料带 5."松散相"区 6. 匀料棒
7."稠密相"区域 8,9,10. 传送带清洗、干燥装置 11. 离心风机
12. 轴流风机 13. 传送带变速装置 14. 出料口

图 7-8 一段带式流态化速冻装置

冻品首先经过脱水振荡器 2,去除表面的水分,然后随进料带 4 进入"松散相"区域 5,此时的流态化程度较高,食品悬浮在高速的气流中,从而避免了食品间的相互黏结。待到食品表面冻结后,经"匀料棒"6 均匀物料,到达"稠密相"区域 7,此时仅维持最小的流态化程度,使食品进一步降温冻结。冻结好的食品最后从出料口 14 排出。

与斜槽式流态化速冻装置比较,该装置的特点是允许冻结的食品种类更多、产量范围更大;由于颗粒之间摩擦强度小,因此易碎食品通过冻结间时损伤较小。但由于食品厚度较小、冻结时间较长,所以占地面积较大。

(三)两段带式流态化速冻装置

该装置将一段带式速冻装置的传送带分为前后两段,其他结构与一段带式基本相同。第一段传送带为表层冻结区,功能相当于一段式的"松散相"区域;第二段传送带为深温冻结区,功能与一段式的"稠密相"区域相同。两段传送带间有一高度差,当冻品由第一段落到第二段时,因相互冲撞而有助于避免彼此黏结。

与一段带式速冻装置相比,两段式系统更适合于大而厚的产品,如肉制品、鱼块、肉片、草莓等。上层带子的移动速度可比下层带子的快3倍，这样，上层带子上的产品层较薄，再加上该段的气流速度也较高，从而防止了食品颗粒黏结。

(四)往复振动式流态化速冻装置

图7-9为国产往复振动式流态化速冻装置。其主体部分为一带孔不锈钢钢板，在连杆机构带动下作水平往复式振动。钢板厚2～3 mm，孔径3 mm，孔距8 mm，每500 mm长度上为一孔群，间隔20 mm，以增强流化床的强度。脉动旁通机构为一旋转风门，可按一定的角速度旋转，使通过流化床和蒸发器的气流量时增时减(10%～15%)，因而可以调节到适于各种食品的脉动旁通气流量，以实现最佳流态化。

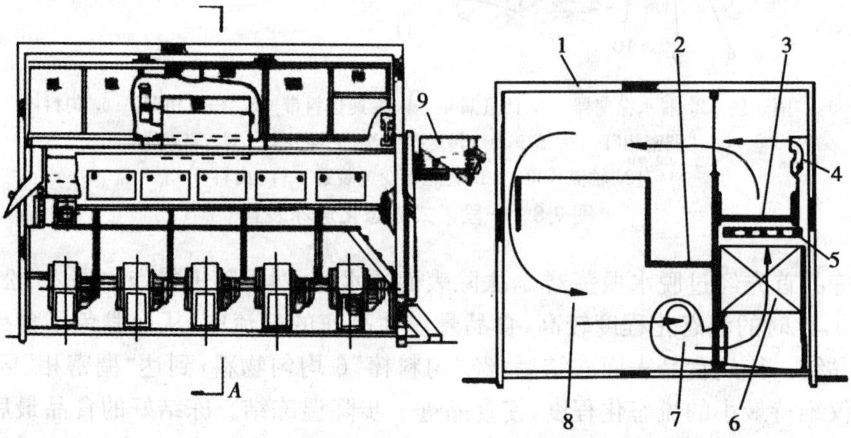

1. 热箱体 2. 操作检修廊 3. 流化床 4. 脉动旋转风门 5. 融霜淋水管
6. 蒸发器 7. 离心风机 8. 冻结隧道 9. 振动布风器

图7-9 QLS往复振动式流态化速冻装置

装置运行时，食品首先进入预冷设备，表面水分被吹干，表面硬化，避免了相互间的粘连。进入流化床后，冻品受钢板振动和气流脉动的双重作用，冷气流与冻品充分混合，实现了完全的流态化。冻品被包围在强冷气流中，时起时伏，像流体般向前传送，确保了快速的冻结。这种冻结方式消除了流沟和物料跑偏现象，使冷量得到充分有效的利用。

流态化速冻装置适用于冻结球状、圆柱状、片状、块状颗粒食品，尤其适于果蔬类单体食品的冻结。

流态化速冻装置具有冻结速度快、耗能低和易于实现机械化连续生产等优点。

用流态化速冻装置冻结食品时，由于高速冷气流的包围，强化了食品冷却、冻结的过程，有效传热面积较正常冻结状态大 3.5～12 倍，换热强度也大大提高，从而大大缩短了冻结时间。这种冻结方法已被食品行业广泛采用。

流态化速冻装置的型式虽然多种多样，但在设计和操作时，应主要考虑以下几个方面：冻品与布风板、冻品与冻品之间不粘连结块；气流分布均匀，保证料层充分流化；风道阻力小，能耗低。另外，对风机的选择、冷风温度的确定、蒸发器的设计等也应以节能高效，操作方便为前提。

第二节 间接接触速冻装置

间接冻结法指的是把食品放在由制冷剂（或载冷剂）冷却的板、盘、带或其他冷壁上，与冷壁直接接触，但与制冷剂（或载冷剂）间接接触。对于固态食品，可将食品加工为具有平坦表面的形状，使冷壁与食品的 1 个或 2 个平面接触；对于液态食品，则用泵送方法使食品通过冷壁热交换器，冻成半融状态。

一、平板速冻装置

平板速冻装置的主体是一组作为蒸发器的空心平板，平板与制冷剂管道相连，它的工作原理是将冻结的食品放在两相邻的平板间，并借助油压系统使平板与食品紧密接触。由于食品与平板间接触紧密，且金属平板具有良好的导热性能，故其传热系数高。当接触压力为 7～30 kPa 时，传热系数可达 93～120 W/(m^2·℃)。

平板速冻装置有分体式和整体式两种形式，分体式将装有冻结平板及其传动机构的箱体、制冷压缩机分别安装在两个基础上，在现场进行连接；整体式将冻结装置箱体与制冷压缩机组组成一个整体，特点是占地面积小，安装方便。

根据平板的工作位置，平板式速冻装置又可分为卧式平板速冻装置和立式平板速冻装置。

（一）卧式平板速冻装置

根据装置的操作方式和机械化程度，这种装置又可分为间歇式和连续式两种。

1. 间歇卧式平板速冻装置　见图 7-10。平板放在一个隔热层很厚的箱体内，箱体的一侧或相对的两侧有门。平板一般有 6～16 块，间距由液压升降装置来调节，冻结平板上升时，两板最大间距可达 130 mm，下降时，两板间距视食品冻盘间距而定。为了防止食品变形和压坏，可在平板之间放入与食品厚度相同限位块。冻结时，先将冻结平板升至最大间距，把食品放入，再降下上面的冻结平板，压紧食品。依次操作，直至把冻盘放进各层冻结平板中为止。然后供液降温，进行冻结。

间歇卧式平板速冻装置的主要缺点是装卸需要劳动力多，操作时有停工期(每个周期 10～30 min)。

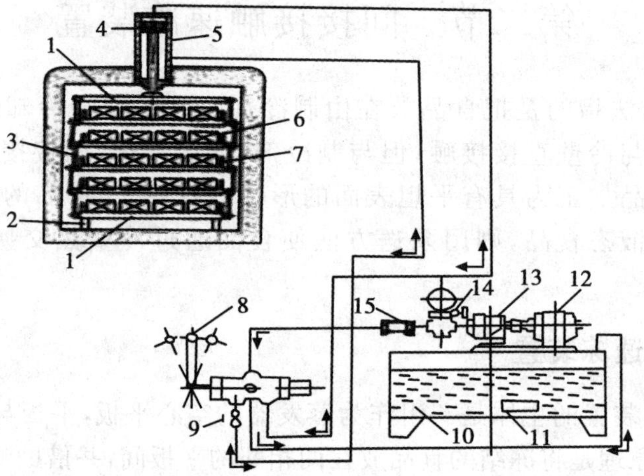

1. 冻结平板　2. 支架　3. 连接铰链　4. 液压元件　5. 液压缸　6. 食品
7. 木垫块　8. 四通切换阀　9. 流量调整阀　10. 油　11. 过滤器
12. 电动机　13. 泵　14. 安全阀　15. 止逆阀

图 7-10　间歇卧式平板速冻装置

2. 连续卧式平板速冻装置　见图 7-11。食品装入货盘 1 并自动盖上盖 2 后，随传送带向前移动，并由压紧机构 3 对货盘进行预压缩，最后，货盘被升降机 4 提升到推杆 5 前面，由推杆 5 推入最上层的两块平板间。当这两块平板之间填满货盘时，再推入一块，则位于最右面的那个货盘将由降低货盘装置 7 送到第二层平板的右边缘，然后被推杆 8 推入第二层平板之间。如此不断反复，直至全部平板间均装满货盘时，液压装置 6 压紧平板，进行冻结。冻结完毕，液压装置松开平板，推杆 5 继续推入货盘，此时，位于最底层平板间最左侧的货盘则被推杆 8 推上卸货传送带，在此盖从货盘上分离，并被送到起始位置 2，而货盘经翻转装置 9 翻转后，食品从货盘中分离出来。经翻转机构 12 再次翻转后，货盘由升降机送到起始位置1,重新装货,如此重复,至全部冻结货盘卸货完毕时,平板间又填满了未冻结的货盘,再进行第二次冻结。除货盘装货外,所有操作都是按程序自动完成的。

卧式平板速冻装置主要用于冻结分割肉、鱼片、虾及其他小包装食品的快速冻结。

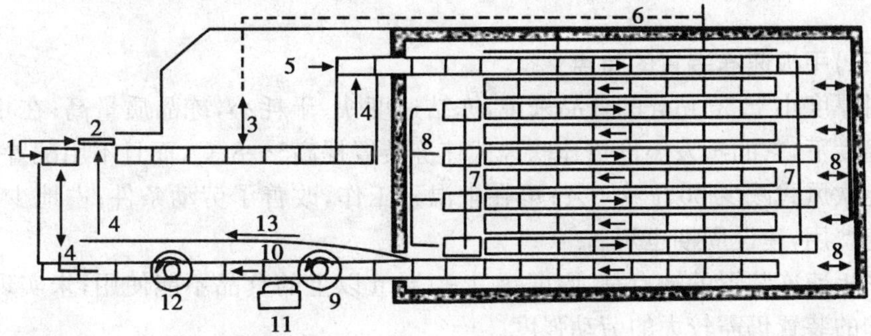

1. 货盘　2. 盖　3. 冻结前预压　4. 升降机　5. 推杆　6. 液压系统　7. 降低货盘的装置　8. 液压推杆　9,12. 翻转装置　10. 卸料　11. 传送带　13. 盖传送带

图 7-11　连续卧式平板速冻装置

(二)立式平板速冻装置

立式平板速冻装置的结构原理与卧式平板速冻装置相似,只是冻结平板垂直排列,见图7-12。平板一般有20块左右,冻品不需装盘或包装,可直接倒入平板间进行冻结,操作方便。冻结结束后,冻品脱离平板的方式有多种,分上进上出、上进下出和上进旁出等。平板的移动、冻品的升降和推出等动作,均由液压系统驱动和控制。平板间装有定距螺杆,用以限制两平板间的距离。

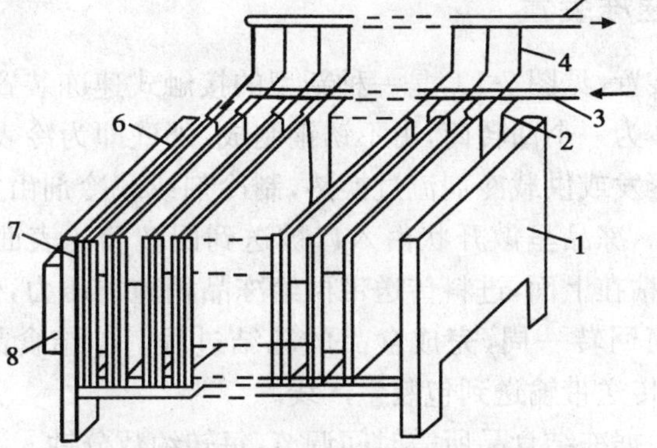

1. 机架　2,4. 橡胶软管　3. 供液管　5. 吸入管　6. 冻结平板　7. 定距螺杆　8. 液压装置

图 7-12　立式平板速冻装置结构示意图

立式平板速冻装置最适用于散装冻结无包装的块状产品，如整鱼、剔骨肉和内脏，但也可用于包装产品。

与卧式速冻装置比较，立式平板速冻装置不用贮存和处理货盘，大大节省了占用的空间。但立式的不如卧式的灵活，一般只能生产一种厚度的块装产品。

(三)平板速冻装置的特点

对厚度小于 50 mm 的食品来说，冻结速度快、干耗小，冻品质量高；在相同的冻结温度下，它的蒸发温度可比吹风式速冻装置提高5～8 ℃，而且不用配置风机，电耗比吹风式减少 30%～50%；可在常温下工作，改善了劳动条件；占地少，节约了土建费用，建设周期也短。

平板速冻装置的缺点是，厚度超过 90 mm 以上的食品不能使用；未实现自动化装卸的装置仍需较大的劳动强度。

(四)使用平板速冻装置应注意的问题

使用平板速冻装置时，应注意使食品或货盘都必须与平板接触良好，并控制好二者之间的接触压力。压力越大，平板与食品的接触越好，传热系数越大。平板与食品之间若接触不良，会产生很大的接触热阻，冻结速度大为降低。

为了提高冻结效率，操作使用时需注意以下问题：①产品应具有规则的形状，如有两个平坦的平行表面，或者在受压后能变成这种形状；②包装应很好地充实，没有空隙；②装载用的盘子表面平坦；④平板表面应干净，没有外界物质或霜、冰等残渣。

二、回转式速冻装置

回转式速冻装置，见图 7-13，是一种新型的接触式速冻装置，也是一种连续式速冻装置。其主体为一个回转筒，由不锈钢制成，外壁即为冷表面，内壁之间的空间供制冷剂直接蒸发或供载冷剂流过换热，制冷剂或载冷剂由空心轴一端输入筒内，从另一端排出。冻品呈散开状由入口被送到回转筒的表面，由于转筒表面温度很低，食品立即粘在上面，进料传送带再给冻品稍施加压力，使它与回转筒表面接触的更好。转筒回转一周，完成食品的冻结过程。冻结食品转到刮刀处被刮下，刮下的食品由传送带输送到包装生产线。

转筒的转速根据冻结食品所需时间调节，每转约数分钟。

制冷剂可用氨、R_{22}或共沸制冷剂，载冷剂可选用盐水、乙二醇等。该装置适用于冻结鱼片、块肉、虾、菜泥以及流态食品。

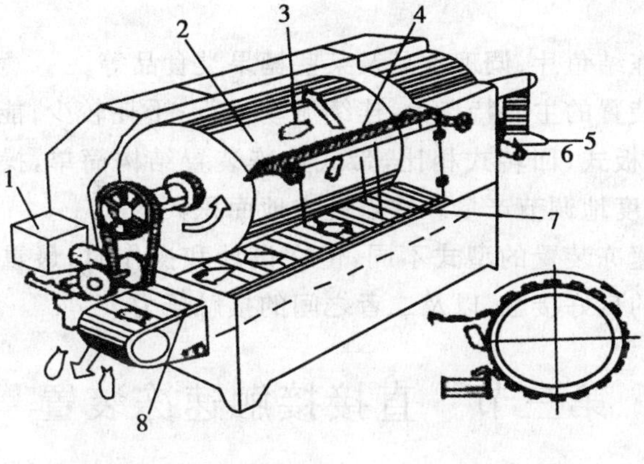

1. 电动机 2. 滚筒冷却器 3. 进料口 4,7. 刮刀
5. 盐水入口 6. 盐水出口 8. 出料传送带

图 7-13 回转式速冻装置

该装置的特点是:占地面积小,结构紧凑;冻结速度快,干耗小;连续冻结生产率高。

三、钢带式速冻装置

钢带式速冻装置的主体是钢带传输机,见图 7-14。传送带由不锈钢制成,在带下喷盐水,或使钢带滑过固定的冷却面(蒸发器)使食品降温,同时,食品上部装有风机,用冷风补充冷量,风的方向可与食品平行、垂直、顺向或逆向。传送带移动速度可根据冻结时间进行调节。因为产品只有一边接触金属表面,食品层以较薄为宜。

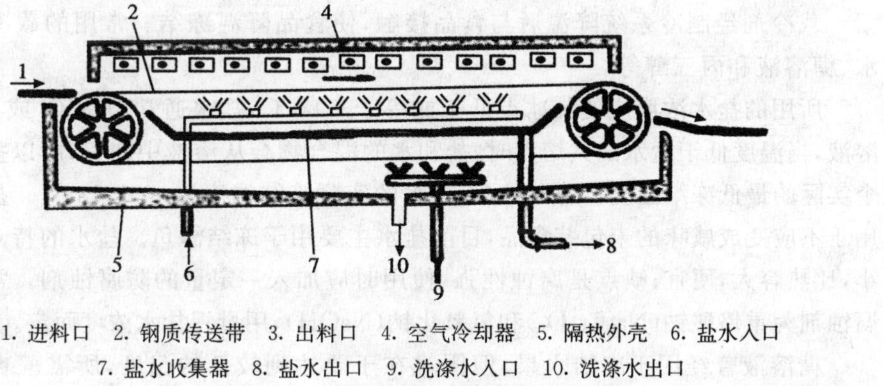

1. 进料口 2. 钢质传送带 3. 出料口 4. 空气冷却器 5. 隔热外壳 6. 盐水入口
7. 盐水收集器 8. 盐水出口 9. 洗涤水入口 10. 洗涤水出口

图 7-14 钢带式速冻装置示意图

传送带下部温度为−40 ℃,上部冷风温度为−40～−35 ℃,因为食品层一般较薄,因而冻结速度快,冻结 20～25 mm 厚的食品约需 30 min,而 15 mm 厚的只

需 12 min。

该装置适于冻结鱼片、调理食品及某些糖果类食品等。

钢带式速冻装置的主要特点为：连续流动运行；干耗较少；能在几种不同的温度区域操作；同平板式、回转式相比，带式速冻装置结构简单，操作方便。改变带长和带速，可大幅度地调节产量。缺点是占地面积大。

尽管接触式速冻装置的型式不同，但在设计和操作时，最重要的一点就是保证食品与冷表面的良好接触，以及二者之间的接触压力。

第三节 直接接触速冻装置

该方法要求食品（包装或不包装）与不冻液直接接触，食品在与不冻液换热后，迅速降温冻结。食品与不冻液接触的方法有喷淋、浸渍法，或者两种方法同时使用。

一、对不冻液的要求

直接接触冻结法由于要求食品与不冻液直接接触，所以对不冻液有一定的限制，特别是与未包装的食品接触时尤其如此。这些限制包括要求无毒、纯净、无异味和异样气体、无外来色泽或漂白剂、不易燃、不易爆等。另外，不冻液与食品接触后，不应改变食品原有的成分和性质。

二、载冷剂接触冻结

载冷剂经制冷系统降温后与食品接触，使食品降温冻结。常用的载冷剂有盐水、糖溶液和丙三醇等。

所用的盐水浓度应使其冰点低于或等于－18 ℃，盐水通常为 NaCl 或 $CaCl_2$ 水溶液，当温度低于盐水的共熔点时，盐和水的混合物会从溶液中冻析，所以盐水有一个实际的最低冻结温度，例如，NaCl 盐水的实际冻结温度为－21.13 ℃。盐水不能用于不应变成咸味的未包装食品，目前盐水主要用于冻结海鱼。盐水的特点是黏度小，比热容大，便宜；缺点是腐蚀性强，使用时应加入一定量的防腐蚀剂。常用的防腐蚀剂为重铬酸钠（$Na_2Cr_2O_2$）和氢氧化钠（NaOH），用量视盐水浓度而定。

糖溶液曾经用于冻结水果，但困难在于要达到较低的温度，所需蔗糖溶液的浓度较大，如要达到－21 ℃时，至少需要 62%的浓度（质量分数），而这样的溶液在低温下已变得很黏，因此，糖溶液冻结的使用范围有限。

丙三醇——水的混合物曾被用来冻结水果，但不能用于不应变成甜味的食品。67%(质量分数)丙三醇水溶液的冰点为−47 ℃。另一种与丙三醇有关的低冰点液体是丙二醇,60%(质量分数)丙二醇与40%(质量分数)水的混合物的冰点为−51.1 ℃。丙二醇是无毒的,但有辣味,为此,丙二醇在直接速冻装置中的用途通常限于包装食品。

要想达到更低的温度,可使用聚二甲基硅醚或右旋柠檬碱,其冰点分别为−111.1 ℃和−96.7 ℃。

下面介绍一种盐水浸渍速冻装置。

用盐水浸渍冻结食品的历史很久,20世纪30年代初日本等国就已在拖网渔船上使用。但是,由于盐水对设备的腐蚀、盐水会使食品变色及盐分渗入食品等原因,这种方法曾一度停止使用。后来,人们发现某些罐头食品的原料用此法冻结后,质量变化甚微。另外,用不透水的塑料薄膜将食品包装起来后再浸渍冻结,既可防止盐水渗入,又不会引起食品的变色。鉴于以上原因,盐水浸渍速冻装置又重新得到了应用。

图7-15是法国于20世纪70年代初研制的盐水浸渍速冻装置。装置中与盐水接触的容器用玻璃钢制成,有压力的盐水管道用不锈钢材料,其他盐水管道用塑料,从而解决了盐水的腐蚀问题。当盐水温度为−19～20 ℃时,每千克25～40条的沙丁鱼从初温4 ℃降至中心温度−13 ℃仅需15 min。

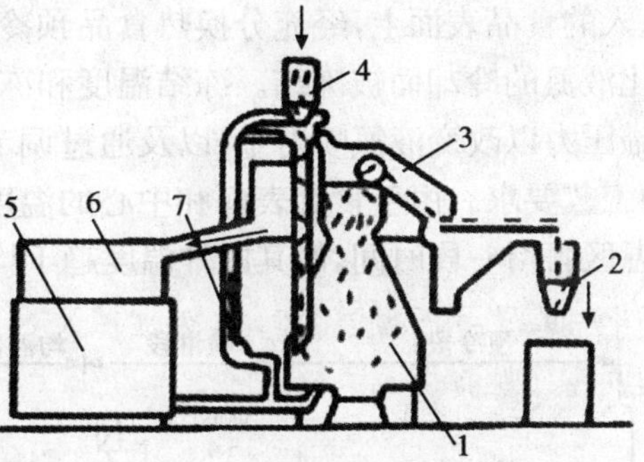

1. 冻结器 2. 出料口 3. 滑道 4. 进料口
5. 盐水冷却器 6. 除鳞器 7. 盐水泵

图7-15 盐水连续浸渍速冻装置示意图

工艺流程:鱼在进料口4与冷盐水混合后进入进料管,进料管内盐水涡流下旋,使鱼克服浮力而到达冻结器的底部。冻结后,鱼体密度减小,慢慢浮至液面,然后由出料机构送到滑道3,在此鱼和盐水分离,鱼进入出料口2,冻结完毕。

盐水流程:冷盐水被泵输送到进料口4,经进料管进入冻结器,与鱼体换热后,盐水升温,密度减小,由此,冻结器中的盐水具有一定的温度梯度,上部温度较高的盐水溢出冻结室后，与鱼体分离进入除鳞器6，除去鳞片等杂物的盐水返回盐水箱，与盐水冷却器直接换热后降温，完成一次循环。

该装置主要用于鱼类的冻结。其特点是冷盐水既起冻结作用，又起输送鱼的作用，省去了机械送鱼装置，冻结速度快，干耗小。缺点是装置的制造材料要求较特殊。

三、低温液体速冻装置

同一般的速冻装置相比，这类速冻装置的冻结温度更低，所以常称为低温速冻装置或深冷速冻装置。其共同特点是没有制冷系统，在低温液体与食品接触的过程中实现冻结。

常用的低温液体有液态氮、液态二氧化碳和液态氟利昂12。

(一)液氮速冻装置

液氮速冻装置大致有浸渍式、喷淋式和冷气循环式3种。

1. *液氮喷淋速冻装置*　图7-16为喷淋式液氮速冻装置，它由隔热隧道式箱体、喷淋装置、不锈钢丝网格传送带、传动装置、风机等组成。冻品由传送带送入，经过预冷区、冻结区、均温区，从另一端送出。风机将冻结区内温度较低的氮气输送到预冷区，并吹到传送带送入的食品表面上，经充分换热食品预冷。进入冻结区后，食品受到雾化管喷出的雾化液氮的冷却而被冻结。冻结温度和冻结时间，根据食品的种类、形状，可调整贮液罐压力以改变液氮喷射量，以及通过调节传送带速度来加以控制，以满足不同食品的工艺要求。由于食品表面和中心的温度相差很大所以完成冻结过程的食品需在均温区停留一段时间，使其内外温度趋于均匀。

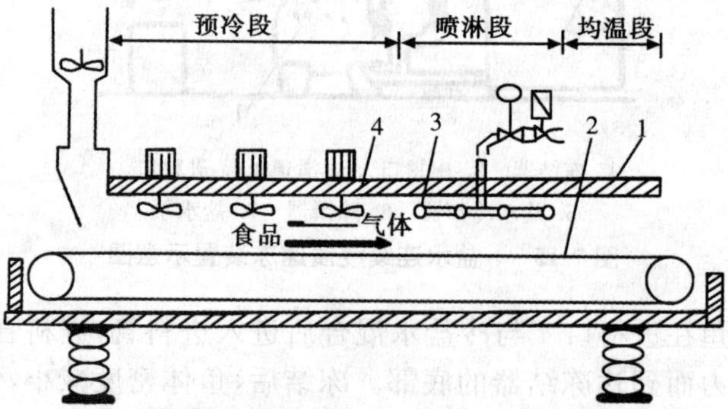

1. 壳体　2. 传送带　3. 喷嘴　4. 风扇

图7-16　液氮喷琳速冻装置示意图

液氮的汽化潜热为 198.9 kJ/kg，定压比热容为 1.034 kJ/(kg·℃)，沸点为 −195.8 ℃。从沸点到 −20 ℃冻结终点所吸收的总热量为 383 kJ/kg，其中，−195.8 ℃的氮气升温到 −20 ℃时吸收的热量为 182 kJ/kg，几乎与汽化潜热相等，这是液氮的一个特点，在实际应用时，应注意不要浪费这部分冷量。

对于 5 cm 厚的食品，经过 10～30 min 即可完成冻结，冻结后的食品表面温度为 −30 ℃，中心温度达 −20 ℃。冻结每千克食品的液氮耗用量为 0.7～1.1 kg。

图 7-17 为一种新型的旋转式液氮喷淋隧道。其主体为一个可旋转的绝热不锈钢圆筒，圆筒的中心线与水平面之间有一定的角度。食品进入圆筒后，表面迅速被喷淋的液氮冻结，由于圆筒有一定的倾斜度，再加上其不断地旋转作用，食品及汽化后的氮气一同翻滚着向圆筒的另一端行进，使食品得到进一步的冻结，食品与氮气在出口分离。

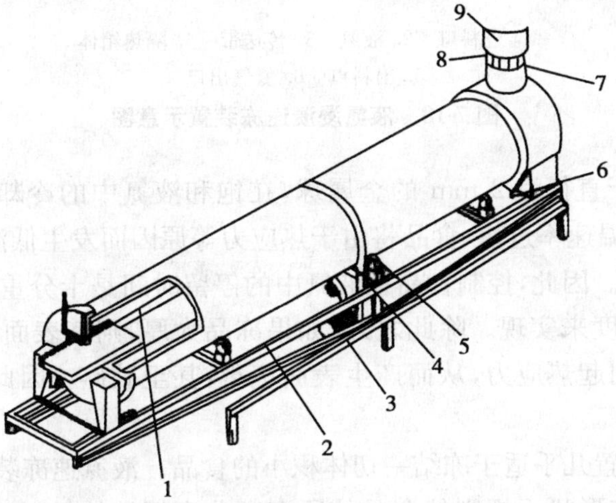

1. 喷嘴　2. 倾斜度　3. 变速电机　4. 驱动带　5. 支撑轮

6. 出料口　7. 氮气出口　8. 空气　9. 排气管

图 7-17　旋转式液氮喷淋隧道示意图

由于没有风扇，该装置的对流表面传热系数比带风机的小一些，但因为食品的翻滚运动，食品与冷却介质的接触面积增大，所以总的传热系数与带风机的系统差不多。不设风扇，也就没有外界空气带入的热量，液氮的冷量将全部用于食品的降温，单位产量的液氮耗量相对也就比较低。

该装置主要用于块状肉和蔬菜的冻结。其特点是占地面积小，产量大，能更有效地应用液氮。

2. *液氮浸渍速冻装置*　见图 7-18，主要由隔热的箱体和食品传送带组成。食品从进料口直接落入液氮中，表面立即冻结。由于换热，液氮强烈沸腾，有利于单个食品的分离。食品在液氮中只完成部分冻结，然后由传送带送出出料口，再到另一个温度较高的冻结室作进一步的冻结。

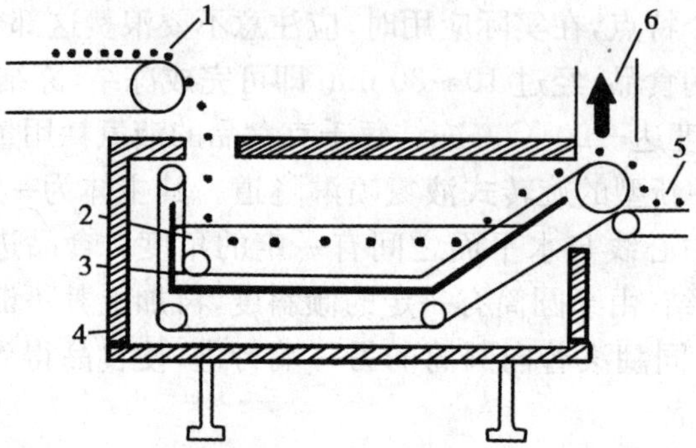

1. 进料口　2. 液氮　3. 传送带　4. 隔热箱体
5. 出料口　6. 氮气出口

图 7-18　液氮浸渍速冻装置示意图

据研究，对于直径为 2 mm 的金属球，在饱和液氮中的冷却速率高达 1.5×10^3 ℃/s；如果降温速率过快，食品将由于热应力等原因而发生低温断裂现象，影响冻结食品的质量。因此，控制食品在液氮中的停留时间是十分重要的。这可通过调节传送带的速度来实现。除此之外，如果冻品太厚，则其表面与中心将产生极大的瞬时温差，引起热应力，从而产生表面龟裂，甚至破碎。因此，食品厚度以小于 10 cm 为宜。

液氮速冻装置几乎适于冻结一切体积小的食品。液氮速冻装置的特点如下。

(1)液氮可与形状不规则的食品的所有部分密切地接触，从而使传热的阻力降低到最小限度。

(2)液氮无毒，且对食品成分呈惰性，由于替代了从食品中出来的空气，可在冻结和带包装贮藏过程中使氧化变化降低到最小限度。

(3)冻结食品的质量高。由于液氮与食品直接接触，以 200 ℃以上的温差进行强烈的热交换，故冻结速度极快，每分钟能降温 7～15 ℃。食品内的冰结晶细小而均匀，解冻后食品质量高。

(4)冻结食品的干耗小。用一般速冻装置冻结的食品，其干耗率为 3%～6%，而用液氮速冻装置冻结，干耗率仅为 0.6%～1%。所以，适于冻结一些含水分较高的食品，如杨梅、西红柿、蟹肉等。

(5)占地面积小，初投资低，装置效率高。

液氮冻结的主要缺点是成本高，但这要视产品而定。

(二)液态 CO_2 速冻装置

液态 CO_2 在大气压的沸点为－78.5 ℃，汽化潜热为 575 kJ/kg，比热容为 0.837 kJ/(kg·℃)。

CO_2 在常压下不能以液态存在，因此，液态 CO_2 喷淋到食品表面后，立即变成蒸汽和干冰。其中转变为固态干冰的量为 43%，转变为气态的量为 53%，二者的温度均为－78.5 ℃。液态 CO_2 全部变为－20 ℃的气体时，吸收的总热量为 621.8 kJ/kg，其中约 15%为显热，由于显热所占份额不大，一般没有必要利用，因此，液态 CO_2 喷雾速冻装置不像液氮喷淋装置那样做成长形隧道，而是做成箱形，内装螺旋式传送带来冻结食品。

由于 CO_2 资源丰富，一般不采用回收装置，当希望回收时，应至少回收 80%的二氧化碳。

本章小结

本章主要介绍了系列食品速冻装置，随着经济的发展和人民生活水平的不断提高，人们对冻结食品的质量要求也会越来越高，相应地，食品速冻工艺就应朝着低温、快速的方向发展，冻品的形式也要从大块盘装转向体积小的单体。目前，究竟采用什么速冻装置来冻结食品，要考虑多方面的因素，如食品的种类、形态、产量、冻结质量等，而设备投资、运转费用等经济性问题也必须考虑。

思考题

1. 简述速冻装置的分类。
2. 简述螺旋式速冻装置的特点。
3. 简述平板冻结装置的特点。
4. 使用平板速冻装置应注意哪些问题?
5. 钢带式速冻装置的主要特点有哪些?
6. 简述盐水浸渍速冻装置的工艺流程。
7. 简述液氮速冻装置的特点。

第八章 速冻食品的包装技术

包装起源于原始社会末期，随着剩余产品（主要是食品）的出现而出现。现今，包装已成为人们熟悉且日常生活消费中必不可少的内容，包装学科已经发展成为一门具备完整体系的学科，很多高校都已开设包装技术专业，包装产业已成为一种社会支柱产业。

第一节 食品包装的目的

一、食品包装的定义

不同国家给出的包装的定义不尽相同，但其基本含义是一致的。我国国标(GB4122—1983)给出的包装定义：为在流通过程中保护产品，方便贮运、促进销售，按一定技术方法而采用的容器、材料及辅助物品的总称。其也指为了达到上述目的而采用容器、材料和辅助物的过程中施加一定技术方法等的操作活动。

根据包装的定义，食品包装是指采用适当的包装材料、容器和包装技术，把食品包裹起来，以使食品在运输和贮藏过程中保持其价值和原有的状态。

二、食品包装的目的

食品包装的目的主要表现在以下几个方面。

(1)防止光线、水、氧气、温度、微生物、昆害虫、尘埃等自然因素引起的食品氧化、变色、变味、腐败和污染等质量变化。它主要是通过包装材料的阻隔性来完成的。

(2)包装可防止食品在流通领域中受冲击、振动、跌落、承压等机械损伤引起变形、破损和变质等质量变化。它主要是依靠包装材料或容器的刚性与抗撕裂和耐戳穿等性能来达到目的。

(3)通过合理的包装后，能在运输、贮存、陈列、携带、开启、定量取用等多方面给人们提供方便。它主要是通过包装结构的多样化、合理化得到满足的。

(4)包装能提高产品的市场竞争能力，促进产品销售。这在现代包装中已扮演着愈来愈重要的角色。它是通过包装材料档次、包装结构及外观装潢设计等达到目的。

(5)包装可提高食品的价值。食品包装不但可通过其防护作用来避免其原有价值的降低甚至完全地失去,而且可以提升食品价值,从而获得更大的利润空间。体现最突出的是礼品包装。

(6)包装能提高产品的生产效率,降低产品成本,同时具备降低工人劳作强度,减少疲劳伤害等作用。

三、包装的分类

现代包装种类很多,因分类角度不同形成多样化的分类方法。

(一)按流通过程中的作用分类

包装可分为销售包装和运输包装。

销售包装又称小包装或商业包装,不仅具有对商品的保护作用,而且更注重包装的促销和增值功能,通过包装装潢设计手段来树立商品和企业形象,吸引消费者、提高商品竞争力。瓶、罐、盒、袋及其组合包装一般属于销售包装。

运输包装又称大包装,应具有很好的保护功能以及方便贮运和装卸功能,其外表面对贮运注意事项应有明显的文字说明或图示,如“防雨”、“易燃”、“不可倒置”等。瓦楞纸箱、木箱、金属大桶、各种托盘、集装箱等都属运输包装。

(二)按包装结构形式分类

包装可分为贴体包装、泡罩包装、热收缩包装、可携带包装、托盘包装、组合包装等。

贴体包装是将产品封合在用塑料片制成的,与产品形状相似的型材和盖材之间的一种包装形式。泡罩包装是将产品封合在用透明塑料片材料制成的泡罩与盖材之间的一种包装形式。热收缩包装是将产品用热收缩薄膜裹包或装袋,通过加热使薄膜收缩而形成产品包装的一种包装形式。可携带包装是在包装容器上制有提手或类似装置,以便于携带的包装形式。托盘包装是将产品或包装件堆码在托盘上,通过捆扎、裹包或黏结等方法固定而形成包装的一种包装形式。组合包装是将同类或不同类商品组合在一起进行适当包装,形成一个搬运或销售单元的包装形式。

此外,还有悬挂式包装、可折叠包装、喷雾式包装等。

(三)按包装材料和容器分类

包装材料和容器的分类见表 8-1。

表 8-1　包装材料和容器的分类

包装材料	包装容器类型
纸与纸板	纸盒、纸箱、纸袋纸罐、纸杯、纸质托盘、纸浆模塑制品等
塑料	塑料薄膜袋、中空包装容器、编织袋、周转箱、片材热成型容器、热收缩膜包装、软管、软塑料、软塑箱、钙塑箱等
金属	马口铁、无锡钢板等制成的金属罐、桶等,铝、铝箔制成的罐、软管、软包装袋等
复合材料	纸、塑料薄膜、铝箔等组合而成的复合软包装材料制成的包装袋、复合软管等
玻璃陶瓷	瓶、罐、坛、缸等
木材	木箱、板条箱、胶合板箱、花格木箱等
其他	麻袋、布袋、草或竹制包装容器等

(四)按销售对象分类

包装可分为出口包装、内销包装、军用包装和民用包装等。

(五)按包装技术方法分类

真空和充气包装、控制气体包装、脱氧包装、防潮包装、冷冻包装、软罐头包装、无菌包装、热收缩包装等。

包装分类方法没有统一的模式,可根据实际需要选择使用。

第二节　食品包装材料

食品包装材料包括纸、塑料、金属、玻璃陶瓷、复合材料、木材等。速冻食品的包装主要采用塑料作内包装,采用纸箱作外包装。本节主要讨论纸和塑料两种包装材料。

一、纸类包装材料及其包装容器

纸是一种古老而传统的包装材料,自从公元 105 年中国发明了造纸术以后,纸不仅带来了文化的普及,而且促进了科学技术的发展。

现代包装工业体系中,纸和纸包装容器占有非常重要的地位。某些发达国家纸包装材料占包装材料总量的 40%～50%,我国占 40%左右。从发展趋势来看,纸包装材料的用量会越来越大。纸包装材料之所以在包装领域独占鳌头,是因为有其一系列的独特的优点:加工性能好、印刷性能优良,具有一定机械力学性能、便于复合加工、成型性好,卫生安全性好,且材料来源广泛、品种多样、成本低廉、容易形成大批量生产，纸质包装容器重量较轻、缓冲性好、应用广泛、废弃物可回收利用，无白色污染。

最初的纸常用作裹包物品，现今纸类包装制品大量可见于纸箱、纸盒、纸袋、纸质容器等，特别是瓦楞纸板与纸箱占据纸类包装材料和制品的主导地位。目前，经表面处理的复合纸和纸板、特种加工纸已形成一定规模的开发应用。随着塑料白色污染所造成的环境保护问题日益严重，纸类包装制品将有更广泛的应用，并将部分取代塑料包装材料在食品包装上的应用。

二、纸类包装材料的特性及其质量指标

(一)纸类包装材料的性能

用作食品包装的纸类包装材料的性能主要体现在以下几个方面。

1. 机械力学性能　纸和纸板具有一定的强度、挺度和机械适应性，它的强度大小主要取决于纸的厚度、质量、加工工艺、表面状况及一定的温湿度条件等。另外，纸还具有折叠性、弹性及撕裂性等，很适合制作成型包装容器或用于裹包。

2. 阻隔性能　纸和纸板主要由多孔性的纤维组成，对水分、气体、光线、油脂等具有一定程度的渗透性，而且其阻隔性受温湿度的影响较大。单一的纸类包装材料一般不能用于包装水分、油脂含量较高的食品及阻隔性要求较高的食品，但可以通过适当的表面加工来改善其阻隔性，纸和纸板的阻隔性较差对某些商品的包装是有用处的，如水果包装、袋泡茶包装等。

3. 印刷性能　由于纸板吸收和黏结油墨的能力较强，印刷性能好，因此包装上常用于提供印刷表面。纸和纸板的印刷性能主要决定于表面平滑度、施胶度及黏结力等。

4. 加工使用性能　纸和纸板具有良好的加工使用性能，容易实现机械化加工操作，生产工艺成熟，容易加工成具有各种性能的包装容器；容易设计各种功能性结构，如开窗、提手、间壁及设计展示台等，且可折叠处理，适用多种封合方式。另外，纸和纸板还可以方便地在表面进行浸渍、涂布、复合等加工处理，以提供必要的防潮性、防虫性、阻隔性、热封性、强度及物理性能等，扩大其使用范围。

5. 卫生安全性能　单纯的纸是卫生、无毒、无害的，且在自然条件下能够被微生物降解，对环境无污染。但是，在纸的加工过程中，尤其是化学法制浆，纸和纸板通常会残留一定的化学物质，如硫酸盐法制浆过程中残留的碱液及盐类。因此，必须根据包装内容物来正确合理选择各种纸和纸板。

(二)纸及纸板的质量指标

纸和纸板由于用途不同，其质量指标也不同。包装所用纸和纸板的质量要求

主要包括外观、物理性质、机械力学性质、光学性质、化学性质等几个方面。

1. 外观 纸的外观质量要求是根据纸的不同用途，对各种外观纸病加以限制或不允许存在。外观纸病是用感官鉴别。外观纸病的产生原因很多，如原料处理不当、操作掌握欠佳、生产规程不严、包装运输疏忽等。

常见的外观纸病有以下几种：尘埃、透光点和透帘、孔眼和破洞、折子、皱纹、斑点、裂口、硬质块、无光泽等。根据等级不同分别规定不允许存在或加以限制。

2. 物理性质 主要指定量、厚度、紧度、成纸方向、纸面、水分、平滑度、施胶度、吸水性等方面。

3. 机械性质 主要有抗张强度、伸长率、破裂强度、撕裂度、耐折度、戳穿强度、环压强度、边压强度等方面的指标。

4. 光学性质 主要指白度和透明度两项指标。

5. 化学性质 主要指灰分和酸碱度两项指标。

三、包装用纸与纸板

(一)纸和纸板的分类

纸类产品分纸和纸板两大类，凡定量在 225 g/m^2 以下或厚度小于 0.1 mm 的称为纸；定量在 225 g/m^2 以上或厚度大于 0.1 mm 的称为纸板。但这一划分标准不是很严格，如折叠盒纸板、瓦楞原纸的定量虽小于 225 g/m^2，通常也称为纸板；有些定量大于 225 g/m^2 的纸，如白卡纸、绘图纸等通常也称为纸。

根据用途，纸大致可以分为文化用纸、工农业技术用纸、包装用纸、生活用纸等几种纸。纸板也大致分为包装用纸板、工业技术用纸板、建筑用纸板及印刷与装饰用纸板等几种纸板。

在包装方面，纸主要用作包装商品、制作纸袋、印刷装潢商标等；纸板则主要用于生产纸箱、纸盒、纸桶等包装容器。

(二)纸和纸板的规格

纸与纸板可分为平板和卷筒两种规格，其规格尺寸根据不同形式有两种要求；平板纸要求长和宽，卷筒纸和盘纸只要求宽度。纸和纸板的规格尺寸，由用途方面的要求而确定，单位为 mm。

规定纸和纸板的规格尺寸，对于实现纸箱、纸盒及纸桶等纸制包装容器规格尺寸的标准化和系列化，具有十分重要的意义。

(三)包装用纸

包装用纸品种很多，食品包装必须选择适宜的包装用纸，使其质量指标符合保护包装食品质量完好的要求。常用食品包装用纸有以下几种。

1. 牛皮纸　牛皮纸是用硫酸盐木浆抄制的高级包装用纸，具有高施胶度，因其坚韧结实似牛皮而得名，定量一般为 30～100 g/m²，其中以 40～80 g/m²居多。

牛皮纸从外观上分单面光、双面光、条纹牛皮纸 3 种，其中双面光牛皮纸有压光和不压光 2 种；有漂白与未漂白之分，多为本色纸，色泽为黄褐色。

牛皮纸机械强度高，并富有弹性，抗水性、防潮性和印刷性良好，大量用于食品的销售包装和运输包装。如包装点心、粉末等食品，多采用强度不太大、表面涂树脂等材料的牛皮纸。

2. 羊皮纸　羊皮纸又称植物羊皮纸或硫酸纸。它是用未施胶的高质量化学浆，在 15～17 ℃浸入 72％硫酸中处理，待表面纤维胶化，即羊皮化后，经洗涤并用 0.1％～0.4％碳酸钠碱液中和残酸，再用甘油浸渍塑化，形成质地紧密坚韧的半透明乳白色双面平滑纸张。由于采用硫酸处理而羊皮化，因此也称硫酸纸。

羊皮纸也可以认为是一种加工纸，具有良好的防潮性、气密性、耐油性和机械力学性能，适于油性食品、冷冻食品、防氧化食品的防护要求，可以用于乳制品、油脂、鱼肉、糖果点心、茶叶等食品的包装。食品包装用羊皮纸定量为 45，60 g/m²。工业品包装的标准定量为 45，60，75 g/m²，但应注意羊皮纸酸性对金属制品的腐蚀作用。

3. 鸡皮纸　鸡皮纸是一种单面光的平板薄型包装纸，定量为 40 g/m²，不如牛皮纸强韧，故戏称“鸡皮纸”。鸡皮纸纸质坚韧，有较高的耐破度、耐折度和耐水性，有良好的光泽，可供包装食品、日用百货等，也可印刷商标。根据订货要求可生产各种颜色的鸡皮纸。

鸡皮纸生产过程中和单面光牛皮纸生产过程相似，要施胶、加填和染色。用于食品包装的鸡皮纸不得使用对人有害的化学助剂，要求纸质均匀、纸面平整、正面光泽良好及无明显外观缺陷，其卫生要求应符合 GB 11680《食品包装用原纸卫生标准》的规定。

4. 食品包装纸　食品包装纸（QB 1014—1991）按标准规定分 3 种类型：

Ⅰ型为糖果包装原纸，适用于经印刷、上蜡加工后供糖果包装商标用纸，分 A，B，C 3 等，A 和 B 等供机械包糖用，C 等供手工包糖用。糖果包装原纸为卷筒纸，可按订货合同生产平板纸。

Ⅱ型为冰棍包装原纸，分 B，C 两个等级，B 级供机械包装冰棍和雪糕用，C 级供手工包装用。有平板纸和卷筒纸，平板纸规格为：787 mm×1 092 mm，625 mm×118 mm，卷筒纸规格按订货合同规定。

Ⅲ型为普通食品包装纸，有双面光和单面光两种，分B,C,D 3个等级，色泽可根据订货合同规定白度或其他色泽进行生产。

食品包装纸因直接与食品接触，故不得采用废旧纸和社会回收废纸作原料，不得使用荧光增白剂或对人体有影响的化学助剂；纸张纤维组织应均匀，不许有明显的云彩花，纸面应平整，不许有折子、皱纹、破损、裂口等纸病。

5. 半透明纸 半透明纸是一种柔软的薄型纸，定量为31 g/m^2，是用漂白硫酸盐木浆，经长时间的高黏度打浆及特殊压光处理而制成的双面光纸，质地紧密坚韧，具有半透明、防油、防水防潮等性能，且有一定的机械强度。

半透明纸可用于马铃薯片、糕点等脱水食品的包装，也可作为乳制品、糖果等油脂食品包装。

6. 玻璃纸(glass paper) 玻璃纸又称赛璐玢，是一种天然再生纤维素透明薄膜，它是用高级亚硫酸浆经过一系列化学处理制成黏胶液，再成型为薄膜而成。透明性极好，质地柔软，厚薄均匀，有优良的光泽度、印刷性、阻气性、耐热性，且不带静电；但它的防潮性差，撕裂强度较小，干燥后发脆，不能热封。

玻璃纸是一种透明性的高级包装材料，可见光透过率达100%，多用于中、高档的商品包装，主要用于糖果、糕点、化妆品、药品等商品美化包装，也可用于纸盒的开窗包装。

7. 茶叶袋滤纸(tea bag paper) 茶叶袋滤纸是一种低定量专用包装纸，用于袋泡茶的包装，要求纤维组织均匀，无折痕皱纹，无异味，具有较大的湿强度和一定的过滤速度，耐沸水冲泡，同时应有适应袋泡茶自动包装机包装的干强度和弹性。

茶叶袋滤纸国外多用马尼拉麻生产。我国用桑皮纤维经高游离状打浆后抄造，再经树脂处理，也可用合成纤维(即湿式无纺布)制造。

8. 涂布纸(coated paper) 涂布纸主要是在纸面涂布沥青、LDPE或PVDC乳液、改性蜡(热熔黏合剂和热封蜡)等，使纸的性能得到改善。如PVDC涂布纸表面非常光滑，无臭无味，可用于极易受水蒸气损害，特别是需要隔绝氧气的食品包装。此外，还可以涂布防锈剂、防霉剂、防虫剂等制成防锈纸、防霉纸、防虫纸等。

9. 复合纸(compound paper) 复合纸是另一类加工纸，是将纸与其他挠性包装材料相贴合而制成的一种高性能包装纸。常用的复合材料有塑料及塑料薄膜(如PE,PP,PET,PVDC等)，金属箔(如铝箔)等。复合方法有涂布、层合等方法。复合加工纸具有许多优异的综合包装性能，从而改善了纸的单一性能，使纸基复合材料大量用于食品等包装场合。

(四)包装用纸板

1. 白纸板(white board) 白纸板是一种具有2～3层结构的白色挂面纸板,是一种比较高级的包装用纸板,主要用于销售包装,经彩色印刷后制成各种类型的纸盒、箱,起着保护商品、装潢美化商品的促销作用,也可用于制作吊牌、衬板和吸塑包装的底板。

白纸板有单面和双面两种,其结构由面层、芯层、底层组成。单面白纸板面层通常是用漂白的化学木浆制成,表面平整、洁白、光亮;芯层和底层常用半化学木浆,精选废纸浆、化学草浆等低级原料制成。双面白纸板底层原料与面层相同,仅芯原料较差。

白纸板作为一种重要的包装材料,已有百年生产历史。随着商品经济的发展,包装行业对白纸板的需求量越来越大,这主要因为白纸板具有其他包装材料难以相比的优点:

(1)具有一定的挺度和良好印刷性。

(2)缓冲性能好,制成纸盒后能有效地保护商品。

(3)具有优良的成型性和折叠性,适于多种加工方法,机械加工能够实现高速连续生产。

(4)废旧纸板可以再生利用,自然条件下能够被微生物降解,不污染环境。

(5)白纸板作为基材,可与其他材料复合,制成包装性能优良的复合包装材料。

2. 标准纸板 标准纸板是一种经压光处理,适用于制作精确特殊模压制品以及重要制品的包装纸板,颜色为纤维本色,其技术指标见QB 1314—1991。

3. 箱纸板(case board) 箱板纸是以化学草浆或废纸浆为主的纸板,以本色居多,表面平整、光滑、纤维紧密、纸质坚挺、韧性好,具有较好的耐压、抗拉、耐撕裂、耐戳穿、耐折叠和耐水性能,印刷性能好。

4. 瓦楞原纸(corrugating base paper) 瓦楞原纸经轧制成瓦楞纸后,用黏合剂与箱纸板黏合成瓦楞纸板,可供制造纸盒、纸箱和作衬垫用。瓦楞纸在瓦楞纸板中起支撑和骨架作用。因此,提高瓦楞原纸的质量是提高纸箱抗压强度的一个重要方面。

5. 加工纸板 加工纸板是为了改善原有纸板的包装性能,对纸板进行再加工的一类纸板,如在纸板表面涂蜡、聚乙烯或聚乙烯醇等,处理后纸板的防潮、强度等综合包装性能大大提高。

6. 瓦楞纸板 瓦楞纸板是由瓦楞纸轧制成屋顶瓦片波纹,然后将瓦楞纸与两面箱板纸黏合制成。瓦楞波纹宛如一个个连接的小型拱门，相互并列支撑形成类似三角的结构体，既坚固又富有弹性，能承受一定重量的压力。瓦楞形状由两圆弧与直线相连接所决定，瓦楞波纹的形状直接关系到瓦楞纸板的抗压强度及缓冲性能。

用于制造瓦楞纸箱的瓦楞纸板技术指标可参照(GB 6544—1986)有关规定。该标准按瓦楞纸板的物理强度将单瓦楞纸板和双瓦楞纸板各分为 5 种，根据原材料与用途的不同将每种瓦楞纸板分为 3 类。同时标准规定瓦楞纸板表面应平整、清洁、不许有缺材、薄边，切边整齐，黏合牢固，其脱胶部分之和每平方米不大于 20 cm^2。

四、包装纸容器

(一)瓦楞纸箱

瓦楞纸箱是由瓦楞纸板制作而成是使用最广泛的纸包装容器，大量用于运输包装。瓦楞纸箱具有轻便牢固，缓冲性能好，加工简便，贮运使用方便易于印刷等特点。

(二)包装纸盒

纸盒是商品销售的包装容器，一般由纸板裁切、折痕、压线后经弯折成型、装订或黏结成型而制成，是直接和消费者见面的中小型包装。精美的纸盒包装不仅是帮助推销的工具，而且本身是一件艺术品。

纸盒在食品、饮料、医药等物品的包装上发展很快。不仅有图案色彩艳丽、印刷装潢精美的固体食品盒，还有盛装牛奶、果汁等液体食品的纸盒。其盒型多样，有正方形、长方形、有正四面体纸盒，还有屋顶型纸盒等。盒装液体食品已成为一种发展趋势。制盒材料已由单一纸板材料向纸塑复合纸板材料发展。

纸盒的分类如下。

- 纸盒
  - 折叠纸盒
    - 管式折叠纸盒
      - 插入式纸盒
      - 锁口式纸盒
      - 插锁式纸盒
      - 粘合封口式纸盒
    - 盘式折叠纸盒
      - 全封口一页成型纸盒
      - 锁合式纸盒
      - 襟片粘合纸盒
      - 插别式纸盒
    - 非管非盘式折叠纸盒
  - 固定纸盒
    - 管式固定纸盒
    - 盘式固定纸盒

包装对纸盒的要求受很多因素影响，如食品的形态、形状，包装的具体要求，商品展示陈列效果等，纸盒的选用很难提出具体的选用原则。一般来说，对于诸如饼、糕点等易碎食品，又不易从盒的狭窄面放入或取出，应选用盘式折叠纸盒；对于重量较大的瓶装食品，一般采用锁底式折叠纸盒；对于保健品、生日蛋糕等带有装饰美感的食品，应选用透明开窗纸盒。手提式纸盒在酒类、礼品食品包装上得到广泛应用，很受广大消费者的欢迎。若要体现包装食品的民族传统文化特色，则可选用贴面纸装饰的固定纸盒。

(三)纸袋

纸袋多采用粘合或缝合方式成袋。作为一种软包装容器，用途广泛，种类繁多。纸袋按形状可分为以下几类：

1. 信封式纸袋　它开口和折盖均在具有较大尺寸的侧面上，底部不形成平面，常用于包装粉状商品、文件资料等。

2. 自立式纸袋　此种纸袋通常袋底呈长方形，袋口容易开启，开启后可直立放置，以便产品的装填。由单层、双层或3层复合材料制成，此种纸袋可以印刷精美图案，制袋成本较低，可用于包装糖果、面粉、点心、咖啡等产品。最大缺点是袋上折痕太多，常会影响强度。

3. 便携式纸袋　一般用牛皮纸或复合纸制作，比较结实，在袋口处有加强边，并配有提手，以便于携带。常用于礼品包装。

4. M形折式纸袋　它的侧边折痕呈M形，使用时，纸袋扩张成长方形截面，一般具有较大容积。

5. 阀门纸袋　它的周围均封闭，在其中一端装阀门，物件即由阀门处充填进袋，在袋内物品压力下关闭阀门。常用于颗粒物品包装。

纸袋的封口方式主要有：缝制封口、粘胶带封口、绳子捆扎封口、热封合等方式。

(四)复合纸罐

复合纸罐是近年来发展起来的一种纸与其他材料复合的包装容器。一般来说，复合罐由罐身、罐底和罐盖组成。罐身所用材料为含内涂料的全纸板或复合材料，罐底和罐盖常用纸板、金属铁或合金铝、塑料及相应的复合材料。

复合纸罐包装的特点是成本低、重量轻、外观好、废品易处理、阻隔性能好、使用安全等，可以较好地保护内容物，可代替金属罐和其他容器。

复合纸罐可用于干性粉体、块体食品、油性黏流体食品及流质食品如奶粉、茶叶、调味品、酱类食品及果汁饮料等的包装。

（五）复合纸杯

复合纸杯是一种很实用的纸质容器，它是以纸为基材的复合材料经卷绕并与纸胶合而成的。口大底小，形状如杯，并带有不同的封口形式。其原材料是专用纸杯材料，主要有3类：一类是PE/纸复合材料，可耐开水而作热饮料杯；二类是涂蜡纸板材料，主要作冷饮杯或常温、低温流体食品杯；三类是PE/A1纸，主要作长期保存型纸杯，具有罐头功能，因此也称纸杯罐头。纸杯有有盖和无盖之分，杯盖可用粘接、热合或卡合的方式在杯口上以形成密封。

纸杯的特点是质轻、卫生、价廉、便于废弃处理。目前发达国家把纸杯用作为饭店、饮料店、宾馆、飞机、轮船等的一次性使用容器，用于盛装乳制品、果酱、饮料、冰淇淋及快餐面等食品。

（六）纸质盘

纸质盘作为一种纸质容器是利用复合纸经冲切成杯后冲压而成，深度可达6～8 mm，纸质盘所用材料主要是以纸板（多用于白牛皮纸作基材的纸板）经涂布LDPE，HDPE和PP做成复合材料。

纸质盘主要用于烹调食品、热加工食品、快餐食品等包装及用作热收缩包装底盘，具有耐高温、耐用、加工快、成本低、使用方便、外观好等优点。

（七）纸餐盒

纸餐盒是近年来开发的一种环保型包装制品，旨在取代发泡聚苯乙烯（EPS）快餐盒。

五、塑料包装材料及其包装容器

塑料是一种以高分子聚合物——树脂为基本成分，再加入一些用来改善其性能的各种添加剂制成的高分子材料，因其原材料来源丰富、成本低廉、性能优良而在包装上发展迅猛，近几年来由于其安全卫生和环境污染而有所限制。

（一）塑料的主要包装性能指标

1. 主要保护性能指标　保护性能指的是能保护内容物、防止其质变、被破坏，保护其内容物质量的性能。

阻透性包括水分、水蒸气、气体、光线等的阻隔即材料的透气度、透湿度、透水度和透光度。

机械力学性能指在外力作用下材料表现出的抵抗外力作用而不发生变形和破坏的性能，主要包括硬度、抗张、抗压、抗弯强度、撕裂强度及戳穿强度等。

稳定性指材料抵抗环境因素的影响而保持其原有性能的能力，包括耐热耐寒性，耐油耐老化性等。

2. 卫生安全性　塑料包装材料对食品的包装，特别是直接与内容食品接触，其卫生安全性非常重要，主要包括：无毒性、耐腐蚀性、防有害物质渗透性、防生物侵入性等几方面。

3. 加工工艺性　包装制品成型加工工艺性及主要性能指标。塑料制品大多是塑料加热到黏流状态后在一定压力下成型的，表示其成型工艺性好坏的主要指标有：熔融指数、成型温度及温度范围、成型压力，流动性及收缩率等。

包装操作加工工艺性及主要性能指标表示塑料材料在食品包装各工艺过程中的操作，特别是机械化、自动化操作过程中的适应能力。其工艺指标包括机械力学性能（强度和刚度）和热封性能（包括热封温度，压力，时间和热封强度）等。

印刷适应性包括油墨与塑料的相容性，印刷精度、清晰度、印刷层耐磨性等。

（二）食品包装常用塑料种类、性质与应用

包装塑料品种很多，这节我们只介绍食品包装中应用较多的近10个品种，包括聚乙烯，聚丙烯、聚苯乙烯、聚氯乙烯、聚酯、尼龙、聚乙烯醇及离子聚合物等。

1. 聚乙烯 PE　聚乙烯是由乙烯单体在一定条件下聚合而成的高分子化合物，合成条件不一样，产物有差异，主要有：高密度聚乙烯（HDPE），低密度聚乙烯（LDPE），中密度聚乙烯（MDPE），线性低密度聚乙烯（LDPE），超高密度聚乙烯（UHMW-PE）。

LDPE 在包装上主要制成薄膜用于防潮食品的包装，生鲜果蔬的保鲜包装，冷冻食品的包装，热收缩包装，大量用于复合材料的耐热层，也用作塑料制品及泡沫缓冲材料。高密度聚乙烯多用于制成瓶、罐、桶、箱等多种包装容器以及对温度和耐热性要求高的包装薄膜，如酱油、醋包装袋及蒸煮袋内层热封等。

2. 聚丙烯 PP　聚丙烯为世界上产量最大的塑料品种，是由丙烯单体聚合而成的高聚物。大量用于制作食品、饮料、啤酒等塑料周转箱、瓶子、编织袋、打包带、捆扎绳以及泡沫缓冲材料等。

3. 聚苯乙烯 PS　聚苯乙烯是由苯乙烯单体加聚合成，是世界上第三大塑料

品种。

PS塑料在包装上主要制成透明食品盒、水果盘、小餐具等；PS塑料薄膜用于生鲜果蔬的保鲜包装；PS发泡后可作缓冲材料，可作防水、防油、保温的一次性餐具。但因其毒性和环境污染，逐渐被环保型餐具所取代。

4. 聚氯乙烯(PVC)和聚偏二氯乙烯(PVDC)　聚氯乙烯是世界上第二大塑料品种，我国PVC产量最大。PVC瓶可用于矿泉水、食用油、调味品的包装，PVC制成各种薄壁容器和硬质包装容器，透明包装，大量用于食品和药品包装。

聚偏二氯乙烯(PVDC)在包装上主要用于制作复合薄膜和涂布材料。

5. 聚酰胺(PA)和聚乙烯醇(PVA、PVA1或PVOH)　聚酰胺俗称尼龙(NY)，是一类在主链上含有许多重复酰胺基团的聚合物。PA以薄膜形式用于食品包装，特别是油性食品，高温蒸煮食品和深冷冻食品(多是复合形式)，也可用于农药、化学试剂等的包装。

聚乙烯醇PVA薄膜可直接用于包装含油食品和风味食品，多与阻湿性材料复合而成为阻气阻湿型复合材料，大量用于肉类制品如香肠、烤肉、切片火腿等包装，也可用于黄油、干酪及快餐食品的包装。利用其可溶性可作为农药、化学药品等化学物品的计量包装。

6. 聚酯PET　包装上所用的聚酯一般指聚对苯二甲酸乙二醇酯，俗称涤纶。PET薄膜适用于冷冻食品和蒸煮食品，通过真空镀铝以代替铝箔，制瓶大量用于饮料包装，也可制作耐高温的可烘烤纸盘。

7. 离子聚合物(IONOMER)　离子聚合物是一种离子键交联大分子的高分子化合物。它是在乙烯和丙烯酸或甲醛丙烯等的聚合物主键上引入金属离子如钠、钾、锌、镁等进行交联而得到的产品。以薄膜形式用于包装可用作普通包装、热收缩包装、弹性包装，可做复合材料的热封层，更适于带棱角食品和油性食品包装。

(三)塑料包装容器及制品

1. 食品包装常用塑料瓶

(1)硬质PVC瓶。硬质PVC瓶无毒质硬，透明性很好，食品包装上主要用于食用油、酱油及不含气饮料等液体食品的包装。

(2)PE瓶。PE瓶主要有LDPE和HDPE瓶，在包装上应用很广，但由于其透明性较差，阻气性不好，渗油等缺点而较少用于液体食品包装，但因其价格低，阻湿性好而大量用于药品片剂包装。

(3)PET瓶。通常经拉伸后使用，是轴向拉伸瓶的最大品种，其特点是高强度、高阻隔性，透明美观，阻气保香性好，质轻可循环利用，在含气饮料包装上几乎全部取代了玻璃瓶。

(4)PS瓶。PS瓶只能用注-吹工艺生产，原因是PS的脆性影响了制品的修正。PS瓶最大的特点是光亮透明，尺寸稳定性好，阻气防水性能也较好，价格较低，但PS瓶不适合包装含大量香水或调味香料等产品，因为其中的酯和酮会溶解PS。

(5)聚碳酸酯(PC)瓶。PC瓶具有极高的强度和透明度，耐热耐冲击，耐油及耐应变，但其最大的不足是价格昂贵，加工性能差，加工条件要求高，故其应用较少，在食品包装上用作小型牛奶瓶，可进行蒸汽消毒，也可采用微波消毒，重复使用15次，在国外广泛应用，

(6)PP瓶。由于PP瓶的加工性能差，而被限制了应用，采用挤-吹工艺生产的PP瓶，其透明度、耐油性、耐热性比PE瓶好，但其透明度、刚性和阻气性均不及PVC瓶，且低温下耐冲击能力较差，易脆裂，因此，很少应用。

今后，在食品包装塑料瓶的发展方向主要是提高瓶子的阻隔性与瓶体的轻量化与高速自动化生产。

2. 塑料周转箱　塑料周转箱具有体积小、重量轻、美观耐用、易清洗、耐腐蚀、易成型加工和使用管理方便、安全卫生等特点，被广泛用作啤酒、汽水、生鲜果蔬、牛奶、禽蛋、水产品等的运输包装。

塑料周转箱所用材料大多是PP和HDPE。用HDPE为原材料，制作的周转箱低温性能好，而PP为原料的周转箱抗压性能比较好，更适用于需长期贮存堆放的食品。目前，EPS发泡塑料周转箱和作为生鲜果蔬的低温保鲜包装而被广泛使用，原因在于其隔热、防震缓冲性好及重量轻的优点。

3. 钙塑瓦楞箱　塑料瓦楞箱是利用钙塑材料优异的防潮性能，来取代部分特殊场合的纸箱包装而发展起来的一种包装。

钙塑料材料是在PP，PE树脂中加入大量的填料如碳酸钙、硫酸钙、滑石粉等及少量助剂而形成的一种复合材料。(一般为树脂50%+$CaCO_3$等50%)。由于钙塑材料具有塑料包装材料的特性，具有防潮防水、高强度等优点，故可在高温环境下用于冷冻食品、水产品、畜肉制品的包装，体现出质轻、美观、整洁、耐用及尺寸稳定的优点，但钙塑产品表面光洁打滑、减震缓冲性较差，且堆叠稳定性不好，成本也相对较高，用于食品包装的钙塑材料助剂应满足食品卫生的要求。

4. 塑料编织袋　塑料编织袋是指用聚烯烃塑料扁丝编织而成的袋。塑料扁丝主要是以聚丙烯树脂为原料，经挤出成型制成平膜或管膜，然后切割成一定宽度的窄条，再经单向拉伸而成，将塑料扁丝经过整经、络纬编织成平面状或圆桶状

的编织布，在经裁剪缝制即成编织袋，其中用圆桶编织机编织的桶状编织布制袋方便，无需缝合倒边，而且省料，所以应用较广。

5. 塑料包装袋

(1)单层薄膜袋。单层薄膜袋可由各类聚乙烯、聚丙烯薄膜制成，因其尺寸大小各异，厚薄及成型不同，可用于多种物品包装，有口袋型塑料袋，也可做成背心袋，用于市场上购物。LDPE 吹塑薄膜，具有柔软、透明、阻湿性能好，热封性好等优点，多用于小食品包装，HDPE 吹塑薄膜的力学性优于 LDPE，且具有挺括、易开口的特点，但透明度差，通常用于制作背心式购物袋。聚丙烯膜由于透明度、光泽度高，挺括，多用于制作服装、丝绸、针织品及食品包装袋。

(2)复合薄膜袋。为满足食品包装对高阻隔性，高强度的高温灭菌、低温保存保鲜等方面的要求，可采用多层复合材料薄膜制成的包装袋，其结构形式很多，如 PE/PP，NY/PE，PET/PE，NY/A1/PE，NY/A1/CPP，等等。

(3)网眼袋。挤出网是以 HDPE 为原材料，经熔融挤出，旋转机头成型，再经单体拉伸而成的连续网束，只需按需要长度切割，将一端热融化在一起，另一端穿入提绳即成挤出网袋，适于水果、罐头、瓶酒的外包装，美观大方；另一种挤出网是由发泡聚苯乙烯为原料制成，主要用于水果、瓶罐的缓冲包装。

此外，塑料包装容器还有高温杀菌饮料罐（半刚性罐），微波炉、烤箱双用塑料托盘及可挤压瓶等。

第三节 食品包装方法

一、防潮包装

防潮包装就是采用具有一定隔绝水蒸气能力的防潮包装材料对食品进行包封，隔绝外界湿度对产品的影响；同时使食品包装内部的相对湿度满足产品的要求，在质保期内控制在设定的范围内，从而保护内装食品质量。

防潮包装具有两个方面的意义：一是为了防止被包装的含水丰富食品失水；二是为了防止环境水分透入包装而使干燥食品增加水分，影响食品质量。防潮包装的实质问题是：使包装内部的水分不受或尽量少受包装外部环境影响，选用合适的防潮包装材料或吸潮剂及包装技术措施，使包装内部食品的水分控制在设定的范围内。

防潮性能最好的材料是玻璃陶瓷和金属包装材料，这些材料的透湿度可视为零。目前大量使用的塑料包装材料中适宜于防潮包装的单一材料品种有 PP，PE，防潮玻璃纸等，这些薄膜材料的阻湿性较好，热封性能也好，可单独用于包装要求不高的防潮包装。在食品包装中大量使用的是复合薄膜材料。复合薄膜比单一材料具有更优越的防潮及综合包装性能，能满足各种食品的防潮和阻气要求。

二、真空包装

食品真空包装是把被包装食品装入气密性包装容器，在密闭之前抽真空，使密封后的容器达到预定真空度的一种包装方法。

真空包装的目的是为了减少包装内氧气的含量，防止包装食品的霉腐变质，保持食品原有色、香、味，并延长保质期。对微生物而言，当氧浓度≤1%时，它的繁殖速度急剧下降，在氧浓度为0.5%时，多数细菌将受到抑制而停止繁殖。另外，食品的氧化，变色和褐变等生化变质反应都变弱。

真空包装由于排除了包装内部的空气，因而加速了热的传导，提高了高温杀菌效率，同时连袋加热，杀菌时避免了因气体膨胀而使包装破裂的现象。但真空包装不适于包装易碎、易变形、易结块的粉状食品以及硬而尖的有棱角的物品。真空包装由于包装内部处于一种真空状态，所使包装材料要求阻气性要好。食品真空包装的保质效果不仅取决于采用较高真空度的包装机械，也取决于采用正确合理的包装技术。包装后一般还需适当的杀菌与冷藏；加工食品真空包装后还要经80 ℃，15 min以上的加热杀菌，生鲜食品在真空包装后应在低温状态(10 ℃以下)下流通与销售。

真空包装机械有室式、输送带式、插管式、旋转台式和热成型5种类型。

三、脱氧包装

脱氧包装是指在抽真空或抽真空充气后的密封包装容器内，封入能与氧化合反应的脱氧剂，从而进一步除去包装内的氧气，使被包装物在氧气浓度很低、甚至几乎无氧的条件下保存的一种包装技术。主要是用于对氧极为敏感的食品如蛋糕、礼品点心、茶叶、咖啡粉、水产加工品和肉制品等的保鲜包装。

常用脱氧剂有铁脱氧剂、亚硫酸盐脱氧剂、葡萄糖氧化化酶等。

四、气调包装

气调包装指通过改变包装内的气体成分使食品处在与空气组成不同的环境中而延长保藏期的包装，也叫充气包装和气体置换包装，它更适宜于易碎和有棱角食品。

气调包装充入气体可以是单一的 CO_2 或 N_2，也可是一定比例的 N_2+CO_2 或

$N_2+CO_2+O_2$，其作用如下。

N_2 防止油脂氧化酸败，保持食品的色、香、味以及控制虫卵和微生物的发育。对油性食品如油炸土豆片、点心、黄油和花生豆等，芳香性食品如茶叶、咖啡和各种调味品，以及需要防虫的食品如粮食、干蘑菇和其他干燥食品都可采用充 N_2 包装。

CO_2 抑制霉菌和细菌的发育，同时降低包装内的 pH 值，谷物食品充 CO_2 较合适。

N_2+CO_2 具有 N_2 和 CO_2 的双重效果。

$N_2+CO_2+O_2$ 这类混合气体中含有 O_2，主要是保持鲜肉类食品的色泽和维持有生命果蔬食品的正常新陈代谢。

食品气调包装材料要有一定的抗撕裂和抗戳穿强度，气体阻隔性好（生鲜果蔬包装除外），以及水蒸气阻隔性、抗雾性与热封性要好。气调包装环境要具备恒定的足够低的冷藏温度。

五、无菌包装技术

无菌包装技术是指在被包装物、包装容器或材料、包装辅助物无菌的情况下，于无菌的环境中进行充填和封合的一种包装技术，无菌包装后的食品可在常温下贮存而不会变质，色、香、味和营养物质的损失小。

目前，无菌包装技术已用于液态乳，果蔬汁，酱类食品和营养保健食品的无菌包装，随着科学技术的进步，消费者对食品营养、风味等要求日益提高，无菌包装的应用范围将会更加广泛。

六、两种冷冻食品的包装

（一）冷冻肉

冷冻肉常用的包装方式有收缩包装、真空包装和充气包装，其包装材料有 PE，PP，PET，PA 以及多种复合材料如 PA/PE 等。由于冷冻肉处于低温冻结状态，微生物难于生存，肉内酶的活性较弱，所以贮存期较长，一般为 6～12 个月甚至更长。

比较传统的方式是对加工肉进行金属罐藏。现今除罐藏外，常用薄膜裹包、真空充气包装和热收缩包装等。

（二）冷冻果蔬

冷冻的水果蔬菜与新鲜的不同，在冷冻之前，水果与蔬菜须通过去梗、去皮、去核和去壳等加工，以减少能量的无谓浪费。留下的实体可切成丁、片、丝或绞成碎泥,然后进行冷冻。在加工过程中,果蔬加工品须急速搬运和及时快速冷冻,从而尽量避免营养物质的损失与破坏。预煮会使果蔬内的酶失活,抑制体内酶的催化反应,利于质量防护,但又会造成营养物质的损失,应该尽量避免。预煮过的蔬菜更难以冷冻保鲜。

冷冻果蔬的包装主要防止脱水,同时给搬运提供方便,免受物理机械损伤,除个别产品外,对遮光和隔氧要求不高。采用的包装材料有涂蜡包装纸、聚乙烯薄膜或其涂塑材料和复合材料(如 PET/PE)、聚丙烯、乙烯-醋酸乙烯酯共聚物等。

冷冻果蔬的外包装常用涂塑或涂蜡的防潮纸盒以及用泡沫聚乙烯作为外包装盒(箱)等。速冻水果的包装容器有马口铁罐,涂胶的纸板杯筒、衬铝箔的纸板盒,或者纸盒内衬以胶膜、玻璃纸、聚酯层以及塑料薄膜袋等。

本章小结

本章不仅介绍了食品包装的定义、目的及分类,还重点介绍了食品的包装材料和包装方法。通过对本章的学习,要了解各种包装材料的特点以及包装方法,以便在今后的工作中灵活运用,以精美的产品包装彻底改变我国速冻食品在国际市场上被人们普遍认为"一流的质量、二流的包装、三流的价格"的局面。

思考题

1. 什么叫食品的包装？其目的是什么？
2. 用于食品的包装材料主要有哪些？
3. 什么叫真空包装？真空包装适用于哪些食品？
4. 什么叫气调包装？气调包装的气体有哪些？其主要作用是什么？
5. 什么叫无菌包装技术？主要用于哪些食品的包装？
6. 用于速冻水果的包装材料主要有哪些？

第九章　速冻食品的冷藏链

速冻食品在流通过程中需要有冷藏链。所谓冷藏链是指易腐食品在生产、贮藏、运输、直到销售前的各个环节中始终处于规定的低温环境下，以保证食品质量，减少食品损耗的一项系统工程。冷藏链是随着科学技术的进步，制冷技术的发展而建立起来的，是以冷藏技术为基础，以制冷技术为手段，在低温条件下的物流现象。

食品冷藏链由冷冻加工、冷冻贮藏、冷冻运输、冷冻销售 4 个环节组成。

冷冻加工包括肉类、鱼类的冷却与冻结；果蔬的预冷与各种速冻食品的加工等。主要涉及冷却与冻结装置。

冷冻贮藏包括食品的冷却冷藏和冻结冷藏，也包括果蔬的气调贮藏。主要涉及各类冷藏库、冷藏柜、冰柜及家用冰箱等。

冷藏运输包括食品的中、长途运输及短途送货等。主要涉及铁路冷藏车、冷藏汽车、冷藏船、冷藏集装箱等低温运输工具。在冷藏运输过程中，温度的波动是引起食品质量下降的主要原因之一，因此，运输工具必须具有良好的性能，不但要保持规定的低温，更切忌大的温度波动，长距离运输尤其如此。

冷冻销售包括冷冻食品的批发及零售等，由生产厂家、批发商和零售商共同完成。早期，冷冻食品的销售主要由零售商的零售车及零售商店承担，近年来，城市中超级市场的大量涌现，已使其成为冷冻食品的主要销售渠道。超市中的冷藏陈列柜，兼有冷藏和销售的功能，是食品冷藏链的主要组成部分之一。

在食品冷藏链中，温度是食品冷藏链中最重要的控制因素。冷藏链中的各个环节都起着非常重要的作用，是不容忽视的。任何一个环节出现问题，都会影响食品的质量。相对而言，食品在冷藏库中贮藏时间越长，贮藏温度对食品的质量影响越大。在食品冷藏链中，温度一般是固定的，而贮藏时间是灵活的，要在食品的高质量贮藏期内将食品销售给顾客。

第一节　食品冷藏链发展概况

食品冷藏链的建立和实施需要具备的条件是：从生产到消费的全部环节均需要有完善的低温贮藏、运输设施，它包括生产第一线的冷藏、运输设施，从产地到销地的中转冷库和车、船、飞机等运输条件、市场批发、零售到家庭的冷柜、冰箱等设备所形成的连续系统；需要建立和具备对上述环节中全部温度、时间和品质状况进行控制管理的制度和机构；对冷藏链的所有环节的食品品质进行有效的监测、控制和管理的方法。

一、国外食品冷藏链发展概况

冷藏链的概念是1908年法国和英国学者提出的。1948年美国针对战后市场冷藏品品质低劣和必须加强管理的要求出发，用10年时间对各种食品在不同贮藏温度和贮藏时间内的品质变化状况，进行了10万个以上的采样测试和研究。1958年于其研究报告中提出了3点结论：①各种不同食品，在不同贮藏温度下品质的下降与其贮藏时间之间存在着一定的关系。②降低食品贮藏温度，可使食品品质的稳定度随之成指数关系增大。实用上保持稳定品质所需降低的温度应在−18 ℃以下。③时间、温度对于品质带来的损失量在整个保藏期间是不断累积的和不可逆的，贮藏的时间和温度两者对品质的影响顺序与积累下来的品质损失总量无关。由此提出了冷冻食品的贮藏温度、贮藏时间与允许限度的明确概念，并为国际冷藏行业所接受。同时提出为使多数食品保质期限达到1年，需把贮藏温度保持在−18 ℃以下，以及对于贮藏中品质变化的计算评价方法。

1958年，美国的阿斯德等人提出的冷冻食品品质保证的时间、温度、耐藏性的容许限度，即“3T”概念；TTT(time-temperature tolerance)是指冷冻食品在生产、贮藏及流通各个环节中经历的时间(time)和经历的温度(temperature)对其品质的容许限度(tolerance)有决定性影响。TTT理论是食品冷藏链的理论依据，用以衡量在冷藏链中食品的品质变化(允许的贮藏期)，并可根据不同环节及条件下冷藏食品品质的下降情况，确定食品在整个冷藏链中的贮藏期限。

接着，美国的左尔补充提出冷冻食品品质还取决于产品冻前质量、加工方式、包装等因素，即“3P”理论；后来又有人提出冷却保鲜、清洁、小心的“3C”原则。这些理论不仅成为低温食品加工流通与冷藏链设施遵循的理论技术依据，更重要的是它奠定了低温食品与冷藏链发展和完善的坚实的理论基础。

冷冻食品工业的显著增长出现于20世纪50年代末，这个阶段的发展直接或间接地归功于制造商。冷冻食品工业的发展促进了家用低温冷柜和冷藏箱的发展。冷冻食品工业的发展，总是与家用低温冷柜和冷藏箱密切联系的，同时与冷藏供应链相互促进又相互制约。20世纪60年代，干冰冷冻被制冷车所取代。人们用冷板车来制冷，这些板车在一天中提供10 h的低温效果，晚上可用压缩机进行制冷再装进保温室，这在单班运转中效果良好。同时，20世纪60年代末超市发展起来了，电视销售开始代替货运车销售，并很快进行得井然有序，发票和销售记录也采用了计算机处理。家庭、商店、旅馆、餐馆里所有低温制冷柜变得越来越普遍。由于把货物及时送到超市和其他大客户手中，必须采用专用车辆进行大批量发货，而且这种车辆带有货物处理设备。多班制系统需要运输途中制冷，这促进了引擎驱动的鼓风系统的运用。

进入20世纪90年代，销售系统已经由市场支配。世界速冻食品生产和销售方兴未艾，其增长速度高达20%～30%。美国、日本及欧洲一些国家已经形成原料产地加工、销售、家庭食用的完整冷藏链，保证了速冻食品工业化和社会化。设计和操作的变化必须满足不断增长的"上拉式"供应链的需要。这种方式主要是由消费者的需求所驱使的，冷藏链中各部门以及各企业之间是一种战略伙伴关系，因而共享信息和均衡利益。

由批发商提供冷冻食品的数量呈上升趋势，冷冻食品的顾客范围从旅馆到食堂及小型的自选商店，其特征是限量供货的快速流通。批发商店冷藏室主要是用作周转库而不是传统的冷藏库。随着超市业务的增加，为零售顾客推崇的个人小包订单有所下降，所有冷冻食品的运输现在都采用箱装和托盘装。

采用地区批发中心导致的另一个变化是多种温度混合型库的发展。这意味着冷冻、冷藏与常温货物可以放在同一场所来进行分发。在许多情况下由带多温度车厢的车辆来完成分发，即将冷冻、冷藏与常温货物放在隔开的具有不同温度的库房里，不同种类的冷冻食品放在库里不同的地方，从而使人们能够按照订单挑选货物，并在提供带多温度车厢的车辆的情况下按要求装货。一般而言，冷冻或冷藏货物常常用同一车辆相互隔开运送，而冷冻和常温货物很少放在一起运送。运送到超市的量通常要足够大，以保证冷冻货物和其他货物分开运送时满负荷装载。若分发库离超市不远，则分发库单独安排各类货物会更方便或经济。

以家用电冰箱为代表的家庭冷藏设备的普及与多样化，以及超级市场的出现促使那些易腐且具有高营养、高品质的食品以冷藏商品的形式进入市场，加之以微波炉为代表的家用解冻和热加工设备的问世及普及，推动了食品冷藏链的发展和完善。而促使这一切能顺利、迅速发展的真正市场原动力，则归功于家庭主妇的职业化使得家务劳动社会工厂化的需求的出现。国际上从20世纪30年代初期的冷藏链到50年代冷冻食品直接以商品形式出现，即指从生鲜食品的预处理、加工、包装、贮藏、运输到配送、销售在内各环节形成一种低温链环式结构，之后又经历了几十年，各类低温食品冷藏链才达到目前完善的程度。

目前，发达国家如西欧、美国、日本等冷藏链的建设已较完善。从20世纪70年代开始，零售环节的冷藏设备迅速发展，易腐食品亦以冷藏商品的形式进入市场，且已发展成为洲际运输。根据对世界冷藏货物贸易发展趋势分析，90年代后期世界冷藏货物运输发展将具有以下几个特点：①冷藏集装箱多式联运比重明显增加。②冷藏船托盘比例不断提高。③冷藏货物运输逐渐走向产、运、销一体化联合经营的道路。④发展高速通讯系统，使市场信息能瞬间交换。⑤冷藏货物运输需求不断增加。⑥过去采用航空运输的一些高档易腐货物，逐渐转向优质低价的冷藏集装箱海上运输。

近几年，最显著的变化可能是整个库存控制和订货系统的计算机化。对每个生产线产品使用条形编码的电子销售点（EPOS）系统意味着超市顾客结账和通过地区批发中心订货都能迅速、可靠地进行，甚至可进行与生产商联系、填补超市缺货等业务。

人工存货检查以及那些可能既费事又易出现差错的存货卡现已被条形码阅读机所取代。电脑已可以处理包括订货出库向分发公司运货、发票登记、存货控制和更新以及冷藏库内存货周转等所有业务。

目前，发达国家的易腐食品（以价值论）已经占到销售总量的50%，并且继续增长。这一方面与人们的生活质量提高与饮食习惯改变有关，另一方面也归功于易腐食品的生产、加工及贮运手段的改善。

对于供应链中的所有环节，许多专家正在一级和二级销售路线相结合的方法，来降低开支和改进其适应性。目前的趋势是零售商宁愿从工厂进货，也不愿依靠制造商发送到地区批发中心。这方面最可能的发展将会是承包商承包进行一级和二级销售，并期望结合销售路线使成本降低到最小值。

电子数据交换（EDI）是用来传输制造商和销售商之间的数据的。EDI加上EPOS数据的预测以及亲密的伙伴关系，将有助于零售商向着无库存分发的目标靠近。对操作计划的执行越严格，并减少高峰期对温控库的操作，越有助于减少地区批发中心的库存量以及在地区批发中心的车辆数，而且使管理也变得更加简单。

随着产品范围的扩大和销售信息的提前，越来越需要更快、更尖锐的贮藏技术与之相适应。随着存储量和场地尺寸的增加，无论是宽通道还是窄通道里都必须有可移动的搁架。

将来，一级供应链可能涉及通过专业或半专业的一级批发中心操作的大生产商，而中等或小型的生产商将通过他们自己的或零售商选择的一级批发中心操作。供应链中资产利用率的提高将取决于信息的传递，来自业务伙伴公司的全球策略，满载的稳定分发，低成本的货物处理系统和传送模式的灵活性。

二、我国食品冷藏链发展概况

我国食品冷藏链的发展可分为以下两个阶段。

第一阶段:食品冷藏链的形成阶段。我国食品工业中食品冷藏链的形成得益于以下4点。①从20世纪70年代中期至80年代中期,我国改革开放政策的成功,极大地提高了农、牧、渔业的劳动生产率,农村各类农副产品日见充沛,在自给有余的前提下,国家收购后需调节余缺。②为了解决生产季节性,调节市场均衡供应,食品冷藏链发展迅猛,日渐普及。基本做到各县城均有冷藏库,为贮藏易腐食品打下了坚实基础。③国家狠抓基础设施建设,国道、省级公路和铁路运输网初具规模,是发展食品贮运的又一坚实基础。④国家领导人的高度重视推动了我国冷藏运输设备的试制和生产。具备了这几个方面,尽管当时用保温车贮运易腐食品的数量远少于敞篷车贮运量,但是形成了我国食品冷藏链的雏形,只是当时还处于计划经济模式,同时也受到当时实际生产水平和国家综合经济实力的限制,食品冷藏链不可能有很大的发展。

第二阶段:食品冷藏链的高速发展时期。从20世纪90年代至今,我国对城市和工业经济成功地实行体制改革。同时,对外开放不断深入,外资和先进技术装备不断引进,国民经济飞速发展,国家综合实力和人民生活水平迅速提高,对食品的需求无论在数量还是在质量上提出了更高的要求,致使我国食品冷藏链进入蓬勃发展期。可以说,冷藏链的兴起和发展机遇是生产和生活水平提高到一定规模的必然产物。

我国的冷藏链从1954年开始建设,20纪世80年代后发展迅速。目前已出现了较为完整的冷藏链,从原料到消费每一个环节的冷藏链已经初步形成。目前,电冰箱的社会占有量在1.3亿台左右,在城市家庭中、冰箱普及率已达90%。介于两者之间的冷藏运输销售环节商用冷藏设施,由于造价高,普及使用受到一定限制。

商业用冷藏设施主要指商业零售环节冷藏设施,包括各种用途、各种形式和温度要求的冷藏柜。在20世纪90年代初,我国先后引进日本、美国技术,使商用冷藏柜生产有了相当数量和规模,产品的品种、型式也逐步适应了实际销售环节的需要,为完善食品冷藏链起了巨大作用。从整体冷藏链体系而言,中国的食品冷藏链还未形成体系,冷藏链发展的滞后在相当程度上影响着速冻食品产业的发展。

1. 食品冷藏链蓬勃发展的推动力

(1)加大改革开放力度,吸引外资和技术装备取得明显成效,相继引进多种先进的速冻装置、冷藏陈列柜、蒸发式冷凝器等制冷设备，开阔了视野，解放了思想。

(2)采用中外合资或资产重组的形式，消化吸收国外先进技术，对产品结构进行调整。以升级换代制冷设备(如蒸发式冷凝器、各种陈列柜、速冻装置、热泵机组等)替代传统产品，为食品冷藏链的发展提供了技术和装备保障。

(3)随着生产发展，生活节奏加快，人们生活方式有了很大变化。速冻小包装方便食品普遍地被接受。超市、大卖场、专卖店等新型零售业迅速发展。集中采购、统一配货的经营先进性规模效应凸显。据1997年统计，生鲜食品和冷冻食品经营额占超市总销售额的5.1%；据2006年统计，上海人均年消费量为：水果115 kg，蔬菜247.5 kg，水产食品27.8 kg，家禽14.6 kg，蛋制品12.2 kg。

(4)人们生活水平的提高，从温饱迈向小康，意味着消费水平的提高，讲究美味和营养，故优质高价客观上能够贯彻执行，由此，市场经济模式利益驱动促使食品冷藏链能快速发展。

(5)家电等相关行业的迅速发展使家庭电冰箱日益普及，以上海为例，1997年上海市区每百户家庭电冰箱拥有量为102台，市郊区居民为68台。

(6)高等级(高速)公路网络日益完善，至2006年底，我国高速公路总里程超过45 400 km，跃居世界第二。铁路运输设施几经改造，几度提速，使我国铁路运输能力大大提高，为食品冷藏链的蓬勃发展提供了重要保障。

(7)易腐食品每年的浪费是惊人的，发展冷藏链可以减少食品损失，节能和保护环境，有利于食品产业持续发展，思想认识的提高也推动了食品冷藏链的迅速发展。

2. *食品冷藏链发展过程中的制约力*　虽然20世纪90年代起，我国食品冷藏链发展很快，但由于各种原因也制约了食品冷藏链的进一步发展。

(1)关于速冻小包装食品，虽已有设备先进的合资企业生产高质量的速冻食品，但相当一部分企业设备陈旧，不具备速冻条件，生产规模小，品种少，资金不足，严重影响速冻食品技术装备的发展和质量的提高。就水产速冻食品而言，供货企业集团仅有几家，企业技术力量分散，劳动生产率低，缺乏品牌意识，产品只能以中低档为主。

(2)速冻食品生产缺乏统一质量标准、卫生标准和营养标准，使厂家无法可依，消费者无法衡量，不放心。有些产品虽有章可循，但限于经济、技术条件，使标准无法全面实施。

(3)速冻食品管理不规范。在相当长时期内无统筹管理。随着改革开放的深化，冷藏库面临体制改革和结构调整机制转换，门类多样化，品种多元化，客户多极化等问题。不少冷冻厂受资金和技术所限未能及时转轨，因此货源不稳定，使冷藏库周转利用率大成问题，不得已片面采取提高库温缩短开机时间的办法来降低成本。

(4)冷藏运输仍是发展我国食品冷藏链的瓶颈。目前全国每年需调运的易腐食品货物约 4 000 万 t，铁路调运约 100 万 t。冷藏列车不足 7 000 辆，约调运 250 万 t，其余 750 万 t 则有普通敞篷车运送。公路调运 600 万 t 左右，水路调运 40 万 t 左右。

(5)缺乏整体协调。食品冷藏每一个环节的企业员工及管理人员对冷藏链发展的全局观念和整体意识认识不足，只注意企业所处环节的发展环境，忽视对本环节员工岗位职责和质量意识的培训，对相邻环节提出种种要求，各环节之间缺乏整体协调。

(6)超市、大卖场等新的商界业态的涌现，改变了传统零售业的模式，如何建立社会化、专业化、现代化的货物配送中心，理顺各种关系，构建一个高效的销售交易体系，在认识上不统一。

3. 我国冷藏链发展中存在的问题

(1)冷藏链各环节的发展不平衡，缺乏上下游的整体规划和整合。

1954—1991 年，冷藏库容量由 3 万 t 增加到 450 万 t，增加了 135.4 倍，而冷藏运输工具中占主导地位的铁路冷藏车则由 587 辆增加到 5 094 辆，仅增加 7.7 倍，冷藏汽车、冷藏船和冷藏集装箱则增加的更少。到 2000 年冷藏保温汽车将达到 3 万辆(其中冷藏汽车占 40%)，比 1991 年的 15 000 辆再增加 1 倍，而同期铁路冷藏车预计可达到 8 000 辆左右，仅比 1991 年的 5 094 辆增加 0.57 倍。

在食品供应链上，既缺乏食品冷藏链的综合性专业人才，也缺乏供应链上下游之间的整体规划与协调，因此在一些局部发展中存在严重的失衡和无法配套的现象，例如：在冷库建设中就存在着重视肉类冷库建设，轻视果蔬冷库建设；重视城市经营性冷库建设，轻视产地加工型冷库建设；重视大中型冷库建设，轻视批发零售冷库建设。1991 年底，商业、农业、外贸和轻工业 4 个系统共拥有冷库 413.5 万 t(不包括沿海地区无数小冷库)。其中，低温库(贮存肉、鱼)302 万 t，占 73%，高温库(贮存蛋、水果)111.5 万 t，仅占 27%；1993 商业系统冷库为 2 238 座。容量 271 万 t，其中，产区占 40%，都是小冷库，销区占 60%。冷库主要是销地发展快，尤其是经济发达地区，主要是经营性冷库，现在供不应求。目前冷藏链的建设基本限于大、中城市的冷藏库建设，全面的冷藏链建设尚未形成，更没有形成冷藏链的健全体系和连贯的贮运能力。

(2)食品冷冻加工良莠不齐，国产速冻设备质量不高。

冷冻食品企业规模小、实力弱、经济效益低。目前全国 2 000 余家冷冻食品生产企业，产量稳定在万吨以上的为数不多。加入WTO以后，我国市场将面临全方位的开放，不再存在政府保护措施，外国企业将全面挑战我国冷冻食品行业。因此，加快冷冻食品行业的发展，加快产品的标准化工作，为行业的发展做长远的准备。据估计，目前全国每年生鲜食品冷加工（慢冻、速冻、冷藏和冷保鲜）量为800万～1 100万t，占生鲜食品总产量的2%左右。其中冷冻、冷藏食品年生产量约350万t，年增长率达25%。厂家提供的水产类、畜禽肉类、果菜类和调理食品四大类近200个冷冻、冷藏品种，发展虽迅猛，但在食品冷藏链中流通的冷冻食品包装是一个亟待解决的问题。目前市场上流通的冷冻食品包装缺少必要的保温性能，在常温下包装品温升得快，对冷冻食品的品质影响很大。

冷冻食品的加工很不规范，虽然在生产设备和生产品种上都有一定的改观，但并没有完全适应市场发展的需要。由于在政策法规、管理体制、产业布局、产品质量、产品标准等方面缺乏统筹规划和指导，生产处于无序状态，市场比较混乱，加之在促进和引导消费方面工作力度不够，规模生产和统一的大市场尚未形成。

我国一些引进技术和设备的企业，产品水平接近国际先进水平，但设计能力、装备制造能力、技术服务能力等仍有差距。国内速冻机生产虽有一定基础，但是与国外同类产品相比存在着体积庞大、笨重、低温性能差、能耗高等问题。目前国内速冻机几乎全部采用轴流风机，与进口样机所采用的低噪声、低能耗、大风量、变频调速离心风机有较大的差距。速冻食品一年四季产品变换几十种甚至几百种，若固定一种风压与风量，不能适应不同食品品种的要求。国内一些速冻机配件生产厂生产的传送件与国外同类产品的差距，主要是外形粗糙、精度较差、使用性能不稳定。

(3)冷藏链的发展仍处于无序状态，管理亟待加强。

有资料表明，目前全国冷库的实际利用率尚不足40%。在冷库建设中还存在一些误区，重视肉类低温冻结冷库的建设，忽视果蔬高温保鲜冷库建设；重视城市经营性冷库建设，忽视产地加工生产性冷库建设；重视大中型冷库发展及管理，忽视批发销售小冷库的发展及管理。

冷冻食品生产没有统一的行业标准和规范可循。当前，商业系统、轻工系统、外贸系统、水产系统都在各自生产冷冻食品，没有统一的行业标准和规范可遵循，管理处于无序状态，导致冷冻食品的质量参差不齐。在冷冻加工品种、数量、质量、包装及管理等方面尚存在一些隐患。其一，宏观管理失控致使行业管理混乱，产品质量低下，相关生产、运输、销售等的标准和法规的制定相对滞后；其二，产品质量无章可循，品种单调，重复现象严重；其三，销售条件欠缺。

易腐食品的产、运、销部门互相分割，没有冷藏链的统管机构。按照社会分工，农业部门管农业生产，交通部门管运输，商业部门管购销是无可厚非的，但是，作为系统工程的冷藏链，由于没有统管机构，也就无人从冷藏链的全局考虑各环节的综合发展，不考虑与其他环节的衔接与配合。例如，农业部提出的“菜篮子”工程，主要是抓“菜园子”和“菜摊子”，而忽视了运菜的车子。又如，作为运输易腐食品的冷藏车、船，分属铁路、商业、水产等部门所有，由于管理体制的限制，它们只能在本单位内部使用，单位与单位之间在忙闲余缺时不能互相调剂，影响这些运输工具的充分利用。

(4)食品冷藏链的硬件设施建设欠账太多。

汽车冷藏车辆：目前，中国保温车辆约有 3 万辆，而美国拥有 20 多万辆，日本拥有 12 万辆左右。中国冷藏保温汽车占货运汽车的比例仅为 0.3%左右，美国为 0.8%～1%，英国为 2.5%～2.8%，德国为 2%～3%。欧洲各国汽车冷藏运量占比为 60%～80%；中国汽车冷藏运输占比约为 20%。

铁路冷藏车辆：在全国总运行车辆 33.8 万辆中，冷藏车只有 6 970 辆，占 2%，而且大多是陈旧的机械式速冻车皮，规范的保温式的保鲜冷藏车厢缺乏，冷藏运量仅占易腐货物运量的 25%，不到铁路货运总量的 1%。

食品冷藏运输率：食品冷藏运输率是指易腐食品采用冷藏运输所占的比例。欧、美、日等国均达到 80%～90%，前苏联和东欧国家约 50%。目前我国每年需调运的易腐食品约 4 000 万 t，食品冷藏运输率为 10%左右。目前，我国易腐物品装车大多在露天而非在冷库和保温场所操作，80%～90%的水果、蔬菜、禽肉、水产品都是用普通卡车运输，至多上面盖一块帆布或塑料布。

冷库容量：中国目前的冷库总容量为 700 多万 t，很多冷库只限于肉类、鱼类的冷冻贮藏，而当生产淡季和原料资源不足时，冷库往往处于闲置耗能状态。我国现在每年冷库的库容在快速增加，但是在一些地区，货源没有随着冷库的增加而增加，冷库空置率增高，储存量只占其库容量的 20%～30%。我国目前部分冷库的冷冻技术仍旧保留着老一套的制冷工艺和技术，相当于国外 20 世纪 80 年代的水平。

从上述情况来看，中国目前的冷藏链设施和冷藏链物流装备不足，原有设施设备陈旧，发展和分布不均衡，无法为易腐食品流通系统地提供低温保障。由此产生两个直接后果，一是易腐食品特别是初级农产品的大量损耗，由于运输过程中损耗高，整个物流费用占到易腐物品成本的 70%，而按照国际标准，易腐物品物流成本最高不超过其总成本的 50%。二是食品安全方面存在巨大隐患。

(5)冷藏链配送技术落后，冷藏物流技术亟待提高。

冷藏保鲜装置和冷藏陈列柜在大中城市中较大型的商场、食品超市或冻品专卖店配置较为齐全，但小城镇和农村市场的冷藏设备配置发展较缓慢；且国产冷柜质量参差不齐，性能不稳定，造成冷藏链中断；而进口冷柜价格又昂贵，令商家却步。我国目前能耗少的冷柜产品也仅达欧盟的B，C级能耗水平。食品冷藏柜设施运行服务队伍尚未走向专业化、独立化。

我国的冷藏物流技术有待发展，高损耗的主要原因是缺乏有效的温度控制设施投入。虽然，我国近年来在冷藏物流技术上有了比较大的进步，但是总体上不仅技术和发达的西方国家有差距，而且缺少训练有素的冷藏物流供应链管理和操作人员，许多先进的全程冷藏控温运行管理制度也还在建立中，并不能及时使用，导致各个环节上的信息阻塞，易腐制品在运输途中经常发生无谓的延误，进一步加大了风险。

(6)食品冷藏链的市场化程度很低，第三方物流服务不能到位。

中国易腐食品除了外贸出口的部分以外，大部分在国内流通的易腐食品的物流配送业务是由生产商和经销商完成的，食品冷藏链的第三方物流发展十分滞后，服务网络和信息系统不够健全，大大影响了食品物流的在途质量、准确性和及时性，同时食品冷藏链的成本和商品损耗很高。冷藏物流市场还没有形成规模，缺乏一批有影响力、全国性的第三方冷藏物流公司。

目前绝大多数的冷藏物流供应商只能提供冷藏运输服务，而并非真正意义上的冷藏物流服务，和普通的第三方物流相比较，冷藏物流除了要考虑服务价格和对分销渠道控制因素以外，生产商更多的是要考虑控制产品的质量和服务的质量。当然，国内现在很少有供应商可以能够保证对整个供应链的温度控制，这就使得国内大多数的冷藏食品的生产厂家也无法把整个冷藏物流业务外包，只能是自营冷藏物流，即使是外包，也是将区域性部分配送和短途冷藏运输外包。这在很大程度上也阻碍了我国第三方冷藏物流的发展。现在许多积极进入冷藏食品市场的企业无法在国内销售上得到第三方冷藏物流的支持，结果造成了冷藏食品的区域性过剩，大大挫伤了这些生产商的积极性和市场的健康发展。

运输冷藏货物不同于普通货物，要想有效地运作冷藏物流，达到保证货物质量和服务最佳的目的，必须建立起一套完整的冷冻物流链系统，严格点到点的温度控制，同时货物从一个地点运输到另一个地点，既不应暴露在空气中，也不应该承受温度的剧烈变化。同时，货物对到达地也必须要严格要求温度。这些都不仅需要有构造精良的冷藏运输设备，而且还需要专业的运输管理机制，才能有效完成货物的保鲜质量和运输的经济效益。

三、我国食品冷藏链的发展趋势

(一)我国食品冷藏链的未来发展趋势

(1)我国逐步健全有利于低温食品产业健康发展的标准体系和标准监督实施体系改建,建立有预冷等多道流程,使货物多存量、在保证产品品质的条件下宏观调控低温食品的产量及品种协调搭配。

(2)对我国现有大容量设计的冷库进行必要的改装、按单行线单进单出,避免污染。引导冷库由原来的大批量、少品种、多存量、存期长向小批量、多品种、少存量、多流通形式转化,以灵活的方式适应多品种、全方位的发展趋势。

(3)引入市场竞争机制,建立适合我国国情的冷藏运输体系下,大力发展公路冷藏运输。提高鲜活易腐货物冷藏运输率,逐步完善易腐食品冷藏链;同时,应加大对现有冷藏运输管理体制的改革力度,为冷藏运输行业的大发展创造宽松的外部环境,建立由铁路、公路、水路齐上的多渠道、多层次的冷藏运输格局。

(4)做好超市店中冷藏柜的选型、设计以及规范管理工作。冷藏陈列柜的形式多样、功能齐全和运行节能是我们今后选型的主要标准,低温食品的发展突出一个主题即新鲜、安全、营养、卫生。因此,除了严格控制从产地到生鲜加工厂的原料品质及良好的生产操作条件外,还应改善超市冷藏设施的贮藏条件和卫生环境,以减少生鲜食品在此环节中因不良外界条件而导致品质老化所造成的损耗,从而降低成本。

(5)开发制造用抗菌材料生产的新一代环保无菌和节能化的冷藏设施,无菌冰箱及冷柜的普及意味着冷藏链的进一步完善,对保持食品高品质将起到巨大的作用。

(6)建立专业物流配送中心及专业化、独立化的食品冷藏柜设施运行服务队伍。生鲜食品的健康发展,必须实现产、供、销各环节的密切合作,逐步建立起紧凑的一条龙生产、加工、营销体系。尤其在配送营销方面,保持冷藏链的完整对于保证生鲜食品品质是最为重要的手段。配送中心应经常了解消费需求,掌握市场动态,适时改善配送条件及配送品种与数量。

(二)我国食品冷藏链未来发展应采取的措施

(1)推动建立多种模式的食品冷藏链体系建设。目前国际上比较成型的食品冷藏链有两种模式:一是以企业为主体的食品冷藏链体系,这种模式在美国、日本和西欧比较普遍;二是以保证大量食品的一般质量、降低在途损耗的价格与品质模式,这种模式一般为发展中国家采用。根据中国食品冷藏链物流的发展现状,应该推进多种冷藏链模式的发展，一方面依靠农业龙头企业和大型食品企业，发展以核心企业为轴心的食品冷藏链体系，串联供应链上下游，逐步形成覆盖分类食品产业的冷藏链保障体系；另一方面在建设农产品绿色大通道的基础上，建设连接农产品主产区和消费地的食品冷藏链物流主干网络，提高大批量食品物流的安全保障水平。

借鉴西方发达国家的经验，建立一个能满足消费者、供应商和零售商三方面需求的、一体化的冷藏链物流模式，即由供应商将货物运送到主要城市冷藏链物流整合中心，整合后进行长途运输，由地区整合中心进行装箱提货和当地运送，再整合后发送到零售直销点。在整个过程中均有严格的温度控制，实现实时监控和生熟食分开，经过培训的员工需掌握正确的装卸和贮存方法，通过这些环节来保障食品的安全。加入到冷藏链联盟中来的零售商、供应商、服务及运输设备的供应商，都将受益。对零售商而言，一体化的冷藏链可减少库存，降低损耗，提高地理覆盖率；对供应商而言，可有效改善冷藏链食品的流通效率，降低食品的损坏率；对服务和设备供应商而言，可通过向生产商、零售商和第三方物流商提供配送服务而获益。此外，冷藏链联盟的一体化不仅应体现在物流运输模式上，同时也应联合行业力量，建设中国冷藏链物流资源信息平台。如利用网络技术，动员全国冷藏行业的车辆、冷库，实现冷藏链物流核心资源的“透明”查询和网上交易，达成冷藏运输和冷库租赁业务在全国范围内的互联合作，降低车辆空载率，降低待货时间，提高冷库利用率。

(2)加强冷藏链食品标准和食品冷藏链标准的建设。我们不仅要从“硬件”上下功夫改善我国的冷藏链物流和冷藏链食品安全，同时也要注意平衡“软件”的发展，即冷藏链食品标准和食品冷藏链标准的建设。目前来看，我国除了未形成完整独立的食品冷藏链体系外，与食品冷藏链相关的国家标准目前仍是空白。冷藏链的实施没有国家或行业的专项标准制约，只有一些大型食品加工企业自身订了一些标准，因此在监管上也是空白。要尽快建立冷藏链食品标准和食品冷藏链标准，将其纳入食品市场准入制度中。建立有效的监管机制，严密监测易腐食品在冷藏链各个环节中的运行状况。

(3)改善冷藏链基础设施，充分利用现有的冷藏库设备。从政府层面来看，改变国内落后的冷藏链物流面貌已经被提到议事日程。2004年底，国务院在“关于进一步加强农村工作提高农业综合生产能力若干政策的意见”中明确提出，各地要“加快建设以冷藏和低温仓储运输为主的农产品冷藏链系统”。2005年底我国已基本建成全国鲜活农产品流通“五纵二横绿色通道”网络，首次构建全国范围的低成本鲜活农产品运输网络。这一网络将利用现有的国道网，总里程将达到2.7

万 km,较原有的“绿色通道”增加 1.6 万 km。网络建成后,将直接连通全国 30 多个省会城市、71 个地市级城市,形成覆盖所有具备一定规模的重要鲜活农产品生产基地和销售市场。

(4)加强宏观调控,规范冷冻食品业的生产行为。我国速冻食品加工企业目前隶属部门过多,生产水平参差不齐,标准滞后,真正形成规模并实现了工业化生产的企业很少。随着人们生活水平的提高,国内冷冻食品市场前景广阔,同时部分特色冷冻食品也可出口。作为新兴行业,国家应对其进行宏观调控和指导,尽快制定全面的质量控制标准,实行标准化、规范化管理,推行 GMP 和 HACCP,使之成为我国食品行业新的经济增长点。

(5)加强加工和销售全过程的质量管理:加工过程应遵循 3C,3P 原则。“3C 原则”是指冷却(chilling)、清洁(clean)、小心(care)。也就是说,要保证产品的清洁,不受污染;要使产品尽快冷却下来或快速冻结,要使产品尽快地进入所要求的低温状态;在操作的全过程中要小心谨慎,避免产品受任何伤害。“3P 原则”是指原料(products)、加工工艺(processing)、包装(package)。要求被加工原料一定要用品质新鲜、不受污染的产品;采用合理的加工工艺;成品必须具有既符合健康卫生规范又不污染环境的包装。

贮运过程应遵循 3T 原则。“3T 原则”是指产品最终质量还取决于在冷藏链中贮藏和流通的时间(time)、温度(temperature)、产品耐藏性(tolerance)。“3T 原则”指出了冻结食品的品质保持所允许的时间和品温之间存在的关系。冻结食品的品质变化主要取决于温度。冻结食品的品温越低,优良品质保持的时间越长。

质量检查要坚持“终端原则”。水产品的鲜度可以用测定挥发性盐基氮等方法来进行。不管冷藏链如何运行,最终质量检查应该是在冷藏链的终端,即应当以到达消费者手中的水产品的质量为衡量标准。

建立现代化生产、加工、贮运、解冻、销售等设备保证体系。这是冷藏链的硬件保证条件之一。发展和建设冷藏链应该有合适的冷藏库和专业生产企业,能生产国产的质优价廉的速冻装置、冷藏保温车、冷藏集装箱、冷藏柜、解冻装置与生产冷冻食品相关的辅助设备。目前国内的生产企业,在这方面还没有形成能与国外产品相抗衡的质量、能力和规模。

(6)加速速冻机械和食品加工机械设备的研发。目前使用的国产速冻机能耗大、制冷量小、冻结温度高,达不到速冻要求,且产量小,不能满足大批量生产的需要。而进口速冻机的价格较高,一般企业难以承受,因此应大力开发国产速冻机。速冻机除目前使用的带流化床的速冻机外,还应开发螺旋速冻机、液氮喷淋速冻机。当前我国冷冻食品企业多数工艺仍采用手工或半机械化操作,由此引起了微生物污染、产品规格不一等问题。为此，应加快速冻食品机械的研发工作，本着"设计一代，研制一代，开发一代"的原则，提高速冻食品工业的装备水平。

总之，我国速冻食品从生产企业—零售商店—家庭的冷藏链已基本形成。冷藏链物流系统提供了一种全新的冷冻货物流通支持，充分实现了从生产、加工、运输到销售过程中多个不同环节之间的高效无缝对接。这种全新的货物流通系统已越来越受到重视，并不断完善。随着人民生活水平的提高，对食品的卫生、营养、新鲜、方便性等方面的要求也日益提高，冷藏链的发展前景将十分广阔。

第二节　速冻食品的冷藏

一、速冻食品冷藏过程中的质量变化

食品经速冻后，只要在适宜的条件下贮藏，可能有很长时间的贮藏期。但速冻食品在贮藏期间，由于各种因素的影响，还会发生一些不良变化，严重的能影响食品品质。

（一）冰晶的成长和重结晶

食品冻结后，冰晶体的大小不会完全均匀。在相同温度下，冰结晶的蒸气压＜液态水的蒸气压，大型冰晶的蒸气压＜小型冰晶的蒸气压。在蒸气压差的推动下，在冷藏期间细小的冰晶会逐渐合并，成长为大的冰结晶。当温度发生波动时，含溶质较多的冰晶体首先融化，水分通过细胞膜扩散到细胞间隙的高温冰晶体上，在降温时再次结晶，使冰晶体颗粒增大。冰结晶的成长和重结晶会使细胞受到严重的机械损伤并促进蛋白质的变性。

（二）干耗与冻结烧

冷藏食品与冷藏室的空气之间存在一个温度差，促使水分从食品中不断地升华到空气中。循环的空气在流经空气冷却器时受到冷却，露点下降而使吸收的水蒸气在蒸发管表面凝结成霜。周而复始的升华—凝结过程使食品不断干燥，并由此造成重量损失，即干耗。

随着贮藏期的延长，冻结食品发生干耗时，食品表面的水分不断升华，内部的水分不能向表面补充，造成食品表面呈多孔状，从而增加了食品与空气中氧的接触面积，使食品脂肪、色素迅速氧化，造成食品变色、变味、脂肪酸败、芳香物质挥发、蛋白质变性和持水能力下降。速冻食品在冷藏过程中因严重干耗而引起的脂

肪氧化,表面黄褐变的现象,通常被称为冻结烧。

冷藏食品的干耗与冻结烧,可以用镀冰衣和包装的方法加以防止,特别是多脂鱼类,在冰衣中加入抗氧化剂还能有效防止脂肪氧化。镀冰衣也叫包冰衣,是冻结食品表面附着一层冰膜的工艺方法。单个速冻食品如冻虾仁、扇贝等表面往往镀有冰衣。它可以减少干耗,使食品与空气中的氧气隔绝而延缓氧化,有利于保持冻品的品质。包冰衣时可适当添加抗氧化剂或防腐剂,也可适当添加附着剂以增加冰衣对水产品的附着。但是包装食品周围空气温度的波动能够使包装袋内部形成温差,促使水分发生迁移。例如,冰晶体可以在整个家禽的腹腔内形成或在包装袋的空隙处形成。

(三)化学变化

速冻食品在冷藏期间也会出现不同程度的化学变化,如维生素的降解,色素的分解,类脂物的氧化,某些化学变化引起的组织软化等,这些变化在－18 ℃下进行是缓慢的,温度越低则变化越慢。

肉的鲜红色是肌红蛋白的颜色,在冷藏过程中,肌红蛋白中的亚铁离子被氧化而生成暗红色的高铁肌红蛋白。美拉德反应在冷藏期间也在缓慢地进行,使鱼肉等变色。

速冻果蔬制品的色泽发生变化的原因有:酶促褐变;非酶褐变;色素的分解以及因制冷剂泄露造成的食品变色,如氨泄露时,红色胡萝卜会变成蓝色,洋葱、卷心菜、莲子的白色会变成黄色等。

速冻食品在贮藏过程中出现冰的升华作用,使产品表面变色。采用不透气的塑料薄膜包装或在产品表面保持一层冰晶层以及提高库内相对湿度都是有效的防止措施。

二、冷藏温度的选择

食品的冻结温度以及在贮运中的冷藏温度应在－18 ℃以下,这是对食品的质地变化、酶性和非酶性化学反应、微生物学以及贮运费用等所有因素进行综合考虑论证后所得的结论。

对于速冻食品而言,冷藏温度越低,越有利于保持冷藏品质。但考虑到有关的设备维护、能源消耗、日常运转等费用以及运输过程中的温度控制等诸多因素,过低的温度没有必要也不太现实。

选择－18 ℃以下的温度作为冻结和冷藏的最高温度,是根据大量实际数据并在食品品质和相关费用相互协调一致的情况下做出的结论。从微生物控制学角度分析，病原菌在 3 ℃以下就不再生长繁殖，一般食品腐败菌在－9.5 ℃以下也无法生长活动，因而选用－18 ℃似乎没有必要。然而，实际上运输和冷藏中不可能始终精确地维持所选的温度，温度波动很难避免，一些在低温下仍能活动的低温菌的控制要有效，而－18 ℃对控制这类菌比较保险。

控制酶的活性，－18 ℃这一温度并不能说已足够低了，因为在－73 ℃的温度下仍有部分酶保持着活力，尽管酶的反应非常缓慢。在同样温度下，酶在过冷水中的活动力比在冻结的水中强。在温度为－9.5 ℃时，食品中仍然保持着大量未冻结的水分，故在这一温度下长时间贮藏，食品会发生严重的酶性变化，其中尤以氧化反应最为明显，导致食品变质。－18 ℃足以延缓食品中大多数酶的活动，但速冻果蔬制品在冻结前，必须采取烫漂或化学处理来破坏酶的活性。

如果食品冻结到－18 ℃以下，并在该温度下冷藏，能较好地维持原始品质，并获得适宜的贮藏期。在－18 ℃温度下，如果包装合理，很多速冻食品的贮藏期可达 12 个月以上。

三、速冻食品的冷藏管理

为了使速冻食品在较长贮藏时间内不变质，并随时满足市场需要，必须对保藏的速冻食品进行科学的管理，建立健全卫生制度，产品出入管理严格控制，库内食品的堆放及隔热都要符合有关规程的要求。

(一)冷藏库使用前的准备工作

冷藏库应具备可供速冻食品随时进出的条件，并具备经常清理、消毒和保持干燥的条件；冷藏库外室、过道、走廊等场所，都要保持卫生清洁；冷藏库要有通风设施，能随时除去库内异味；库内所有的运输设施、衡器、温度探测仪、脚手架等都要保持完好状态，还应具有完备的消防设备。

(二)入库食品的要求

凡是进入冷藏库的食品必须清洁、无污染，要经严格检验合格后才能进入库房，如果冷藏库温度为－18 ℃，则冻结后的食品入库前温度必须在－16 ℃以下；在速冻食品到达前，应做好一切准备工作，食品到达后必须根据发货单和卫生检验证，进行严格验收，并及时组织入库。入库时，对强烈挥发性气味和腥味的食品以及要求不同贮温的食品应入专库贮藏，不得混放。已经有腐败变质或异味的速冻食品不得入库；要根据食品的自然属性和所需要的温度、湿度选择库房并力求保持库房内的温度、湿度稳定。库内只允许在短时间内有小的温度波动，在正常情况下，温度波动不得超过 1 ℃，在大批速冻食品入库出库时，一昼夜升温不得超过 4 ℃，冷藏库的门要密封，没有必要一般不得随意开启；对入库冷藏食品要执行先入先出的制度，并定期或不定期地检查食品的质量。如果速冻食品将要超过贮藏期，或者发现有变质现象时，要及时进行处理。

速冻完成并包装好的速冻食品，要贮于－18 ℃或更低温度的冷库内，且要求控制贮温稳定、少波动，不与其他有异味的食品混藏。

（三）速冻食品贮藏的卫生要求

速冻食品应堆放在清洁的垫木上，禁止直接放在地面上。货堆要覆盖篷布，以免尘埃、霜雪落入而污染食品。货堆之间应保留 0.2 m 的间隙，以便于空气流通。如系不同种类的货堆，其间隙应不小于 0.7 m。食品堆码时，不能直接靠在墙壁或排管上。货堆与墙壁和排管应保持以下的距离：距设有顶排管的平顶 0.2 m；距设有墙排管的墙壁 0.3 m；距顶排管和墙排管 0.4 m；距风道口 0.3 m。

（四）消除库房异味

库房中的异味一般是由于贮藏了具有强烈气味的食品或是食品发生腐败所致。各种食品都具有各自独特的气味，若将食品贮藏在具有特殊气味的库房里，这种特殊气味就会传入食品内，从而改变了食品原有的气味。因此，必须对库房的异味进行消除。

清除异味除了加强通风排气外，现在库房广泛使用臭氧进行异味的消除。臭氧以其强烈的氧化作用可以用来杀菌，也可以消除异味。但在使用臭氧的过程中一定要注意安全和用量，不得在有人时使用臭氧。

库房还要及时灭除老鼠和昆虫，它们除了会造成食品污染外，还会对库房内设施造成破坏，因此应设法使库房周围成为无鼠害区。

第三节　速冻食品的运输

速冻食品的运输是食品冷藏链的重要环节之一，需采用冷冻运输设备。冷冻运输设备是指在保持一定低温的条件下运输冷冻食品所用的设备，是食品冷藏链的重要组成部分。发达国家的冷藏运输工具有铁路冷藏火车、冷藏汽车、冷藏挂车、半挂车、冷藏船和冷藏集装箱。在中国，铁路冷藏火车仍是长途冷藏运输的基本工具，但公路冷藏运输工具也已处于蓬勃发展的阶段。在竞争中，铁路冷藏火车有逐渐被公路冷藏汽车和冷藏集装箱排挤的趋势。目前，许多国内速冻食品生产企业都具有自己的保温交通运输工具，应保持其设施的完好性能，不至于使速冻食品质量半途而废。

一、速冻食品对冷藏运输设备的要求

速冻食品的流通有其特殊性，从运输途中到销售网点，每一个环节都必须维持适宜的低温，即保持不超过－18 ℃的温度，这是保证速冻食品的质量必须满足的基本条件。速冻食品对冷藏运输设备的要求如下：

(1)具有一定的制冷能力，能及时排除外界侵入的热量，使食品保持规定的温度；有装货设备、通风循环设备，以保证货物合理装载，保证运输设备内温度均匀，必要时有可能换气。

(2)具有隔热处理的壳体，减少外界侵入热量。现在冷藏车已将传热系数 K 降到 0.23 $W/(m^2 \cdot K)$以下。

(3)能根据运输食品的种类，调节控制设备内的温度。

(4)制冷装置在设备内占用空间要少。

(5)制冷装置要轻，安装稳定，安全可靠，不易出故障。有可靠的测温仪表，以正确反映运输设备内的温度状况。

(6)运输成本要低。

二、食品冷藏链运输设备

常用的食品冷藏链运输设备有冷藏火车、冷藏汽车、冷藏船、冷藏集装箱等。

(一)冷藏火车

我国的铁路冷藏火车分为冰冷藏火车和机械冷藏火车两类。冰冷藏火车包括冰制冷的冷藏火车、干冰制冷的冷藏火车，主要是 B_6 型车顶冰厢式冷藏火车。目前我国运用的机械冷藏火车中，有 10 辆一组的 B_{18} 型，9 辆一组的 B_{20} 型，5 辆一组的 B_{19} 型及进口的 B_{21} 型与 B_{22} 型，还有在 B_{22} 型基础上生产国产化的 B_{23} 型。

冷藏火车在车内之所以能保持一定的温度，是因为使外界传入的热和货物本身发出的热不断被车内的冷源(冰盐或机器)所吸收，建立了车内热平衡所致。就冷藏性能来说，总的是机械冷藏火车优于冰冷藏火车。如各型车按性能优劣顺序排列将是 B_{22}(包括 B_{21}, B_{23})，B_{20}，B_{18}，B_6。

1. 冰制冷的冷藏火车　这种冷藏火车的冷源是冰。车厢围护结构敷设隔热层，传热系数为 0.4～0.7 $W/(m^2 \cdot K)$。常用的是 B_6 型车顶冰厢式冷藏车。B_6 型车顶冰厢式冷藏车的车体是全钢焊接结构，外墙板、外顶板均采用钢板。隔热材料为聚苯乙烯泡沫块拼装，侧墙厚 206 mm，车顶厚 210 mm，隔热层厚 181 mm。车门为双扇铰链式，门孔尺寸为 1 430 mm×2 034 mm，隔热层与车墙同厚。在车门上装有手把和曲轴锁闭设备，以便于关闭。车门周边装有密封用胶皮片，以保证气密性良好。为减轻车体重量，车门和冰箱盖采用钢板和玻璃钢混合结构。

B_6型车顶冰厢式冷藏车的冰箱盖也是双扇式，也装有曲轴锁闭设备，内部也铺有隔热材料。在车顶上，除 7 个冰箱盖外，还有两个通风口盖，成对角地装在车辆两头第一、二冰箱之间的一侧，通风口盖也是隔热的。此外，车顶上还有 4 个排水器罩盖。

这种冷藏火车分为带冰槽和不带冰槽两种。

(1)不带冰槽的冷藏火车。主要用来运输不怕与冰、水接触的冷冻水产品。运输冷藏鱼时，鱼箱中装有碎冰，将鱼箱码放在车厢里，再在鱼箱顶部用碎冰覆盖。车箱底面有排水管将融化的冰水排出车外。

(2)带冰槽的冷藏火车。若冷冻食品不宜与冰、水直接接触，要用带冰槽的冷藏火车。带冰槽的冷藏火车车厢长 14～16 m，宽 2.9 m，高约 3 m，有效装货容积 62～75 m^3，载重量 25～30 t，装冰 6～7 t。围护结构传热系数为 0.47～0.7 W/(m^2·K)。

冰槽可以设在车厢顶部，也可以设在车厢两头。冰槽安装在车厢顶部时，冰槽外表面会结露。为防止露水滴落在食品上要用防水材料将食品覆盖住。此外，这种冷藏火车在电气化线路上运行时，从车厢顶部往冰槽里加冰很麻烦，而且有一定的危险性，若冰槽设在车厢两头，为使冷空气在车厢内均匀分布，需安装通风机。

若车厢内需维持 0 ℃以下的低温，可用冰盐混合物代替纯冰，车厢内温度最低可达－8 ℃。但融化形成的盐水排出车外对线路设施有一定的腐蚀性。

2. 干冰制冷的冷藏火车　若食品不宜与冰、水直接接触，也可以用干冰代替冰。可将干冰悬挂在车厢顶部或直接将干冰放在食品上。用干冰冷藏运输新鲜食品时，空气中的水蒸气会在干冰容器表面上结霜。干冰升华完毕后，容器表面的霜会融化成水滴落在食品上，为此，要在食品表面覆盖一层防水材料。

3. 机械制冷的冷藏火车　我国于 20 世纪 50 年代开始运用进口的成列机械冷藏车，1958 年开始自行设计研制 5 节一组的机械冷藏车，1979 年开始小批量生产。机械制冷的冷藏火车有两种。一种是每一节车厢都备有自己的制冷设备，而且用自己的柴油发电机驱动制冷压缩机。这种冷藏火车，可以单辆与一般火车厢编列运行。制冷压缩机由内备的柴油发电机驱动；也可以由 5～20 辆冷藏火车组成机械列，由专用车厢装备的列车柴油发电机统一发电，向所有的冷藏车厢供电，驱动各辆冷藏火车的制冷压缩机。另一种冷藏火车的车厢中只装有制冷机组，没有柴油发电机。这种火车不能单辆与一般货物列车编列运行，只能组成单一机械列运行由专用车厢中的柴油发电机统一供电，驱动制冷压缩机。

机械制冷的冷藏火车车厢长 15～21 m，宽 2.8～3.1 m，高 3.1～4.4 m，有效装货容积 70～90 m^3，载重量 30～40 t。采用聚苯乙烯泡沫塑料和聚氨酯泡沫塑料作隔热层，围护结构传热系数为 0.29～0.49 $W/(m^2 \cdot K)$。制冷机为双级氟利昂半封闭式压缩机，其标准产冷量为 10.5～24.4 kW。车厢内温度维持在－18℃。

冷却空气在冷藏车内的均匀分布十分重要。利用通风机强制空气流经蒸发器，冷却后的空气沿顶板与厢顶形成的风道流动，并从顶板上开设的缝隙沿着车厢侧壁从上向下流动，冷空气流过食品垛后温度升高，由垛下的回风道被通风机吸回，重新冷却。行车时车内温度基本上可由一台制冷机组维持，另一台制冷机组备用。必要时可同时启动两台制冷机组。为了在很低的外界温度下运行时保持规定的车厢温度，有的冷藏火车备有电加热装置。

机械制冷的冷藏火车的优点是：

(1)由于使用制冷机，可在车内获得与冷藏库相同水平的低温，可以在更广的范围内调节温度；可以有较大的能力使热货降温；并可在车内保持更均匀的温度，因而能更好地保持易腐货物的质量。

(2)内部备有电源，便于实现制冷、通风、循环、融霜的自动化。

(3)由于在运行过程中不需要加冰，因而可缩短运输时间，加速货物送达，加速车辆周转。

但与冰冷藏火车相比，机械制冷的冷藏火车也存在着造价高，维修复杂，需要配备专业乘务人员和维修运用段以及成批运行，一次装卸货物批量大，因而运用不够灵活等缺点。

从目前冷藏运输结构分析，我国现在公路冷藏运输量不到 20%，铁路冷藏运输量占 55%左右，在欧美等发达国家，公路冷藏运输占 60%～80%，公路冷藏运输在食品运输总量中更是占 90%以上，随着我国高速公路和高等级公路的快速发展和我国城市汽车的快速普及，必将使得易腐货物的公路冷藏运输所占比例有一个飞速的提高。

(二)冷藏汽车

冷藏汽车的特点是车体隔热，气密性好，车内有冷却装置，温热季节能在车内保持比外界气温低的温度。在寒冷季节，冷藏车还可以不冷保温运送或用电热器

(机械冷藏车)加温运送,在车内保持比外界气温高的温度。但由于它的主要设备和主要作用是冷藏,所以仍称为冷藏车。

根据冷藏汽车的制冷方式不同,冷藏汽车可分为机械制冷冷藏汽车、液氮制冷冷藏汽车、干冰制冷冷藏汽车及蓄冷板制冷冷藏汽车等几种。

1. *机械制冷冷藏汽车* 机械制冷冷藏汽车带有蒸气压缩式制冷机组,通常安装在车厢前端,称为车首式制冷机组。大型货车的制冷压缩机配备专门的发动机(多数情况下用汽油发动机,以便利用与汽车发动机同样的燃油)。小型货车的压缩机与汽车共用一台发动机。压缩机与汽车共用一台发动机时,车体较轻,但压缩机的制冷能力与车行速度有关,车速低时,制冷能力小。通常用 40 km/h 的速度设计制冷机的制冷能力。为在冷藏汽车停驶状态下驱动制冷机组,有的冷藏汽车装备一台能利用外部电源的发动机。

空气冷却器通常安装在车厢前端,采用强制通风方式。冷风贴着车厢顶部向后流动,从两侧及车厢后部下到车厢底面,沿底面间隙返回车厢前端。这种通风方式使整个食品货堆都被冷空气包围着,外界传入车厢的热量流直接被冷风吸收,不会影响食品的温度。为了形成上述冷风循环,食品要堆放在木板条上,在货垛的顶部与四周留有一定的间隙,作为冷空气循环通路。

车厢内的温度用恒温器控制,使车厢内的温度保持在与规定温度偏离±2 ℃的范围内。当外界气温为 35 ℃时,一般要在 2 h 才能使车厢内的温度降至−18 ℃。因此,应提前启动制冷机,待车厢温度达到要求后再开始装货。

冷藏汽车壁面的热流量与外界温度、车速、风力及太阳辐射有关。停车时太阳辐射的影响是主要的;行车时空气流动的影响是主要的。最常用的隔热材料是聚苯乙烯泡沫塑料和聚氨酯泡沫塑料。车厢的隔热系数通常小于 0.6 W/(m^2·K)。

机械制冷冷藏汽车的优点是车厢温度比较均匀稳定,车内温度可调,运输成本较低。其缺点是结构复杂、易出故障,维修费用高;初期投资高;噪声高,大型汽车的冷却速度慢,时间长,需要融霜。

2. *液氮制冷冷藏汽车* 液氮制冷装置主要有液氮容器、喷嘴及温度控制器组成。液氮容器通常装在车厢内,大型车的液氮容器装在车体下边。液氮容器进行真空多层隔热处理。车厢内部从前到后沿车厢顶部居中布置一条液氮管路,其上装有若干喷嘴。由液氮容器供给的液氮由喷嘴喷出,汽化过程吸收大量热量,使车厢降温。根据厢内温度,恒温器自动地打开或关闭液氮通路上的电磁阀,调节液氮的喷射,使厢内温度维持在规定温度±2 ℃的范围内。液氮汽化时,容积膨胀600 倍,即使货堆密实,没有通风设施,也能使氮气进入货堆内,使车内温度达到均匀。为了防止车厢内压力升高，车厢上部装有排气管，使氮气排出车外。运输冻结食品时，氮气置换了空气，有助于减少食品的氧化；由于运输时间一般不很长，减少食品氧化并不明显。

使用液氮时应注意安全。工作人员进入车厢前，应敞开车门 30 s，使车内进入一定量的氧气。工作人员进入车厢后应停止喷射液氮，防止液氮喷射到人的皮肤上发生冻伤。

液氮制冷冷藏汽车的优点是装置简单，初投资少；降温速度快，当外界气温为 35 ℃时，20 min 可使车厢内的温度降至 −20 ℃；没有噪声；液氮制冷装置的重量大大低于机械制冷装置的重量。其缺点是液氮成本高；运输途中液氮补给困难，长途运输时必须装备大的液氮容器或几个液氮容器，减少了有效装载量。

3. 干冰制冷冷藏汽车　车厢中装有隔热的干冰容器，可容纳 100 kg 或 200 kg干冰。干冰容器下部有空气冷却器，用通风冷却后的空气在车厢内循环。吸热升华的气态二氧化碳由排除管排出车外。车厢中不会蓄积二氧化碳气体。

有的干冰制冷冷藏汽车在车厢中装置四壁隔热的干冰容器，干冰容器中装有氟利昂盘管。在车厢中吸热汽化的氟利昂蒸汽进入干冰容器中的盘管，被盘管外的干冰升华所冷却，重新凝结为氟利昂液体，液体氟利昂进入车厢内的蒸发器，再次吸收外界传入车厢内的热量而汽化。如此循环，使车厢保持规定的温度。

由空气到干冰的传热是以空气冷却器的金属壁为间壁进行的，干冰只在干冰容器下部与空气冷却器接触的一侧进行升华。根据车内温度，恒温器调节通风机的转速，也即靠改变风量调节制冷能力。

干冰制冷冷藏汽车的优点是设备简单，投资费用低，很少出故障，维修费用少，无噪声。其缺点是车厢内温度不够均匀，冷却速度慢，时间长；干冰的成本高。

4. 蓄冷板制冷冷藏汽车　蓄冷板中装有预先冻结成固体的低温共晶溶液，外界传入车厢的热量被蓄冷板中的共晶溶液吸收，共晶溶液由固态变成液态，只要蓄冷板的块数选择合理，就能保证运输途中车厢内维持规定的温度。

常用的低温共晶溶液有乙二醇、丙二醇的水溶液及氯化钙、氯化钠的水溶液。共晶溶液的成分不同，其共晶点也不同。要根据冷藏车所需要的低温，选择合适的共晶溶液。一般来说，共晶溶液的共晶点应比车厢规定的温度低 2～3 ℃。

蓄冷板内共晶溶液的冻结过程就是蓄冷板的蓄冷过程。蓄冷板中装有制冷剂排管，只要把蓄冷板上的管接头与制冷系统连接起来，即可使蓄冷板蓄冷。蓄冷板可多块同时蓄冷。当拥有蓄冷板制冷冷藏汽车数量很多时，一般设立专门的蓄冷站，利用停车时间或夜间使蓄冷板蓄冷。如果没有专门的蓄冷站，也可利用冷藏库冻结间使蓄冷板蓄冷。此外，有的蓄冷板制冷冷藏汽车上装有小型制冷机，停车时利用车外电源驱动制冷机使蓄冷板蓄冷。

出于安全上的考虑，一般将蓄冷板安装在车厢两侧。蓄冷板距车厢壁以4～5 cm为宜，以利用厢内空气的自然对流。蓄冷板本身重量很大。要使4 t的蓄冷板制冷冷藏汽车保持－18 ℃，所需蓄冷板的重量达800～900 kg，使有效载重量减少。

蓄冷板制冷冷藏汽车的优点是设备费用比机械式制冷少；可以利用夜间廉价的电力为蓄冷板蓄冷，降低运输费用；无噪声；故障少。其缺点是蓄冷板的块数不能太多，蓄冷能力有限，不适于长途运输冷冻食品，蓄冷板减少了汽车的有效容积和载货量，冷却速度慢。

5. 保温汽车　保温汽车不同于以上4种冷藏汽车，它没有制冷装置，只在壳体上加设隔热层。这种汽车不能长途运输冷冻食品，只能用于市内由批发商店或食品厂向超市或零售商店配送冷冻食品。

据中国制冷学会统计，中国有低温运输汽车5 000多辆，其中少量是国外进口的机械制冷冷藏车，其余绝大部分是国内制造的不带制冷装置的保温汽车，尚没有液氮喷淋和干冰制冷的冷藏汽车。国产保温车的车体用金属内外壳，中夹聚苯乙烯塑料板为隔热层，传热系数为0.47～0.8 W/(m^2·K)。装货容积为8～21 m^3，载重量2～7 t。中国的速冻食品加工企业中，只有很少一部分企业修有铁路专用线，能用冷藏火车、保温火车。绝大部分企业主要用保温汽车将冷冻加工后的食品运往分配性的冷藏库和零售商店。由分配性的冷藏库送往销售网点或由港口冷藏库运到码头也主要靠保温汽车。

我国冷藏保温汽车的拥有量，从1980年约3 500辆，到2004年已达到约6万多辆。20世纪80年代初，我国生产冷藏保温汽车的企业仅10余家，2004年已达到近100家，遍布全国21个省、市、自治区。目前，我国冷藏保温汽车生产的品种已达到100种以上。但与发达国家相比，目前还存在很大的差距。

(三)冷藏船

冷藏船是水上冷藏运输的主要交通工具，船上装有制冷设备，船舱隔热保温。冻鱼贮藏舱的温度保持在－18 ℃以下，冰鲜鱼冷藏船的温度为2 ℃左右。现在国际上冷藏船分为3种，即冷冻母船、冷冻运输船、冷冻渔船。冷冻母船是万吨以上的大型船，它有冷却、冻结装置，可进行冷藏运输。冷冻运输船包括集装箱船，它隔热保温要求很严格，温度波动不得超过±0.5 ℃。冷冻渔船一般是指有低温装置的远洋捕鱼船或船队较大型的船。冷藏船包括带冷藏货舱的普通货船与只有冷藏货舱的专业冷藏船，还有专门运输冷藏集装箱的船。

冷藏船主要用于渔业，尤其是远洋渔业。远洋渔业的作业时间很长，有的长达半年以上，必须用冷藏船将捕捞物及时冷冻加工和冷藏。此外，经由海上运输易腐食品也必须用冷藏船。

冷藏船用制冷系统一般采用直接蒸发方式，个别也有采用盐水系统的。制冷剂通常为 R_{22}，双压缩制冷。冷藏货船内空气的循环通常采用冷风机强制对流，也有采用冷却排管让空气自然对流的。

在日本，为了保持金枪鱼的红色，运输金枪鱼的冷藏船温度低达－50 ℃。金枪鱼冷藏船的制冷能通常按热带海域温度条件设计，制冷能力较大。金枪鱼的冷藏船在高纬度海域航行时，由于空气、海水的温度较热带海域低，制冷机制取的温度可比在热带海域低 5～10 ℃，见表 9-1。

表 9-1　金枪鱼冷藏船温度变化 ℃

海域类型	NH_3 制冷剂		R_{22} 制冷剂	
	冻结室温度	冷藏舱温度	冻结室温度	冷藏舱温度
热带海域	－50～－45	－45～－40	－55～－50	－50～－45
高纬度海域	－55～－50	－50～－45	－60～－55	－55～－50

(四)冷藏集装箱

冷藏集装箱出现于 20 世纪 60 年代后期，是能保持一定的低温，用来运输冷冻加工食品的特殊集装箱。冷藏集装箱具有钢质轻型骨架，内外贴有钢板或轻金属板，两板之间填有隔热材料。常用的隔热材料有玻璃棉、聚苯乙烯、发泡聚氨酯等。围护结构传热系数为 0.4 W/(m^2·K)。冷藏集装箱的尺寸，国际上已经标准化，见表 9-2。

表 9-2　冷藏集装箱的尺寸

类别	总重量/t	装载容积/m^3	外形尺寸/mm		
			长	宽	高
10 英尺	10	14.0	2 990	2 435	2 435
20 英尺	20	30.0	6 055	2 435	2 435
40 英尺	30	63.0	12 190	2 435	2 620

冷藏集装箱的冷却方式很多，多数利用机械制冷机组，少数采用其他方式，如冰、干冰、液化气体等。冷藏集装箱应保持空气在箱内循环，使温度分布均匀。冷藏集装箱内部应容易清洗，不会因用水洗而降低隔热层的隔热性能。底面

应设排水孔，能防止内外串气，保持气密性。对机械制冷的冷藏集装箱，应保证制冷压缩机既可用各自的动力机驱动，也可以用外部电源驱动。

海运冷藏集装箱的制冷机通常只用电动机驱动，电力由运输船供应。对专门运输集装箱的货船，可在船上设置大型制冷机组，统一向所有的冷藏集装箱供冷。冷藏集装箱的端壁上装有管路接头，借自动夹具连接船上的供冷系统。这种冷藏集装箱陆上运输时，可将夹持式制冷机组装配在端壁上自行制冷。

用冷藏集装箱运输的优点是：要更换运输工具时，不需要重新装卸食品，不会造成食品反复升温，从而避免了食品质量的下降；集装箱装卸速度很快，使整个运输时间明显缩短，降低了运输费用。

三、速冻食品运输过程中的质量变化

速冻食品的运输过程中温度的波动是引起食品质量变化的主要原因之一。在运输过程中要保持温度的恒定，要切忌大的温度波动，长途运输尤其如此。在运输过程中，由于装卸等原因，引起温度的波动，使速冻食品的品质发生不良变化。

早在20世纪70年代，国际制冷学会就举行过专门的会议，研究减少冷藏车内的干耗问题。多年的研究表明，货物在机械冷藏车内的干耗比在冷库内要高得多。如水果和蔬菜要高3～5倍，冻肉要高4～5倍，冻家禽要高7～8倍。实验资料表明，食品在一定容量的贮藏空间内的绝对质量损失，几乎与此空间的货物实际装载量无关，亦即装货率为50%时的食品干耗率比装货率为100%时大1倍。

速冻食品在运输期间还会发生再结晶作用。由于运输期间，温度的波动会造成冰晶体融化和再结晶现象，致使晶体不断扩大，影响产品质量。如果温度波动范围过大，由于装卸、搬运等原因，也会造成汁液流失现象。

速冻食品在运输期间也会出现不同程度的化学变化，如维生素的降解，色素的分解，类脂物的氧化等，使产品质量下降。

如果运输不慎，还会造成速冻食品变质。例如，2004年，上海市质监局和市工商局共抽查了50种速冻面米食品，其中康乐牌香菇糯米鸡，由于菌落总数超标被判不合格，原因是物流公司在运输过程中冷藏系统出故障，路途中解冻造成产品质量变化。2005年，南海康乐速冻食品厂早餐被检不合格，推测可能是运输环节出错，在物流过程中造成了二次污染。佛山质监部门对康乐速冻食品厂在“出事”后的两次抽检结果，均显示其产品符合国家标准。

食品冷藏链中，温度波动对速冻食品的质量影响很大，为改善速冻食品温度采取如下的处理措施：

(1)贮存(生产者、加工商、批发商或销售商):确保产品离开贮藏室前,温度为建议温度值。尽量缩短产品在装货板或卸货板停留的时间。

(2)运输:在装货前,事先给运送车辆降温;使用可保持产品规定温度的运输车辆;车辆装货时确保货物周围空气正常流通;尽量减少装货或卸货的时间。

(3)零售:迅速将产品从运送车辆上移入适当的冷藏库中;将产品移入陈列柜前,先降温至建议温度;把产品从冷藏库移到陈列柜时,动作要迅速;在陈列柜摆放物品时,应确保适当的空气流动。

四、利用冷冻运输设备的注意事项

用于食品运输和贮藏的工具和容器,必须防止食品被污染,进行适当的清洁与消毒。速冻产品在运输和贮存过程中必须冷藏,以使致病微生物体的存活率降到最低。冷冻产品的温度应保持－18 ℃或更低。冷藏设施(如运输车辆等)应配备温度测量装置,最好是记录式温度计。如果无法做到,应配备最高/最低温度计。运输过程中按要求控制温度,确保食品在运输期间安全。装货、运输和卸货期间只要产品温度保持在推荐温度水平,不会导致产品质量变化。如果运输到达时的产品温度高于推荐值,应该立即降温。

运输设备应隔热,并应确保运送期间能够保持建议温度。运输设备应在装货前事先冷却。运输车辆应装备适当的温度测量装置,以记录车内的空气温度。该装置的刻度盘或数据读取元件应挂在车外容易看见的位置。装运速冻食品的运输设备,要确保所装货物的前部、后部、顶部、下部及两侧制冷空气都能自由流动。

从运输设备上装、卸速冻食品时,须尽可能迅速。在装货过程中,应停止运输设备上的风扇。确保运输期间,食物产品摆放正确,避免散落或其他事故发生。对送往各目的地的速冻食品进行选择与分类,应在离开冷藏室之前完成。运输设备在某目的地还未完全卸除货物前,就应准备好装货的顺序。

运输设备中的制冷装置通常是为保持所装货物温度而设计的。在一定时间内,该装置的制冷能力不足以降低货物的中心温度。但是在一定时间内,可以对表面温度升高进行补救,只要外部热负荷未超标,空气可以自由流通,以及制冷空气得以完全分散。如果对速冻食品进行处理时可能会使温度上升,建议在装货前对产品降温。装卸货物时的温度测量最好在车内货物包装所放置的大致相同位置处进行。检查产品温度不应延缓装货和卸货时间。

仓储式冷藏库应为冷藏运输设备提供足够的货物进出口(如舷门、月台门封等)以使设备和冷藏货物受到的热负荷最小,从而使产品温度的升高限制在尽可能小的范围内。如果没有供装卸货用的舷门或月台门封,可用塑料条状门帘或类似保护装置,以防止过热和潮湿空气进入。装货或卸货过程中,不论因何种原因中途停止,运输设备的门始终要保持关闭。从某仓储式冷藏库到另一仓储式冷藏库的运输途中,冷冻食品的温度应经常检查。在装货前,应事先给车辆降温,允许产品温度升至-15 ℃,但在运送途中或交货后,任何产品出现温度高于-18 ℃,都应尽快降至-18 ℃。

从批发商仓库到零售店运送途中尽可能减少产品温度高于-18 ℃情况的出现,并且在任何情况下,产品包装温度最高都不能超过-12 ℃。交货时,如果出现产品温度升高,必须在交货后立即降至-18 ℃。如果无法做到,该产品应尽快售出。

利用冷冻运输设备的注意事项如下。

(1)运输冻结食品时,为减少外界热量的影响,要尽量密集码放。装载食品越多,食品的热容量就越大,食品的温度就越不容易变化。运输冻结食品时,为减少外界热量的影响,要尽量密集码放。整个货垛与车厢或集装箱的围护结构之间都要留有空隙,供冷空气循环。

(2)加强卫生管理。运输冻结食品时,避免食品受到异味、异臭及微生物的污染。运输冷冻食品的冷藏车,尽量不运其他货物。

(3)冷冻运输设备只能用来运输已经冷冻加工的食品。冷冻运输设备的制冷能力只用来排除外界侵入的热流量,不足以用来冻结或冷却食品。因此,冷冻运输设备只能用来运输已经冷冻加工的食品。切忌用冷冻运输设备运输未经冷冻加工的食品。

第四节 速冻食品的销售

速冻食品的销售包括速冻食品的批发和零售等,由生产厂家、批发商和零售商共同完成。早期,冷冻食品的销售主要由零售商的冷冻车及零售商店承担。近年来,城市中超级市场的大量涌现,已使其成为冷冻食品的主要销售渠道。超市中的冷藏陈列柜,兼有有冷藏和销售的功能,是食品冷藏链的主要组成部分之一。

冷冻陈列柜作为食品冷藏链销售设备是副食品商场、超级市场等销售环节的冷藏设施,也是速冻食品冷藏链建设中的重要环节。随着冷冻食品的发展,冷冻陈列柜已成为展示产品品质、直接和消费者见面的、方便消费者选购的销售装置。

一、食品冷冻陈列柜的要求

速冻食品在销售过程中也要处于冷的环境中,以保证产品的质量。速冻食品在销售期间，应保持其接近于冷藏的温度条件，使产品保持原始的冻结状态而不解冻。总之，速冻食品在出售之前应始终保持冻结状态。

速冻食品对冷冻陈列柜的要求如下：①具有制冷设备，有隔热处理，能保证冷冻食品处于适宜的温度下。②能很好地展示食品的外观，便于消费者选购。③具有一定的贮藏容积。④日常运转和维修方便。⑤安全、卫生、无噪声。⑥动力消耗少。

零售过程中应注意冷冻食品温度变化：应将所售的速冻食品置于配有温度计的冷藏柜中，温度保持在－18 ℃。产品温度短期内升高是可以接受的，但最热处的温度不能高于－12 ℃。避免冷藏柜所陈列的商品接触热空气流和一般的辐射热（比如，应免受阳光直射，强灯光照射或加热器直接影响）。夜间或周末应对冷藏柜有所遮盖。设置解冻循环功能时，应尽可能使解冻避开营业时间。冷藏柜中的物品存储不能超过承载线。所存货物应注意轮换，以确保按“先进先出”原则销售产品。

二、食品冷冻陈列柜的种类

根据冷冻陈列柜销售的冷冻食品不同，可分为冻结食品用冷冻陈列柜和冷却食品用冷冻陈列柜两类。

根据食品冷冻陈列柜的结构形式不同，有敞开式和封闭式之分，也有立式和卧式之分。常用的有 4 种类型：卧式敞开式冷冻陈列柜、立式多层敞开式冷冻陈列柜、卧式封闭式冷冻陈列柜、立式多层封闭式冷冻陈列柜。

三、各种食品冷冻陈列柜的结构

（一）卧式敞开式冷冻陈列柜

卧式敞开式冷冻陈列柜的上部敞开，开口处有循环冷空气形成的空气幕，防止外界热量侵入柜内。由维护结构传入的热流也被循环冷空气吸收，对食品没有直接影响。对食品影响较大的是由开口处侵入的热空气及辐射热。当为冻结食品时，内外温差很大，辐射热流较大。当食品包装材料为塑料或纸盒时，黑度大约为 0.9，辐射热流密度可达 116 W/m^2。辐射热被表层食品吸收后，以对流方式传给循环的冷空气。因此，柜内最表层食品的表面温度高于空气幕温度。高出的度数与空气幕的空气流量与温度有关，一般为 5～10 ℃。

当用铝箔包装时，因其黑度很小，辐射热流也很小，表层食品的表面温度接近空气幕温度。当食品为冷却食品时，由于内外温差小，辐射换热影响较小。当室内空气流速大于 0.3 m/s 时，进入陈列柜内的空气量会明显增加，影响陈列柜的保冷性能。美国有关资料建议,室内空气流速应小于 0.08 m/s。侵入陈列柜内的空气量多时,还会增加冷却器的结霜,增加融霜次数。

在整个食品冷冻陈列柜内温度自上而下逐渐降低。当包装袋内存在空气时,水蒸气从食品的下表面往上表面扩散,并在上表面结霜。

(二)立式多层敞开式冷冻陈列柜

与卧式敞开式冷冻陈列柜相比,立式多层敞开式冷冻陈列柜的单位占地面积内的容积大,商品放置高度与人体高度相近,便于顾客选购。卧式敞开式冷冻陈列柜中的冷空气较重,不易逸出柜外。立式多层敞开式冷冻陈列柜很难使密度较大的冷空气不逸出柜外。为此,在冷风幕的外侧,再设置一层或两层非冷空气构成的空气幕,较好地防止了冷空气与柜外空气的混合。销售冷却食品时,柜内外空气密度差小。

侵入立式多层敞开式冷冻陈列柜中的外界空气量多,制冷机的制冷能力要大一些,空气幕的风量也要大一些,空气幕的风量也要大一些。此外,还要控制空气幕的风速分布,以求达到较好的隔热效果。

由于立式多层敞开式冷冻陈列柜的空气幕是垂直的,外界空气侵入柜内的数量受外界空气流动速度的影响较大。外界空气的温度、湿度直接影响到侵入柜内的热负荷。为了节能,要求柜外空气温度在 25 ℃以下,相对湿度在 55%以下,空气流速在 0.15 m/s 以下。

(三)卧式封闭式冷冻陈列柜

卧式封闭式冷冻陈列柜开口处设有 2 层或 3 层玻璃构成的滑动盖,玻璃夹层中的空气起隔热作用。

在箱体内壁外侧(即靠隔热层一侧)埋有冷却排管。通过围护结构传入的热流被冷却排管吸收,不会传入箱内。通过滑动盖传入柜内的热量有辐射热和取货时侵入柜内的空气带入的热量。这些热量通过食品由上而下地传递至箱体内壁,再由箱体内壁传递给冷却排管。因此,自上而下温度逐渐降低,这与敞开式冷冻陈列柜的温度分布正好相反。在小包装食品内部,也存在同样的温度分布,上表面温度高,下表面温度低。若包装袋内有空气,水蒸气将从上表面向下表面扩散,并在下表面处结霜。

(四)立式多层封闭式冷冻陈列柜

紧靠立式多层封闭式冷冻陈列柜柜体后壁有冷空气循环用风道,冷空气在风机作用下强制地在柜内循环。柜门为2层或3层玻璃，玻璃夹层中的空气起隔热作用。由于玻璃对红外线的透过率低，虽然下柜门很大，传入的辐射热并不多，直接被食品吸收的辐射热就更少。

四、各种食品冷冻陈列柜的特性比较

各种食品冷冻陈列柜的特性比较见表9-3。

表9-3　各种食品冷冻陈列柜的特性比较

类型特性	封闭式		敞开式	
	卧式	立式	卧式	立式
单位长度有效内容积	100	230	110	240
单位占地面积有效内容积	100	220	85	190
单位长度消耗的电力	100	200	145	330
单位有效内容积消耗的电力	100	90	130	140

1. 单位长度有效内容积　就单位长度有效内容积而言，立式为卧式的2倍以上，同为卧式，敞开式又稍大于封闭式。对于卧式封闭式，出于保冷性能上的要求，不能很宽。而卧式敞开式由于开口处有空气幕，宽度可大一些。立式封闭式的制冷机是内藏的，制冷机占用了部分容积，所以，立式封闭式单位长度有效内容积比立式敞开式稍小一些。

2. 单位占地面积有效内容积　该指标由大到小的顺序为：立式多层封闭式冷冻陈列柜＞立式多层敞开式冷冻陈列柜＞卧式封闭式冷冻陈列柜＞卧式敞开式冷冻陈列柜。无论是卧式还是立式、敞开式都比封闭式小15%左右。这是因为在敞开式中为了使冷空气循环，需要设置风道，在立式多层敞开式中，要设置2～3层空气幕，占用了相当的容积。如果立式多层封闭式冷冻陈列柜不采用内藏式制冷机的话，其单位占地面积有效内容积会更大。

3. 单位长度消耗的电力　无论是卧式还是立式，敞开式单位长度消耗的电力都是封闭式的1.5倍左右。无论是敞开式还是封闭式，立式又大约是卧式的2倍。

这4种形式的冷冻陈列柜的单位长度耗电量与单位长度有效内容积的大小顺序相同。

4. 单位有效内容积消耗的电力　该指标由大到小的顺序为：立式多层封闭式冷冻陈列柜＞卧式封闭式冷冻陈列柜＞卧式敞开式冷冻陈列柜＞立式多层敞开式冷冻陈列柜。可见，封闭式比敞开式节省电力。同为敞开式，立式与卧式相差不大；同为封闭式，立式与卧式相差也不大。

冷冻陈列销售柜是食品冷藏链的重要组成部分，是使冷冻食品在销售环节处于适宜温度必不可少的设备，因此，保冷应是它的基本性能。在影响冷冻陈列销售柜保冷性能因素中，辐射换热与对流侵入热量是两个主要因素。一定要注意减少辐射换热量。不要距离热源太近，不要有过强的照明。夜间要罩上保护套，食品包装材料的黑度要尽量小。超级市场中往往设置空调系统，这不光是为了使顾客舒适，也是为了减少侵入冷冻陈列销售柜中的热流量。

五、家用电冰箱

家用电冰箱虽然不属于食品冷藏链销售设备，但它作为冷冻食品冷藏链的终端，是消费者食用前最后一个贮藏环节。食品冷藏链作为一个整体，家用电冰箱是一个不可缺少的环节。冷冻食品和冻结食品贮藏于家用电冰箱中，由于微生物繁殖受到抑制，可较长时间地保持食品的原有风味和营养成分，延长保鲜时间。

家用电冰箱通常有两个贮藏室：冷冻室和冷藏室。冷冻室用于食品的冻结贮藏，存放冷冻食品和需要较长时间贮藏的食品。冷冻室温度，单门冰箱冻结器温度一般为二星级，即－12 ℃；双门冰箱为三星级，即－18 ℃。如果还有一个大星，这表示冰箱的冷冻室还具有速冻能力。冻结食品在冷冻室中的贮藏以不超过1个月为宜，时间过长，会因发生干燥和氧化等作用，使冻结食品的颜色、风味发生变化，造成食品的质量下降。

冷藏室用于冷却水产品的贮藏，温度为0～10 ℃，在这样的温度范围内，微生物的繁殖已受到一定程度的抑制，但未能完全停止繁殖，因此，冷藏室中的冷却水产品只能作短期贮藏，通常存放当天或最近几天内即要食用的蔬菜食品。冷藏室也可作为冻结食品食用前的低温解冻室，由于空气温度低，解冻食品质量好。在一些新型的家用电冰箱中还有冰温室或微冻室，使食品的温度可保持在0 ℃以下、冻结点以上的冰温范围，或－3～－2 ℃的微冻状态下贮藏，就可延长冷却食品的贮藏时间，并可取得更好的保鲜效果。

第五节　速冻食品的解冻

速冻食品在食用之前要进行解冻。食品的解冻是指冻结食品温度回升，部分或全部冰晶融化的过程。冻结食品在消费或加工前必须解冻，解冻状态可分为半解冻和完全解冻。由于各种产品的性质不同，解冻情况不一，对产品的影响也是有差异的。

一、速冻食品解冻过程中的质量变化

解冻是冻结的逆过程，在解冻过程中加入的热量使食品内的冰重新融化成水，并被组织吸收，吸收得越多，复原得越充分，解冻后产品质量就越好。解冻时冻品的融化层由表层逐渐向内推进，解冻过程可以分为 3 个阶段。第一阶段从冷藏温度至－5 ℃；第二阶段－5～－1 ℃，称为有效温度解冻带，即相对于冻结过程中的最大冰结晶生成带；第三阶段从－1 ℃至所需的解冻终温。解冻时，越靠近食品的表面，解冻速度越快，解冻时间越短；因水的导热系数小于冰的导热系数，因此，解冻速度随解冻的进行而降低，越靠近食品深层，所需的解冻时间越长。因此，当食品深层温度达到食品冰点时，表面可能已长时间受解冻介质的作用，产品质量自然下降。

食品在解冻过程中的质量变化主要是汁液（液滴）流失，即速冻食品在冻结或冷藏过程中，由于冰晶的作用，组织细胞受到的机械损伤，解冻时产生细胞质的流失现象。解冻时汁液流失的影响因素主要有冻结速度、冷藏温度、生鲜食品的 pH 值、解冻速度等；造成汁液流失的原因还与食品的切分程度、冻结方式、冷藏条件以及解冻方式等有关。汁液流失对食品的质量影响最大，因此，流失液的产生率是评定冷冻食品质量的指标之一。

食品因冻结而使细胞结构受到损害，解冻时温度上升，细胞内压增加，汁液流失加剧，微生物和酶的活力上升，氧化速率加快，水分蒸发加剧，使食品重量减轻；冻结使蛋白质和淀粉失去持水能力，解冻后一部分水分不能被细胞回吸，造成食品的汁液流失，流失液中溶解有蛋白质、盐类、维生素等，使食品的风味和营养价值降低，重量也减轻。

二、速冻食品的解冻方法

速冻食品的解冻方法，按供热方式可分为外部加热法和内部加热法两种。外部加热法是利用外部介质的温度高于冻结食品的温度，进行由表面向内部传递热量以达到解冻的目的；常用的有空气解冻、水解冻、水蒸气凝结解冻等。内部加热法是利用电流和微波的特性，在冻结食品解冻时从内外同时进行加热解冻，常用的有低频电流加热解冻、高频电流加热解冻、微波解冻法等。也有采用多种方式的组合加热解冻，将使用空气、水和电来解冻食品的方法组合起来，称为组合加热法；组合加热法基本上都是以电解冻为主，在辅之以空气解冻或水解冻。

(一)外部加热解冻法

1. 空气解冻　空气解冻又称自然解冻，现已被广泛使用。常用的有以下 5 种方法。

(1)静止空气解冻。这是在空气温度为 15 ℃以下缓慢解冻的方法，故又称缓慢解冻法。此法对食品质量和卫生保证都很好，食品的温度比较均匀，汁液流失也较少，因为食品内的组织细胞有充足的时间来吸收冰融化后的水分。其缺点是解冻时间长，食品由于水分蒸发而失重较大。为了减少微生物的污染，可在解冻间装紫外灯杀菌。

(2)流动空气解冻。采用风机连续送风使空气循环进行解冻，又称快速解冻法。此法能大大缩短解冻时间，食品的干缩量也减少。但解冻过程中会因食品表面的汁液融化快，细胞组织来不及吸收而造成汁液流失较多，同时食品的表面层有干燥的倾向，故解冻时，应调节温度和湿度，最好带有包装解冻。

(3)热空气解冻。一般在温度 25～40 ℃、相对湿度为 98%～100%的条件下进行，解冻较快。这是由于热空气向食品表面冷凝，利用相变热来加速解冻。但由于空气温度高，会使食品表面先融化，内部后融化，故会影响食品的质量。

(4)加压空气解冻。在容器中通入压力为 0.196～0.294 MPa 的压缩空气，由于压力升高，冰点也升高，故在同样解冻介质温度下，食品易融化，解冻时间短，解冻后质量也好。如果在加压容器内使空气在风速 1～1.5m/s 的条件下流动，把加压和流动空气组合起来以改善食品表面的传热状态，则能大大缩短解冻时间。

(5)隧道解冻。隧道解冻是法国先提出来的。该法解冻过程分为 3 个阶段：第一阶段，空气温度为(14±1)℃，空气循环量为每小时 200 次，相对湿度为 96%，时间少于 20 h；第二阶段，空气温度为(10±2)℃，空气循环量为每小时 200 次，相对湿度为 96%，时间少于 16 h；第三阶段，空气温度为(0±2)℃，空气循环量为每小时 100 次，相对湿度为 60%～70%，时间约为 4 h。总时间约 36 h，解冻后，放在温度不高于 3 ℃的库中存放。采用这种方法解冻后的产品质量好，不失重。

2. 水解冻　水比空气传热性能好，对冻结食品解冻快，且食品表面有水分浸润，还可增重。但食品的某些可溶性物质在解冻过程中将部分失去，且易受微生物污染。常用的水解冻方法有静水解冻、流水浸渍解冻和喷淋解冻。

(1)静水解冻。静水解冻适用于对带皮或有包装的冻结食品解冻，对半胴体的肉类和鱼片等，因切断面的营养物质会被水浸出，裸露部分易受污染，故不适用，如卫生条件不好，则细菌污染严重。

(2)流水浸渍解冻。流水浸渍解冻适用于冻鱼等小型冻结食品，使水温经常保持在 5～12 ℃，解冻时间只需 80～90 min。

(3)喷淋解冻。喷淋解冻是将冻结食品放在传送带上，用 18～20 ℃的热水向冻结食品喷淋解冻。水可以循环使用，但需要过滤器和净水器处理以保持卫生。

也可把喷淋和浸渍结合在一起进行解冻。

3. *水蒸气凝结解冻*　水蒸气凝结解冻又称真空解冻，是利用蒸气压力与沸点的对应关系，使水在低温下沸腾而形成水蒸气。例如，在 3 333 Pa 的压力下，水在 26 ℃就可沸腾。低温蒸汽遇到更低温度的冻品产生凝结并释放出凝结热，热量被冻结食品吸收，从而使冻品温度升高。

真空解冻一般在圆筒状金属容器内进行。容器两端是冻结食品的进、出口，冻结食品放在小车上送入容器内，顶上是水封式真空泵，底部盛水。当容器压力为 1 333.2～199.8 Pa 时，水在 10～15 ℃时即沸腾，变成水蒸气，每千克水蒸气在冻结食品表面凝结时放出 2 093.4 kJ 的热量。当水温较低时，水蒸气产生的热量就少，此时可通过蒸汽加热管慢慢地将水加热到 15～20 ℃。这种真空解冻可完全自动进行。

真空解冻比空气解冻提高效率 2～3 倍，而且在抽真空、脱气状态下解冻，大多数细菌被抑制，有效地控制了食品营养成分的氧化和变色，食品汁液流失量比在水中解冻显著减少。同时由于是低温的饱和水蒸气，故食品不会出现过热现象和干耗损失，而且色泽鲜艳，从而保证了食品的质量。此法适用于肉类、禽兔类、鱼类（包括鱼片）、蛋类、果蔬类以及浓缩状食品的解冻，且能经常保持卫生，可半自动化也可自动化进行。但真空解冻在对大块冻结食品的内层升温时比较缓慢，可先进行真空解冻 2 h 左右，然后再在空气中解冻。

（二）内部加热解冻法

1. *低频电流加热解冻*　利用食品自身的电阻，当电流通过冻结食品时产生的电阻热而使食品被解冻。此方法也称电阻解冻法。采用频率为 50～60 Hz 的低频交流电。

低频电流加热解冻比空气和水解冻的速度快 2～3 倍，且耗电少，运转费低。缺点是只有密贴部分才能通电流，因此，只能解冻表面平滑的块状食品，有空腔的食品的内部解冻不均匀，紧贴电极部分容易产生过热现象。

2. *高频电流加热解冻*　解冻电流频率在 1～50 MHz，一般选用 13 MHz，17 MHz，40 MHz。在解冻时，冻结食品放在加有高频电的极板之间，食品的介质分子在高频电场中受极化后，跟随高频电场的变化而发生相应的变化。分子之间互相旋转、振动、碰撞，产生摩擦热。频率越高，分子之间转动越大，产生的摩擦热也越多，食品的解冻也越快。冻结食品的发热是在表面和内部同时进行的，故解冻较快。

3. *微波解冻*　微波解冻是利用波长在 1 mm 到 2.54 cm 之间的电磁波间歇

照射食品，使食品中的介电物质发生强烈振动产生热量而进行解冻，全解冻时间只需 10～30 min。微波解冻迅速且温度又不高，可以保持食品完好无损，质量好，维生素损失较少，并能很好地保持食品的色、香、味；对于带有纸箱包装的食品也能解冻，既方便又卫生；同时，微波解冻占地面积小，有利于实现自动化。微波解冻的缺点是微波加热不均匀，有局部过热现象，且投资费用大，设备和技术水平要求较高，耗电能多等。

（三）组合加热解冻法

1. **电和空气组合加热解冻** 先用微波加热到能用刀切入的程度时停止电加热，继之以冷风解冻，这样不致引起食品局部过热，可避免食品温度不均匀的缺点。

2. **电和水组合加热解冻** 先采用水把冻结食品表面稍融化，然后进行电阻解冻，这样电流容易通过冻结食品内部，可缩短解冻时间，节约用电。

3. **高频电流和水组合加热解冻** 英国普遍采用这种解冻法。设备由 6 台高频解冻装置组成，每两台之间是水解冻装置，每台高频解冻装置的功率为 20 kW，鱼的总解冻时间是 30 min。

4. **微波和液氮组合解冻** 微波解冻中产生的过热，可用喷淋液氮来消除。喷淋液氮时最好以静电场控制，这样液氮的喷淋面可集中。冻结食品放在转盘上，使其受热均匀，从而保证了解冻食品的质量。

本章小结

本章主要介绍了食品冷藏链的概念及组成、国内外食品冷藏链的发展现状及趋势、食品冷藏链在贮藏、运输、销售、解冻等各个环节中常用设备的类型以及食品质量的变化与控制等内容。重点掌握食品冷藏链各流通环节中温、湿度的监控及食品质量变化等。

思考题

1. 什么是食品冷藏链？它包括哪几个环节？
2. 简述我国食品冷藏链的发展现状。
3. 我国食品冷藏链发展趋势是什么？
4. 速冻食品冷藏过程中的发生哪些质量变化？如何控制？
5. 速冻食品对冷藏运输设备的要求是什么？
6. 我国的重要运输设备有哪些？各有何优、缺点？
7. 食品冷藏链对食品陈列柜有何要求？
8. 什么是速冻食品的 3T,3P,3C 原则？
9. 速冻食品的解冻方法有哪些？各有何优、缺点？

参考文献

[1] 隋继学.食品冷藏与速冻技术.北京:化学工业出版社,2007.

[2] 隋继学.制冷与食品保藏技术.北京:中国农业大学出版社,2005.

[3] 张文叶.冷冻方便食品加工技术及检验.北京:化学工业出版社,2005.

[4] 彭珊珊,钟瑞敏,李琳.食品添加剂.北京:中国轻工业出版社,2006.

[5] 冯志哲.食品冷藏学.北京:中国轻工出版社,2001.

[6] 刘学浩.食品冷藏技术.北京:中国商业出版社,2000.

[7] 曾庆孝.食品加工与保藏原理.北京:化学工业出版社,2002.

[8] 马长伟.食品工艺学导论.北京:中国农业大学出版社,2002.

[9] 周家春.食品工艺学.北京:化学工业出版社,2003.

[10] 袁惠新,陆振曦,季章.食品加工与保藏技术.北京:化学工业出版社,2004.

[11] 陆兆新.果蔬贮藏加工及质量管理技术.北京:中国轻工业出版社,2004.

[12] 赵晨霞.果蔬贮藏加工技术.北京:科学出版社,2004.

[13] 陆启玉.方便食品加工工艺与配方.北京:科学技术文献出版社,2002.

[14] 高福成.方便食品.北京:中国轻工出版社,2000.

[15] 林志民.冷冻食品加工技术与工艺配方.北京:科学技术文献出版社,2002.

[16] 朱蓓薇.方便食品加工工艺及设备选用手册.北京:化学工业出版社,2003.

[17] 王洁.最新屠宰加工技术标准.北京:中国知识出版社,2006.

[18] 周光宏.畜产品加工学.北京:中国农业出版社,2002.

[19] 康景隆.快速冻结.北京:中国商业出版社,1996.

[20] 冯剑斌.食品的烟熏设备.食品科技:2004(1).

[21] 陆翔华.冷冻调理食品行业标准与产业发展.食品科技:2004(3):41-43.

[22] 李昌文,等.影响速冻水饺品质的因素.粮油加工与食品机械:2005(8):79-81.

[23] 刘学浩,等.速冻食品及其肉制品类的速冻技术.肉类食品:2005(1):

10-13.

[24] 张施军.鱼排的加工技术.中国水产,2001(3):63-64.

[25] 林敦飞.速冻春卷工艺技术的推广.食品科技,2004(3):53-54,57.

[26] 谢如鹤,唐秋生.国外食品冷藏供应链发展概况.物流技术,2002(6):43-46.

[27] 吕峰,林勇毅.我国食品冷链现状与发展趋势.福建农业大学学报,2000(1):115-117.

[28] 李耕,张宇航.我国食品冷藏链存在的问题及对策.信阳农专学报,2006(1)100-101.

图书在版编目(CIP)数据

速冻食品加工技术/隋继学主编．—北京：中国农业大学出版社，2008.2
ISBN 978-7-81117-311-6

Ⅰ.速… Ⅱ.隋… Ⅲ.冷冻食品-食品加工 Ⅳ.TS205.7

中国版本图书馆 CIP 数据核字(2007)第 184813 号

书　名	速冻食品加工技术		
作　者	隋继学　主编		
策划编辑	陈巧莲　姚慧敏　丛晓红	责任编辑	李丽君
封面设计	郑　川	责任校对	陈　莹　王晓凤
出版发行	中国农业大学出版社		
社　址	北京市海淀区圆明园西路 2 号	邮政编码	100193
电　话	发行部 010-62731190,2620	读者服务部	010-62732336
	编辑部 010-62732617,2618	出版部	010-62733440
网　址	http://www.cau.edu.cn/caup	e-mail	cbsszs @ cau.edu.cn
经　销	新华书店		
印　刷	涿州市星河印刷有限公司		
版　次	2008 年 2 月第 1 版　2013 年 8 月第 4 次印刷		
规　格	787×980　16 开本　17 印张　310 千字		
定　价	24.00 元		

图书如有质量问题本社发行部负责调换